방위사업 이론과 실제

방위사업 이론과 실제

위기의 방위사업, 무엇이 문제이고 어떻게 혁신할 것인가?

2017년 11월 20일 초판 인쇄
2017년 11월 25일 초판 발행

지은이 | 김선영
펴낸이 | 이찬규
펴낸곳 | 북코리아
등록번호 | 제03-01240호
주소 | 13209 경기도 성남시 중원구 사기막골로 45번길 14
우림2차 A동 1007호
전화 | 02-704-7840
팩스 | 02-704-7848
이메일 | sunhaksa@korea.com
홈페이지 | www.북코리아.kr
ISBN | 978-89-6324-573-7 (93390)

값 25,000원

방위사업 이론과 실제

김선영 지음

위기의 방위사업,
무엇이 문제이고
어떻게 혁신할 것인가?

북코리아

머리말

방위사업은 군 전력 증강은 물론 방위산업 발전과 방산수출 증대, 이와 연계된 일자리 창출, 그리고 국제 우호관계 증진에도 매우 중요한 기능을 한다. 방위사업은 국가 차원에서 보호·육성해야 하는 측면이 있으며, 동시에 효율성 및 경제성은 물론 적절한 경쟁을 유도해야 하는 측면도 있다. 그리고 국회, 국방부, 기획재정부, 각 군, 합참 및 방위사업청 등 많은 정부기관과 많은 다른 국가와 국내외 방위산업체와 직접적으로 관련되어 있다.

따라서 방위사업과 관련한 어떤 문제를 해결하기 위한 처방도 각종 영향을 종합적으로 고려하여 단기적 관점보다 중·장기 관점에서 매우 정교하게 이루어져야 한다. 그러나 대부분은 피상적이고 단편적인 규제 및 처벌 강화 위주의 자극적인 처방에 머무르고 있으며, 오히려 방위사업 생태계를 파괴하는 악순환의 고리로 작용하는 경우가 있다. 따라서 방위산업 경쟁력을 강화하여 효율적·경제적으로 투명하게 군 전력 증강을 추진하고, 동시에 방산수출 및 일자리 창출에도 기여하기 위한 보다 근본적인 개혁을 통해 선순환 구조로 발전시켜야 한다.

본 저서는 방위사업에 대한 개혁이 요구되는 시점에서 방위사업에 대한 국민들의 이해를 돕고, 방위사업 관계자에게는 방위사업에 대한 기본적인 이해와 더불어 방위사업을 개혁하기 위한 아이디어를 제공하고, 대학(원)생들에게는 방위사업 관련 연구에 쉽게 접근할 수 있도록 연구 방법 및 내용을 제공하고자 저술하였다. 이를 통해 방위사업에 대한 관심을 제고시키고, 전문성, 효율성 및 투명성 향상을 통한 전력 증강과 방산수출 및 일자리 창출에도 기여하고자 하였다.

필자는 1990년부터 야전 현장에서 방위사업을 통해 도입된 무기·장비를 직접 운용하고 관리하는 책임자로 근무를 하였고, 2001년부터는 현재까지 무기체계 소요기획, 국방 M&S, 국방연구개발 기획 및 관리, 업체 선정 평가, 사업관리 및 계약관리 업무 등 방위사업 전 분야에 대한 다양한 경험을 하고 있다. 그러한 과정에서 방위사업의 경쟁력 강화와 효율성, 전문성 및 투명성 향상이 절대적으로 필요하다는 사실을 인식하고 이를 위해 많은 고민과 연구를 하였다. 그러한 결과를 세미나 발표나 월간지 및 학술지 등에 기고하였는데, 이를 기초로 본서를 발간하게 되었다.

필자는 특히 국방연구개발의 활성화, 업체선정 평가, 효율적인 사업관리, 그리고 계약관리에 관해 많은 경험과 특별히 관심을 가지고 연구를 하였다. 국방연구개발이 활성화가 되어야 국방기술력에서 국제 경쟁력을 가질 수 있고, 확보된 경쟁력을 가지고 경제적이고 효율적으로 무기체계를 개발하여 군 전력 증강에 기여할 수 있으며, 나아가서는 방산수출에서도 경쟁력을 보유할 수 있다고 확신하고 있으며, 이를 위해 연구개발 투자 확대 등 국방연구개발을 활성화시키기 위한 다양한 노력이 절실하다고 믿는다.

업체 선정은 국방부, 각 군, 방위사업청 및 방위산업체 등 모든 관련 기관에 직간접적으로 관계된 매우 중요한 과정으로서, 무기체계 획득에서 성공 여부를 좌우한다고 해도 과언은 아닐 것이다. 따라서 성공적인 무기체계 획득을 위해서는 기술력 중심의 업체 선정이 되어야 하고 연구개발비는 보장해 주어야 한다. 또한 사업관리 측면은 조직과 기능이 분산된 상태에서 책임은 특정 소수에게 포괄적으로 지게 하는 통합사업관리팀(IPT) 제도를 적용함으로써 제도와 현실과의 괴리로 오히려 문제를 야기할 우려가 크다. 따라서 이를 폐지하거나 책임과 권한을 조직과 연계하여 합리적으로 조정할 필요가 있다. 그리고 계약관리는 계약 당사자인 업체와 정부 모두에게 대단히 중요한 이슈이다. 계약이란 계약 당사자가 상호 리스크를 동등하게 분담하도록 체결되어야 하나 그렇지 못하며, 첨단 기술이 요구되는 현실에서 기술 가치가 반영되지 못하는 전근대적인 원가 구조를 개선하여야 한다. 또한 확정계약을 최대한 확대하여 무리하게 원가를 계산하는 비율을 낮추고, 원가 절감에 대한 동기가 유인되도록 하여야 한다.

방위사업 추진 과정에서 효율성, 합리성 및 투명성 등이 문제가 되면 국방력이 약화될 수 있으며, 많은 예산과 행정 낭비는 물론 방산수출 및 일자리 창출에도 큰 지장을 주게 된다. 따라서 방위사업의 중요성은 아무리 강조해도 지나치지 않을 것이다. 이러한 중요성을 인식하고 많은 난관에도 불구하고 오늘도 사명감을 가지고 본연의 업무에 최선을 다하는 많은 분들이 있음을 우리는 알아야 할 것이다.

본서는 방위사업에 관련한 최고의 서적을 목표로 심혈을 기울여 집필하였다. 그러나 본의 아닌 미비한 점도 있을 것으로 생각한다. 이는 앞으로 계속 보완 및 수정해 나갈 것을 약속드리며, 본서가 모든 독자 여러분께 큰 도움이 되기를 진심으로 기원한다.

끝으로 본서 집필에 도움을 주신 분들께 감사한 마음을 전하고 싶다. 본서가 출판되기까지 수고와 격려를 해 주신 북코리아 출판사 이찬규 사장님과 직원 여러분들께 감사를 드리며, 아울러 항상 믿고 격려해 준 나의 두 딸과 아내에게 고마움을 전하고 싶다.

2017년 9월
저자 김선영

차례

표 차례

그림 차례

제1장
안보환경의 변화와 국방정책

최근까지도 세계 곳곳에서 발생하는 각종 테러와 분쟁 등으로 국제안보의 불확실성은 점점 증대되고 있으며, 한반도에서는 한국의 사드 배치 문제와 북한의 핵 및 미사일 문제로 미국, 일본, 그리고 중국 등과 갈등이 고조되고 있다.

더구나 북한은 미국을 향해서도 전쟁을 불사하겠다며 강경 발언을 쏟아 내면서 핵 및 미사일 기술의 고도화를 위해 각종 실험을 지속적으로 자행하고 있으며, 우리에 대해서는 마음만 먹으면 언제 어떤 형태의 도발도 가능한 능력을 보유하고 있다.

이러한 상황에서 우리의 안보환경을 분석해 보고, 이에 대비하는 국방정책을 살펴보는 것은 매우 의미 있다 할 것이다.

제1절 세계 안보정세

전통적 갈등 요인에 따른 국지분쟁의 가능성이 상존하는 가운데 초국가적·비군사적 위협의 확산으로 안보 불확실성이 증대되고 있다. 세계 각국은 핵·미사일, 테러, 사이버공격, 감염병 등 다양한 안보위협에 공동 대응하여 지역 안정과 세계 평화에 기여할 수 있도록 국제적 공조 노력을 강화하고 있다.

1. 전통적 갈등 요인에 따른 국지분쟁의 가능성 증대

범세계적으로 영토, 종교, 인종 등과 같은 전통적 갈등 요인으로 인한 안보위협이 지속되고 있다. 동아시아 지역에서는 미국의 '아태 재균형 전략'과 중국의 '신형대국관계' 개념이 대립하는 가운데 남중국해를 포함한 해양 관할권 분쟁이 지속되고 있다. 중국은 남중국해 내 인공도서 건설 등을 추진하며 해양 관할권 강화를 추구하는 반면, 미국은 항행의 자유를 주장하면서 우방국과의 군사협력을 강화하고 있다. 2016년 7월 헤이그 국제 상설 중재재판소(PCA: Permanent Court of Arbitration)가 '중국의 남중국해에 대한 역사적 권리 주장은 법적 근거가 없음'을 요지로 하는 판결을 내린 이후에도 필리핀, 중국, 미국을 비롯한 관련국들의 논쟁은 계속되고 있다.

북핵·미사일 도발은 지역안보를 저해하는 대표적인 요인이다. 북한은 2016년 두 차례의 핵실험과 장거리 미사일, 잠수함발사 탄도미사일(SLBM: Submarine-Launched Ballistic Missile)을 포함하여 연이어 미사일 발사를 감행함으로써 역내 안보위협을 심화시켰다.

유럽 지역에서는 난민 문제가 주요 현안으로 대두되었다. 시리아와 북아프리카 지역에서 발생한 대규모 난민들이 난민 허가를 받지 못한 채 유럽으로 대량 유입됨에 따라 솅겐(Schengen) 협정[1]을 통해 유럽연합이 추구하고자 한 통합의 기본정신이 도전

1 유럽연합 회원국 간의 자유로운 통행을 보장하는 협정으로 1985년 독일·프랑스·벨기에·룩셈부르

을 받게 되었다. 유럽연합은 2015년 9월 난민 12만 명의 28개국 분산 수용을 포함한 난민대책을 발표하였으며, 2016년 10월에는 정상회의를 개최하여 리비아, 이집트 등 북아프리카 지역 난민 발생국에 대한 경제 및 개발 지원 추진에 합의하는 등 난민 문제를 해결하기 위해 노력을 지속하고 있다.

그러나 프랑스, 벨기에, 터키에서 발생한 테러 이후 난민으로 위장한 테러리스트들의 유입 가능성이 현실화되면서 난민 수용에 적극적이던 유럽 국가들도 통제를 강화하는 등 유럽은 난민 문제와 테러 위협으로 심각한 안보위기를 겪고 있다.

중동 지역은 폭력적 극단주의 세력의 발호, 종파 간 갈등, 국가 공권력의 부재 등 다양한 요인들로 인해 정세 불안이 지속되고 있다. 시리아에서는 아사드 정권과 반군 세력 간에 내전이 지속되고 있고, 이라크에서는 이라크 정부군과 ISIL[2] 간에 모술 등 북부 지역을 중심으로 군사적 충돌이 지속되고 있다. 이란은 2015년 7월에 유엔 안보리 상임이사국 5개국 및 독일과 핵합의를 통해 서방 국가와의 관계 개선을 모색하고 있으나, 중동 지역에서는 일부 걸프 지역 국가들과 종파적·정치적 갈등을 빚기도 하였다. 이스라엘과 팔레스타인 간 뿌리 깊은 갈등은 여전히 해소되지 않고 있는 상황이다.

아프리카 지역에서도 정치 세력 간 권력투쟁, 종족 갈등, 폭력적 극단주의 세력에 의한 테러 등으로 정치·경제 불안이 지속되고 있다. 남수단에서는 2016년 7월 연립정부 내 정부 세력과 반정부 세력 간 유혈사태로 150여 명의 사상자가 발생하였다. 나이지리아, 소말리아, 말리 등에서는 보코하람, 알샤바브와 같은 폭력적 극단주의 세력에 의한 테러가 지속적으로 발생하고 있다.

크·네덜란드 5개국이 룩셈부르크 솅겐에서 체결하였으며, 1990년 일부 개정을 거쳐 1995년 발효되었음.

2 Islamic State of Iraq and the Levant(이라크-레반트 이슬람 국가)

2. 초국가적 · 비군사적 위협으로 인한 안보 불확실성 증대

ISIL 등 폭력적 극단주의 세력이 자행하는 테러 행위는 국제사회에 공포를 확산시키고 있다. ISIL은 2015년 11월 프랑스 파리, 2016년 1월 인도네시아 자카르타, 2016년 3월 벨기에 브뤼셀, 2016년 6월 터키 이스탄불 등지에서 테러를 자행하여 다수의 무고한 인명을 희생시켰을 뿐 아니라, 외국인 테러 전투원을 포섭하고 선전활동을 적극적으로 전개하여 중동을 넘어 유럽·동남아·아프리카까지 세력 범위를 확장하고 있다.

증가하는 사이버공격 위협 역시 심각한 초국가적 위협의 하나이다. 민간기관은 물론 정부기관의 정보 시스템에 침입하여 중대한 장애를 발생시키거나 시스템을 파괴하는 사례가 빈번하게 발생하였다. 2014년 11월 북한의 소니픽처스 해킹사건 및 2016년 2월 방글라데시 중앙은행 해킹사건 등은 전 세계적으로 사이버위협에 대한 경각심을 고조시킨 대표적 사례로서 이후 각국은 사이버위협에 대응하기 위한 전략 마련에 부심하고 있다.

신종 감염병의 확산도 국제사회의 불안을 고조시키고 있다. 2013년 에볼라 바이러스에 이어 2015년에는 메르스가 26개 국가로 확산되었고, 최근에는 전 세계 71개국에서 지카 바이러스 감염 환자가 발생하고 있다. 유엔 안보리 등 국제사회는 감염병을 중요한 안보위협으로 인식하고 대응 역량 강화에 주력하고 있다.

또한 지구 온난화 등 기후 변화로 지구촌 곳곳에서 자연재해와 재난이 발생하고 있다. 2015년 4월 네팔과 2016년 4월 일본에서 발생한 지진, 2016년 10월 아이티를 강타한 허리케인 등 자연재해 사례는 재난 발생 국가만의 대처 능력으로는 신속하고 효과적인 구호와 재건에 제약이 따른다는 것을 보여 주고 있다.

3. 안보위협 대응을 위한 국제사회의 공조 강화

개별 국가의 노력만으로는 해소되기 어려운 안보위협에 대응하기 위해 긴밀한 국제공조의 필요성이 강조되고 있다. 국제사회는 핵확산금지조약(NPT: Treaty on the Non-Proliferation of Nuclear Weapons) 등 비확산체제를 강화하기 위해 노력하고 있다. 2015년 7월 유엔 안보리 상임이사국 5개국 및 독일은 이란과의 포괄적 공동행동계획에 합의하고 이란의 핵개발을 중단시켰다. 유엔 안보리는 북한의 4차 핵실험과 장거리 미사일 발사에 대해 2016년 3월 대북제재 결의안 제2270호를 만장일치로 채택하였다. 이어 5차 핵실험에 대해 2016년 11월 대북제재 결의안 제2321호를 채택하는 등 북핵 문제 해결을 위한 국제사회의 강력하고 단합된 의지를 재확인하였다.

ISIL 등 폭력적 극단주의 세력에 대처하기 위한 대테러 국제공조 노력도 지속되고 있다. 유엔 안보리는 2015년 11월 ISIL 격퇴 결의안 제2249호를 만장일치로 채택하여 ISIL 외국인 테러 전투원의 모집과 테러자금 유입을 차단하기 위한 모든 조치를 취할 것을 국제사회에 요청하였고 각국 정부는 이에 적극 동참하였다. 2014년 미국 주도로 결성된 반 ISIL 국제연대는 ISIL 위협에 대응하기 위해 ISIL 점령지 공습, 이라크·시리아 난민 지원 등 다각적인 활동을 전개하였다. 한편, 2015년에는 사우디아라비아 등 중동 지역 이슬람 국가들이 주도가 된 대테러 군사동맹이 결성되었다.

사이버위협에 대응하기 위한 국제공조 노력 역시 활발해지고 있다. 2016년 제5차 유엔 정보안보 정부전문가 그룹 회의에서 사이버위협을 분석하고 사이버 공간에 적용 가능한 국제법과 규범 등을 논의한 바 있으며, 민간 협의제인 국제 침해사고 대응팀 협의회를 개최하여 국제 인터넷 보안 협력을 강화하고 있다.

제2절 동북아 안보정세

동북아 지역에서는 경제 분야에서의 협력과 상호 의존성은 높아지면서도 안보 분야에서는 협력의 수준이 높지 않은 '아시아 패러독스' 현상이 지속되고 있다. 지역 국가들은 군사적 우위와 영향력을 확대하기 위해 군사력을 증강하면서 이해관계를 같이하는 국가들과 양자 및 다자 협력을 강화하고 있다.

1. 지역 내 국가 간 협력과 갈등 구도 지속

미국과 중국의 전략적 협력과 경쟁의 이중 구도가 지속되는 가운데 일본과 러시아 역시 자국의 영향력을 강화하기 위해 군사력을 증강하고, 역내 국가 간 동맹과 협력 및 갈등 관계가 지속되면서 불안정성과 불확실성은 더욱 증대되고 있다.

미국은 역내 영향력을 안정적으로 유지하기 위해 '아태 재균형 전략'을 기반으로 군사력을 증강하고, 동맹과 우방국들과의 협력을 강화하면서 지역 다자협의체에 적극 참여하고 있다. 국방예산 감축 기조에도 불구하고, 2020년까지 해군 전력의 60%를 아태 지역에 배치하고, 첨단 전력에 대한 투자를 확대하고 있다. 미국은 동북아 지역에서 한미동맹과 미일동맹을 기반으로 한반도에서 전쟁을 억제하고 역내의 평화와 안정을 유지해 나간다는 입장이다.

중국은 신장된 국력을 바탕으로 미국에 대해 '신형대국관계'를 요구하면서 역내 위상 제고와 영향력 확대를 위해 군사력을 현대화하고 적극적인 대외정책을 추진하고 있다. 중국은 지속적인 경제성장과 국가발전을 위해 한반도와 동북아의 평화와 안정을 유지하면서 자국의 핵심 이익과 관련되는 것으로 간주되는 사안에 대해서는 적극적인 대응정책을 추진할 것이다.

일본은 미일동맹을 토대로 '적극적 평화주의'를 내세우며 방위정책을 보다 능동적으로 전환하고 있다. 2014년 4월 방위장비 이전 3원칙을 마련하여 무기와 군사장비의 수출 제한을 대폭 완화하고, 집단적 자위권 행사가 가능하도록 헌법 해석을 변경하여 자위대의 역할을 주변 지역과 국제사회로 확대하고 있다.

러시아는 유라시아 경제연합 창설, 크림 반도 병합 등 구소련 지역을 중심으로 영향력 회복에 주력하면서 시리아 사태, 이란 핵문제 등 주요 국제문제에도 적극 개입하고 있다. 극동 지역의 동부군관구와 태평양함대 전력을 증강하고 극동 지역 개발 협력에도 적극성을 보이는 등 역내 영향력을 지속적으로 확대해 나갈 것으로 보인다.

동북아에서는 당분간 '아시아 패러독스' 현상이 지속되면서 미중관계가 어떻게 정립되는가 하는 것이 역내 안보질서의 안정성을 좌우하는 중요한 요인이 될 것이다. 미국과 중국은 역내 안정과 평화가 주는 이익을 공유하면서 사안에 따라 협력과 경쟁 관계를 유지할 것이다. 핵심적인 국가이익이 상충할 경우에는 양국 간 갈등이 심화되고 역내 정세에 영향을 미칠 가능성이 있을 것으로 예상된다.

2. 한반도 주변국의 영향력 확대와 군사력 현대화

미국이 군사적 우위를 유지하면서 중국과 일본, 러시아도 해·공군력을 중심으로 군사력을 경쟁적으로 증강시키고 있다. 한반도 주변 4국의 군사력을 개관하면 〈그림 1-1〉과 같다.

1) 미국

미국은 2015년 "국가안보전략(NSS: National Security Strategy)"[3]과 "국가군사전략(NMS: National Military Strategy)"[4]에서 미국 국민과 동맹·우방국가의 안보 증진, 미국 경제 촉진, 민주주의 등 보편적 가치의 보호, 범세계적 도전에 대응한 국제질서 확립을 위한 군사적 우위 유지를 강조하고 있다.

또한 미국은 러시아의 강압적 대외정책, 중국의 공격적 행동, 북핵·미사일 도발, 이란의 중동 지역 위기 조성, ISIL을 포함한 테러위협을 5대 위협으로 간주하고 이 같은 안보위협에 대응하기 위해 강력하고 지속적인 리더십을 유지하면서 동맹 및 우방국들과의 협력체계를 구축하고 있다. 그리고 아태 지역의 안보질서를 안정적으로 유지하기 위해 한국, 일본, 호주 등 역내 동맹국은 물론 필리핀, 인도, 싱가포르, 베트남 등과의 군사협력을 강화해 나가고 있다.

---

3 미 행정부가 의회에 제출하는 안보 관련 최상위 문서

4 미 합참이 작성하는 최상위 군사지침 문서

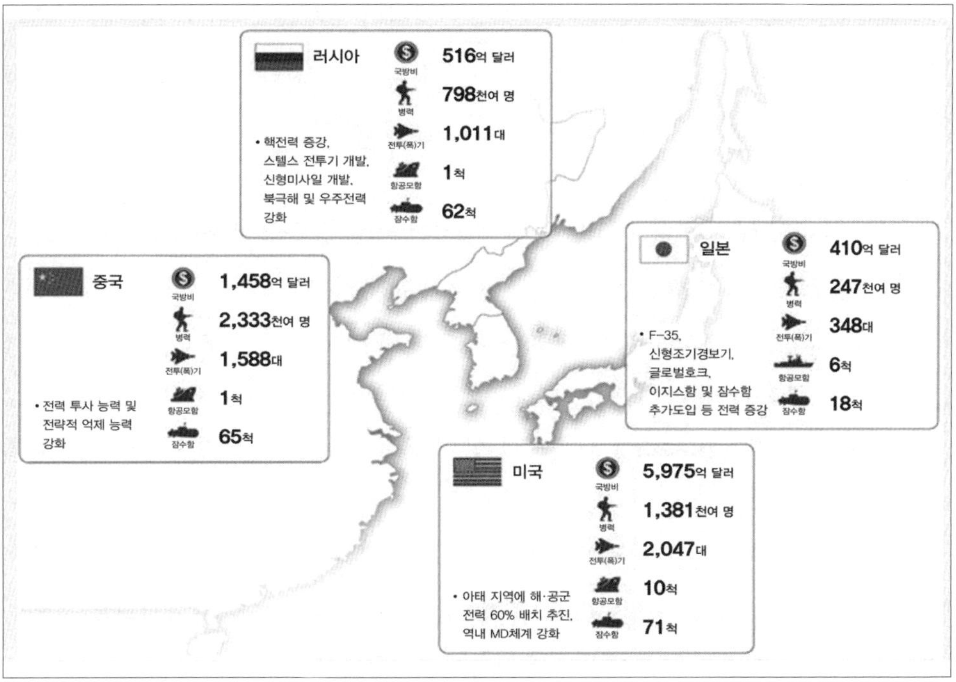

〈그림 1-1〉 한반도 주변 4국의 군사력

일본과는 2015년 4월 「미 · 일 방위협력지침」을 개정하여 일본이 자위대의 역할을 확대하도록 견인하였다. 호주와는 이라크와 시리아에서 반 ISIL 공조를 강화하고 있다. 필리핀과는 2014년 4월 「방위협력확대협정」을 체결하여 현지 군사기지와 시설에 대한 미군의 접근권과 사용권을 확보하였다. 인도와는 2015년 1월 "합동전략 비전"을 발표하고, 2015년 6월 양국 정상회담에서 군수지원협정을 체결하는 등 안보협력의 폭을 확대해 나가고 있다. 2015년 12월에는 싱가포르와 "방위협력합의서"를 개정하여 군사 · 정책 · 전략 · 기술 분야 협력과 비전통적 위협에 대한 공동 대응에 합의하였으며, 2016년 5월 오바마 대통령의 베트남 방문 기간에는 베트남의 무기 수출 금지 조치를 완전히 해제하였다.

이처럼 미국은 동맹과 우방국들과의 양자 관계를 강화하면서 한 · 미 · 일, 미 · 일 · 호주, 미 · 일 · 인도 등 3자 또는 다자 관계로 결합시키는 안보 네트워크화를 통해 공세적으로 대외정책을 관리하고 있다.

군사적으로는 새로운 작전 요구사항을 반영하여 국제공역에서의 접근과 기동을 위한 합동개념 등 합동전투 개념을 발전시키고 F-22, F-35 등 스텔스 전투기, P-8 포세이돈 해상초계기, 버지니아급 핵잠수함, 해저 무인잠수정, 전략폭격기 등 해·공군 첨단전력을 아태 지역에 배치하고 있다.

일본은 병력 규모를 현재 50만 명에서 2017년 9월까지 46만 명 수준으로 감축하고, 해군은 2020년까지 함정 보유량을 지속적으로 늘리면서 아태 지역에서 운용하는 함정을 증강하여 전력 규모의 약 60%를 이 지역에 배치할 예정이다. 공군도 차세대 전투기·공중급유기·수송기와 장거리 스텔스기를 획득하는 데 주력하고 있다. F-22의 지상공격 및 전자전 능력을 보강하고 있으며, B-2 B-52를 대체할 장거리타격폭격기를 개발 중이다.

사이버안보 태세를 강화하기 위한 노력도 강화하고 있다. 2014년 12월 미 의회는 사이버보안 강화법을 승인하였으며, 2016년 사이버위협 정보 통합센터를 창설하였다. 2016년 2월 발표한 사이버보안 국가행동계획에서는 사이버위협을 미국의 국가안보에 대한 심각한 위협으로 지정하고 한국, 일본 등 동맹과 우방국과의 사이버 분야 협력을 강조하고 있다. 2017년 1월 트럼프 행정부의 출범으로 미국의 대외정책과 군사전략이 변화될 가능성도 있으나, 미국의 아시아 중시 전략과 한미동맹 및 미·일동맹 중시 기조는 유지될 것으로 전망된다.

2) 일본

일본은 적극적 평화주의 명분하에 2014년 7월 집단적 자위권 행사에 대한 헌법해석을 변경하여 자위대의 역할을 확대하고 있다. 2015년 4월 "미·일 방위협력지침" 개정과 9월 안보법제 정비를 통해 자국의 존립에 위협이 된다고 판단되는 경우에는 직접적인 무력공격이 없더라도 집단적 자위권을 발동하여 무력을 행사할 수 있게 되었다. 일본에 중요한 영향을 미치는 사태라고 판단되는 경우 미군뿐만 아니라 타국군에도 지리적인 제한 없이 발진 준비 중인 항공기에 대한 급유와 탄약지원 등 후방지원이 가능하게 되었고, 재외 일본인에 대한 자위대의 구출활동, 자위대와 함께 행동하는 미군 및 외국군에 대한 방호, 국제평화유지활동에서 출동경호 임무 등으로 자위대의 활동범위가 확대되었다.

군사적으로는 2013년 "방위계획대강"과 "중기방위력정비계획"에서 채택한 통합기동방위력 개념에 기초하여 육·해·공 자위대의 전력을 증강하고 있다.

육상자위대는 도서 지역을 감시하기 위해 조어도 인근 도서에 연안 감시대를 배치하고 수륙양용 작전을 전담하는 수륙기동단 창설을 추진하고 있다. 사·여단을 신속하고 유연하게 운용하기 위해 육상총대를 창설하고, 도서 지역 상황에 즉각적으로 대응하기 위해 일부 사·여단을 기동사·여단으로 개편할 예정이다.

해상자위대는 2023년까지 이즈모급 호위함 등 호위함과 잠수함 전력을 증강하고, 탄도미사일 방어능력을 향상시키기 위해 현재 6척인 이지스함을 8척으로 증강할 계획이다. 항공자위대는 2014년 4월 도서 지역 감시를 강화하기 위해 오키나와에 조기경보기 부대인 경계항공대를 창설하고, 2016년 1월 F-15 전투기 비행대를 증편한 제9항공단을 창설하였다. 신형 조기경보기, 체공형무인기, 수직이착륙기, 신형 공중급유기, 수송기 등을 전력화하고 있다.

사이버전에 대비하기 위해서는 2014년 3월 육·해·공 자위대의 사이버전 기능을 통합한 사이버방위대를 방위성에 창설하였고, 2015년 1월 사이버보안 전략본부와 내각 사이버보안 센터를 설치하였다. 정보수집 위성을 이용하여 탄도미사일 감시 능력을 향상시키고 있으며, 우주 공간을 안정적으로 이용하기 위해 우주감시시스템을 정비하고 있다.

일본 자위대는 대해적작전과 국제 긴급구호활동에도 참여하고 있다. 소말리아와 아덴 만에 호위함 2척, P-3C 2대, 지원부대를 파견하고 있으며, 2014년 12월 인도네시아 실종 항공기 수색과 2015년 4월 네팔 지진 구호활동에 함정, 수송기, 의료진을 파견한 바 있다.

3) 중국

중국은 중국 공산당 창당 100주년이 되는 2020년까지 전면적 소강(小康) 사회[5]의

5 '소강(小康)'은 중국 사회의 발전단계에서 '따뜻하고 배부르다'는 뜻의 '온포(溫飽)' 다음 단계를 말

이룩과 건국 100주년이 되는 2049년까지 부강하고 민주적이며 조화로운 사회주의 강대국 건설을 추진하고 있다.

2015년 중국의 국방백서인 『중국의 군사전략』에서 "중국의 꿈은 강국의 꿈이며 군대의 꿈은 강군의 꿈"이라고 규정하고 "아시아의 안보는 아시아의 손으로"[6]라는 신안보관을 제창하여 중국 주도의 동아시아 지역주의 의지를 천명한 바 있다. 중국은 '정보화 조건하 국지전 승리'를 기치로 군사전략을 혁신하고 군 구조를 최적화하고 있다. 2015년 9월 전승절 70주년 기념 열병식에서 시진핑 주석의 인민해방군 30만 감축 선언 이후 중국군은 편제를 조정하였으며, 기강 확립을 위한 반부패 개혁도 지속 추진하고 있다.

육군은 2015년 육군사령부를 신설하여 정밀작전과 입체작전, 전역작전과 다기능작전, 지속작전 능력을 향상시키고 있다.

해군은 근해 방어와 원양 호위형이 결합된 해상작전 형태로 전환시키며, 전략적 억제와 반격, 해상 기동작전, 해상 합동작전, 종합 방어작전 능력을 향상시키고 있다. 사거리 8천 km 이상의 쥐랑 탄도미사일을 탑재한 전략핵잠수함 4척과 수상·수중함 870여 척을 운용하고 있으며, J-15 함재기 20여 대를 탑재할 수 있는 랴오닝 항공모함을 전력화하고 수 척의 항공모함도 자체 개발하고 있다.

공군은 공격과 방어, 항공과 우주 능력을 발전시키기 위해 항공우주방어 전력 체계를 구축하고 전략 조기경보, 공중 타격, 공중 및 미사일 방어, 공수작전, 전략 수송, 종합지원 능력을 향상시키는 데 주력하고 있다. 현재 3천여 대의 군용 항공기를 보유하고 있으며 Y-20 전략 수송기를 작전 배치하고 J-20 시제기 시험 비행에 이어 J-31 실물을 공개한 바 있다.

중국은 위성통신, 정보와 감시정찰, 위성항법, 기상, 우주탐사 등 우주 강국 건설에도 역점을 두고 있으며, 2016년 운반용 로켓 창정 7호와 창정 5호 발사 성공에 이어 2018년에는 달 탐사위성 창어 4호도 발사할 예정이다.

함. '온포'가 기초적 의식주 문제를 해결하는 것이라면, '소강'은 문화적 여유까지 가미한 중산층 생활을 의미함.

6 중국의 시진핑 주석이 2014년 5월 제4차 아시아 신뢰구축회의 기조연설에서 제시하였음.

4) 러시아

러시아는 2014년 4번째 "군사독트린"과 2015년 "국가안보전략" 개정안에서 '강력한 군사력을 통한 적극방어' 전략을 표방하고 있으며 조직과 정원 개편, 군인 봉급 인상, 주택개혁 등 과감한 국방개혁을 단행하고 있다.

육군은 사단급 제대와 감편 부대를 해체하여 총 85개의 여단을 창설하였고, 서부 지역에 3개 사단을 창설하여 서부 지역 국경 일대에서 증가하고 있는 북대서양조약기구(NATO)군의 위협에 대비하고 있다.

해군은 2014년 북양함대를 모체로 북극통합전략 사령부를 창설하였고, 2015년에는 북극 지역 도서에 대한 상륙훈련을 최초로 실시하여 북극해 지역에 대한 실효적 지배를 강화하고 있다.

항공우주군은 잠재적인 항공우주 공격에 신속하고 효과적으로 대응하기 위해 2015년 공군과 우주군을 통합하여 창설되었다.

전략미사일군은 상시 전투 준비태세와 야전 적응능력 제고를 위해 2016년에 총 16회 대륙간탄도미사일 발사 훈련을 실시하였고, 2020년까지 실전배치를 목표로 전투열차 미사일 시스템을 개발 중이다.

하바롭스크에 위치한 동부군관구는 2015년 12월 최신예 전투기 SU-35 전대를 처음으로 배치하였고, 전략미사일 발사 잠수함 알렉산드르 넵스키 호, 전술미사일 이스칸데르-M, S-400 지대공 미사일을 전력화하는 등 무기 현대화도 진행하고 있다.

제3절 북한 정세 및 군사위협

북한은 김정은 권력 승계 이후 유일지배체제를 공고화하고 체제를 안정시키는 데 주력하고 있으며, 제7차 노동당대회를 통해 김정은 시대의 본격적인 개막을 선언하였다. 남북관계의 주도권을 확보하기 위해 화전양면전술을 구사하고 국제사회의 제재와 고립으로부터 탈피하기 위한 외교활동을 전개하고 있다. 핵과 탄도미사일을 비롯한 대량살상무기 개발, 재래식 전력 증강, 접적 지역 무력도발, 사이버공격과 소형무인기 침투 등 지속적인 도발을 통해 한반도와 동북아의 안정과 세계평화를 심각하게 위협하고 있다.

1. 북한 정세

1) 내부 정세

2012년 4월 권력 승계 절차를 마무리한 김정은은 당·정·군 지도부의 세대교체를 통해 권력을 공고화하였다. 당·정·군 고위직의 숙청과 강등, 복권을 단행하여 권력을 안정화하고 1인 지배체제를 강화하는 데 주력하였다.

2016년 5월 제7차 노동당대회에서 김정은 시대의 본격적인 개막과 핵보유 입장을 공식화하였으며, 김정은을 중심으로 당조직을 정비하고 측근 인물들을 핵심 직위에 중용하여 유일지배체제를 공고화하고 체제 결속을 강화하였다. 노동당 최고위직인 '노동당 위원장'을 신설하여 김정은을 추대하고 비서국을 정무국으로 개칭하였으며, 정치국 상무위원에 박봉주와 최용해를 추가로 임명하였다.

북한은 2016년 '핵보유국'임을 대내외에 선전하면서 4차 핵실험을 하였고, 이를 시작으로 장거리 미사일 발사, 잠수함발사 탄도미사일 및 중단거리 미사일 시험발사 등의 도발을 지속해 왔으며, 4차 핵실험 이후 불과 8개월이 경과한 9월 북한 정권 수립일에 맞추어 5차 핵실험을 단행하였다. 300밀리 방사포, 대전차 유도무기 등을 증강하는 등 전투 준비태세를 강화하고 무인기 시험비행, GPS 교란, 사이버 해킹 등의 도발도 지속하고 있다.

2) 대남 정책

북한은 남북관계의 주도권을 확보하고 우리 정부의 대북정책을 변화시키기 위해 도발과 대화를 반복하는 화전양면전술을 구사하고 있다.

2013년 2월 3차 핵실험을 감행하고, 4월 개성공단을 잠정 중단하였으나 국제사회의 반북 정서와 우리 정부의 일관된 대북정책에 막혀 강경책이 통하지 않자 7차례의 남북 당국 간 실무화담을 거쳐 8월에 개성공단 정상화에 합의하였다. 8월에 남북적십자 실무접촉에서 이산가족 상봉에 합의하였으나, 상봉을 불과 4일 앞두고 정치적 이유를 들어 이산가족 상봉행사를 일방적으로 무산시켰다.

2014년에도 북한의 화전양면전술은 지속되었다. 김정은은 신년사에서 남북관계 개선을 위한 분위기를 마련해야 한다고 주장하였으며, 북한 국방위원회가 '대남 중대제안'을 발표하는 등 적극적으로 위장평화공세를 전개하였다. 하지만 2월 금강산에서 진행된 이산가족 상봉행사 기간 중 로켓과 탄도미사일을 연속 발사하였고, 3~4월에는 서해 북방한계선 인근에 대규모 해상 사격도발을 실시하고 5월에는 서해에서 작전 중인 우리 함정을 향해 포격을 가하였다. 10월에는 북한의 최고위급 실세인 총정치국장 황병서와 최용해, 김양건이 인천 아시아게임 폐막식에 참석하여 남북 고위급 접촉을 재개하는 데 합의하였지만, 합의한 지 3일 만에 서해 북방한계선 인근 해역에서 교전을 벌이고 10월에는 우리 민간단체가 띄운 풍선을 향해 총격 도발을 자행하였다.

북한은 2015년에도 신년사, 국방위원회 담화 등에서 남북관계 개선 의지를 표명하는 기만적인 유화공세를 펼치면서도 도발을 이어 갔다. 2월부터 단거리 미사일 발사를 지속하고, 5월 잠수함발사 탄도미사일 사출시험에 이어 8월 비무장지대 목함지뢰 도발, 포격도발을 감행하여 군사적 긴장을 고조시켰다. 2016년 1월 북한이 4차 핵실험을 감행하자, 우리 정부는 강력한 대북제재 의지를 천명하며 대북 확성기방송을 재개하였고, 북한은 대남 확성기방송과 전단 살포로 맞대응하면서 남북관계는 악화되었다. 북한은 4차 핵실험에 대한 국제사회의 대북제재 논의가 진행되는 중에도 2월 장거리 미사일을 발사하였다.

북한은 남북관계 악화 책임을 우리 측에 전가하며 수사적 위협과 군사적 긴장을 조성하고, 민간교류 협력 재개를 시도하는 등 통일전선에 대한 책동을 강화할 것이다.

2. 북한의 군사전략 및 군사능력

1) 군사전략

북한은 '주체사상'에 입각한 '국방 자위'[7] 원칙에 따라 1962년 4대 군사노선을 채택하고, 선군정치를 내세워 군사력을 지속적으로 증강하고 있다.

기습전, 배합전, 속전속결전을 중심으로 하는 군사전략을 유지하는 가운데 다양한 전술을 모색하고 있으며, 김정은 권력 승계 이후 국지도발뿐만 아니라 전면전 수행체계를 강화하고 있다. 대남 우위의 군사력 확보를 위해 재래식 무기 성능을 지속적으로 개량하면서 핵·WMD, 미사일, 장사정포, 수중전력, 특수전 부대, 사이버 부대 등 비대칭 전력을 집중적으로 증강하고 특히 7천여 명의 사이버전 인력을 양성하여 다양한 형태의 사이버전 도발을 감행하고 있다.

북한군은 유사시 배합전, 기습전, 속전속결전을 단행할 것으로 판단되며, 비대칭 전력을 위주로 제한된 목표에 대한 대규모 기습공격을 시도할 것으로 예상된다.

2) 육군

육군은 총참모부 예하 10개의 정규군단, 2개의 기계화군단, 91수도방어군단, 11군단, 1개 기갑사단, 4개 기계화보병사단 등으로 편성되어 있으며 인민보안성 7·8총국이 공병군단과 도로건설단으로 개편되면서 인민무력성으로 소속이 전환되었다.

총참모부는 지휘정보국 신편 등 조직개편과 통합전술지휘통제체계 구축을 통해 C4I 능력을 강화하고 있으며, 사이버 인력과 조직을 보강하여 사이버전 수행 능력을 강화하고 있다.

북한은 육군 전력의 약 70%를 평양~원산선 이남 지역에 배치하여 언제든지 기습공격을 감행할 태세를 갖추고 있다. 전방에 배치된 170밀리 자주포와 240밀리 방

7 북한 헌법 제60조에서 "국가는 군대와 인민을 정치사상적으로 무장시키는 기초 위에서 전군 간부화, 전군 현대화, 전민 무장화, 전국 요새화를 기본내용으로 하는 자위적 군사노선을 관철한다"라고 규정하고 있음.

사포는 수도권 지역에 대한 기습적인 대량 집중공격이 가능하며 최근 개발이 완료된 300밀리 방사포는 중부권 지역까지 공격이 가능하다. 서해 북방한계선 북측 해안 지역과 전선 지역에 122밀리 견인방사포 등 포병 전력을 증강하였으며 기계화부대, 함정, 항공기와 특수전 부대를 전진 배치하는 등 서해 5도 및 주변 지역과 전선 지역에 대한 도발과 공격 능력을 강화하고 있다. 기갑부대와 기계화부대는 천마호 및 선군호 전차를 배치하는 등 장비 현대화를 통해 작전능력을 향상시키고 있다.

특수전 병력은 현재 20만여 명에 달하는 것으로 평가된다. 특수전 부대는 11군단과 전방군단의 경보병사·여단 및 저격여단, 해군과 항공 및 반항공군 소속 저격여단, 전방사단의 경보병연대 등 전략적·작전적·전술적 수준의 부대로 다양하게 편성되어 있다. 특수전 부대는 전시 땅굴과 비무장지대를 이용하거나 잠수함, 공기부양정, AN-2기, 헬기 등 다양한 침투수단을 이용하여 전후방 지역에 침투하여 주요 부대·시설 타격, 요인 암살, 후방교란 등 배합전을 수행할 것으로 판단된다.

〈표 1-1〉 북한 육군 주요 전력

전차	장갑차	야포	방사포	30밀리 방사포
4,300여 대	2,500여 대	8,600여 문	5,500여 문	10여 문

3) 해군

해군은 해군사령부 예하 동·서해 2개 함대사령부, 13개 전대, 2개의 해상저격여단으로 구성되어 있다. 해군은 전력의 약 60%를 평양~원산선 이남에 전진 배치하여 상시 기습할 수 있는 공격 능력을 보유하고 있으나, 소형 고속함정 위주로 편성되어 원해 작전능력이 제한된다.

수상전력은 유도탄정, 어뢰정, 소형경비정, 화력지원정 등 대부분 소형 고속함정으로 구성되어 있으며, 지상작전과 연계하여 지상군 진출을 지원하고 연안 방어 등의 임무를 수행한다. 최근 신형 중대형 함정과 다양한 종류의 고속특수선박을 배치하여 수상공격 능력을 향상시키고 있다.

수중전력은 로미오급 잠수함과 잠수정 등 70여 척을 보유하고 있으며 해상교통로 교란, 기뢰 부설, 수상함 공격, 특수전부대 침투 지원 등의 임무를 수행한다. 특히 고래급 잠수함을 건조하여 수중 발사 탄도 미사일 시험을 지속하고 있다.

상륙전력은 공기부양정, 고속상륙정 등 250여 척으로 구성되어 있으며 특수전 부대를 우리 후방 지역에 침투시켜 주요 군사·전략시설을 타격하고 중요 상륙 해안을 확보하는 임무를 수행할 것으로 예상된다.

〈표 1-2〉 북한 해군 주요 전력

전투함정	상륙함정	기뢰전함정(소해정)	지원함정	잠수함정
430여 척	250여 척	20여 척	40여 척	70여 척

4) 공군

기존 공군사령부가 항공 및 반항공사령부로 명칭이 변경되었으며 5개 비행사단, 1개 전술수송여단, 2개 공군저격여단, 방공부대 등으로 구성되어 있다. 북한 공군은 북한 전역을 4개 권역으로 나누어 전력을 배치하고 있으며, 총 1,630여 대의 공군기를 보유하고 있다. 전투임무기는 810여 대 중 약 40%를 평양~원산선 이남에 전진 배치해 놓고 있으며 일부 기지를 추가로 전진 배치하여 최소의 준비로 신속하게 공격할 수 있는 태세를 갖추고 있다.

지대공 미사일과 장거리 미사일 등 무기체계 성능 개량을 통해 항공기의 추가 배치 조정 없이 남한의 감시·정찰자산과 지휘통제시설, 방공자산, 산업시설 등을 기습 공격할 수 있는 능력을 보유하고 있다. AN-2기와 헬기를 이용한 대규모 특수전 부대의 침투 능력을 갖추고 있으며, 정찰 및 공격용 무인기와 경항공기도 생산·배치하고 있다.

방공체계는 항공 및 반항공사령부를 중심으로 항공기, 지대공 미사일, 고사포, 레이더 방공부대 등으로 통합 구축되어 있다. 전방 지역과 동·서부 지역에는 SA-2와 SA-5 지대공 미사일이 배치되어 있으며 평양 지역에는 SA-2와 SA-3 지대공 미사일과 고사포를 집중 배치하여 다중의 대공 방어망을 형성하고 있다.

지상관제요격 기지, 조기경보 기지 등 다수의 레이더 방공부대는 북한 전역에 분산 배치되어 있어 한반도 전역을 탐지할 수 있으며 레이더 방공부대의 탐지 정확도를 높이고 작전 대응시간을 단축하기 위해 자동화 방공지휘통제 체계를 구축하고 있다.

〈표 1-3〉 북한 공군 주요 전력

전투임무기	감시통제기	공중기동기 (AN-2 포함)	훈련기	헬기 (육·해·공군 포함)
810여 대	30여 대	20여 척	170여 대	290여 대

5) 예비전력

북한의 예비전력은 전투동원 대상인 교도대, 직장 및 지역 단위의 노농적위군, 고급중학교 군사조직인 붉은청년근위대, 준군사부대로 구성되어 있다. 이들은 14세부터 60세까지 동원 대상이며, 전 인구의 약 30%에 달하는 762만여 명으로 추정된다. 유사시 정규전 부대의 전투력을 보강할 수 있는 교도대는 60만여 명에 달하며, 정규군에 준하는 훈련 수준을 유지하고 있다.

〈표 1-4〉 북한 예비전력 현황

구분	병력	비고
계	762만여 명	
교도대	60만여 명	동원예비군 성격(17~50세 남자, 17~30세 미혼 여자)
노농적위군	570만여 명	향토예비군 성격(17~60세 남자, 17~30세 교도대 미편성 여자)
붉은청년근위대	100만여 명	고급중학교 군사조직(14~16세 남녀)
준군사부대	32만여 명	호위사령부, 군수동원지도국 등

6) 전략무기

북한은 전략적 공격능력을 보강하기 위해 핵, 탄도미사일, 화생방무기를 지속적으로 개발하고 있다. 1980년대 영변 핵시설의 5MWe 원자로를 가동한 후 폐연료봉 재처리를 통해 핵물질을 확보하였고, 이후 2006년 10월, 2009년 5월, 2013년 2월,

2016년 1월과 9월 5차례의 핵실험을 감행하였다. 북한은 수차례의 폐연료봉 재처리 과정을 통해 핵무기를 만들 수 있는 플로토늄을 50여 kg 보유하고 있는 것으로 추정되며, 고농축 우라늄 프로그램도 상당한 수준으로 진전되고 있는 것으로 평가된다. 핵무기 소형화 능력도 상당한 수준에 이른 것으로 보인다.

1970년대부터 탄도미사일 개발에 착수하여 1980년대 중반 사거리 300km의 스커드-B와 500km의 스커드-C를 배치하였으며, 1990년대 후반에 사거리 1,300km의 노동미사일을 배치하였고, 그 후 스커드 미사일의 사거리를 연장시킨 스커드-ER을 배치하였다. 2007년 사거리 3,000km 이상의 무수단 미사일을 시험발사 없이 배치하여 한반도를 포함한 주변국에 대한 직접적인 타격능력을 보유하게 되었다.

미국 본토를 위협할 수 있는 장거리 미사일을 개발하기 위해 1998년에는 대포동 1호를 발사하고, 2006년과 2009년, 2012년 4월과 12월, 2016년 2월에는 대포동 2호를 발사하였으며, 2012년 이후 ICBM급의 KN-08을 3차례, KN-14를 1차례 대외 공개하였다.

2016년 3월 이후 북한은 다양한 투발능력을 과시할 목적으로 미사일 탄두의 대기권 재진입 기술 모의시험, 고체로켓 엔진시험, ICBM 엔진 지상 불출시험을 공개하

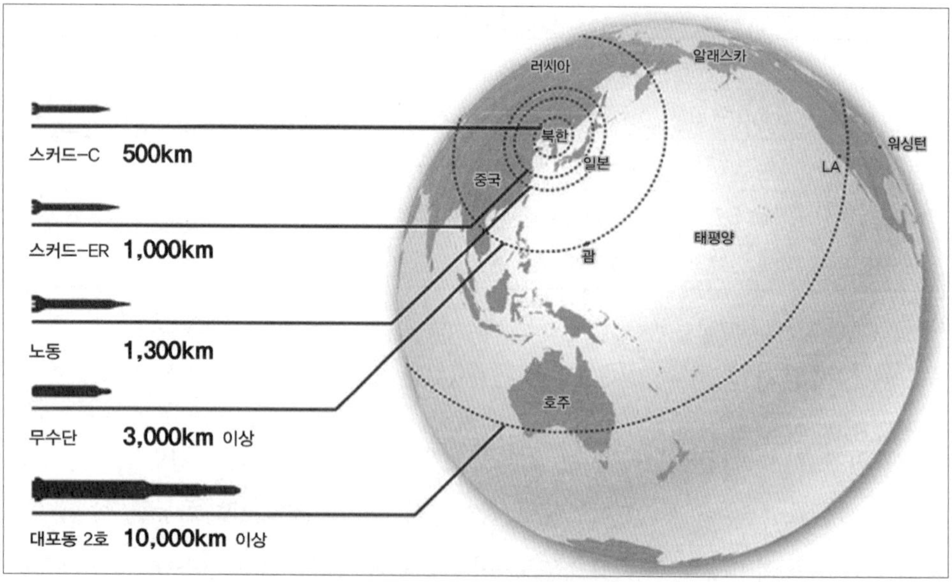

〈그림 1-2〉 북한의 미사일 종류

였다.

2016년 4월부터 10월까지 무수단 미사일을 8차례 발사하였으며, 1차례 부분적으로 성공한 것으로 평가된다.

그리고 2015년 5월부터 2016년 8월까지 시험발사를 4차례 공개하는 등 잠수함 발사 탄도미사일 개발을 지속하고 있다. 향후 추가 시험발사, 잠수함 작전능력 구비를 위해 정권 차원의 역량을 집중할 것으로 예상된다.

북한은 1980년대부터 화학무기를 생산하기 시작하여 현재 약 2,500~5,000톤의 화학무기를 저장하고 있는 것으로 추정되며 탄저균, 천연두, 페스트 등 다양한 종류의 생물무기를 자체 배양하고 생산할 수 있는 능력도 보유하고 있는 것으로 보인다.

제4절 국방정책

국방부는 국방비전인 '정예화된 선진강군'을 달성하기 위해 국방정책 7대 기조를 추진하고 있다. 군 본연의 임무인 군사대비태세를 굳건히 하고, 국민들이 공감하고 장병들이 체감하는 병영문화를 정착시켜 기본을 튼튼히 함은 물론 강력한 한미연합 방위태세를 토대로 미래지향적 국방역량을 강화하면서 국익 증진과 통일 준비에 유리한 전략 환경을 조성하여 미래를 준비하고 있다.

1. 국방목표

국방목표는 외부의 군사적 위협과 침략으로부터 국가를 보위하고, 평화통일을 뒷받침하며, 지역의 안정과 세계 평화에 기여하는 것이다.

첫째, 북한의 상시적인 군사적 위협과 도발은 우리가 직면한 일차적인 안보위협이며 특히 핵·미사일 등 대량살상무기(WMD), 사이버공격, 테러 위협은 우리 안보에 큰 위협이 된다. 이러한 위협이 지속되는 한 그 수행주체인 북한 정권과 북한군은 우리의 적이다. 이와 동시에 우리의 평화와 안보에 대한 주변국의 잠재적 위협과 초국가적·비군사적 위협에 대한 대응능력도 지속적으로 발전시켜 나간다.

둘째, 핵과 전쟁의 공포가 없는 지속 가능한 평화를 만들어 내고 남북한 모두가 행복한 통일 시대를 맞이할 수 있도록 한다.

셋째, 한미동맹을 바탕으로 주변국들과 공통이익을 증진하고 지역 내 안보불안 해소를 위해 전략적 협력을 강화하고 우리와 전략적 이해를 공유하는 세계 각국들과 양자 및 다자 협력을 강화하여 국방협력의 외연을 넓히기 위해 노력한다.

2. 국방비전 및 국방정책 기조

1) 국방비전

국방부는 '정예화된 선진강군'을 우리 군이 달성해야 할 국방비전으로 설정하여 추진하고 있다. 여기서 '정예'란 강인하고 용맹스러운 장병들이 최적의 무기와 장비로 무장되고, 실전적으로 훈련되어 최상의 통합전투력을 발휘할 수 있는 군을 의미한다. '선진'은 장병들의 가치관과 의식이 올바르고, 국민의 신뢰를 받는 병영문화가 정착되어 있으며, 창조적·효율적인 국방운영체제와 우수한 방위역량을 갖추어 세계적으로 모범이 되는 국민의 군을 의미한다. '강군'은 정예화되고 선진화된 군대로서 적과 싸워 이길 수 있는 충분한 능력과 태세를 갖춘 군을 의미한다.

2) 국방정책 기조

국방비전을 구현하기 위한 일관된 정책방향으로 ① 확고한 국방태세 확립, ② 미래지향적 자주국방 역량 강화, ③ 한미군사동맹 발전 및 국방 외교·협력 강화, ④ 남북관계 변화에 부합하는 군사적 조치 및 대비, ⑤ 혁신적 국방경영과 방위산업 활성화, ⑥ 자랑스럽고 보람 있는 군 복무 여건 조성, ⑦ 국민 존중의 국방정책 추진을 7대 기조로 선정하여 추진하고 있다.

3. 국방경영 목표와 4대 중점

우리 군은 국방비전과 국방정책 기조, 급변하는 안보환경 등을 고려하여 국방운영 목표를 '기본이 튼튼한 국방, 미래를 준비하는 국방'으로 설정하고 역량을 집중해 왔다. '기본이 튼튼한 국방'은 장병들이 기강이 확립된 가운데 안전하고 행복하게 복무할 수 있으며 전투임무에 전념할 수 있는 국방환경을 조성하고, 철저한 전투 준비와 실전적 교육훈련을 통해 적과 싸워 이길 수 있는 전방위 국방태세를 확립하는 것이다.

'미래를 준비하는 국방'은 미래지향적 자주국방 역량을 강화하고 한반도 방위와 통일을 주도할 수 있는 유리한 전략환경을 조성함으로써 지역 안정과 세계 평화에 기여할 수 있는 '정예화된 선진강군'을 육성하는 것을 의미한다.

이를 구현하기 위해 '굳건한 국방태세 확립', '행복한 선진 국방환경 조성', '미래지향적 방위역량 강화', '한미동맹 발전 및 대외 국방협력 강화'를 4대 중점으로 선정하여 적극 추진하고 있다.

1) 굳건한 국방태세 확립

우리 군의 변함없는 가치는 '적과 싸워 이기는 것'이다. 우리 군은 한미 연합방위체제를 기반으로 굳건한 대비태세를 유지하고 국가 총력전 개념의 민·관·군·경 통합방위체제를 발전시키고 있다. 북핵·WMD 위협에 대해서는 한미 맞춤형 억제전략[8]과 미사일 대응 작전태세를 강화하고 한국형 3축체계[9]를 구축하여 북한의 도발을 능동적으로 억제하고 도발 시 강력하고 단호하게 대응할 것이다.

---

8 북핵·WMD 위협으로부터 한반도 상황에 맞도록 최적화한 한미동맹의 억제전략

9 1축 킬체인(Kill Chain), 2축 한국형미사일방어(KAMD), 3축 대량응징보복(KMPR)을 의미

미래의 잠재적 위협에 대비한 대응역량 강화와 함께 초국가적·비군사적 위협에 대해서도 적극적이고 선제적으로 대응해 나갈 것이다. 적과 싸워 승리하는 전투형 부대를 육성하기 위해 실전적인 부대훈련을 정착시키고, 장병이 전사적 기질, 애국심, 투철한 대적관, 건전한 인성과 시민의식을 가질 수 있도록 정신전력을 강화하고 있다.

2) 행복한 선진 국방환경 조성

국민으로부터 신뢰와 존중을 받는 정예화된 선진강군으로 거듭나기 위해 국민이 공감하고 장병이 체험하는 병영문화를 정착시키고 있다. 생산적인 군 복무가 될 수 있도록 장병들의 자기개발 여건을 조성하고 있으며 의식주 등 기초 복지 수준을 개선하고, 병영시설을 현대화하며 군인 가족에 대한 지원을 확대하고 있다.

국가를 위해 부상당한 장병에 대해서는 국가가 끝까지 책임을 다할 수 있도록 군 의료정책을 발전시키고 질병 예방 중심의 환경을 조성하고 있다.

장기복무 군인의 안정적 주거여건을 보장하고 군 가족의 열악한 보육환경을 개선하는 등 복지 수준을 제고하기 위한 다양한 정책을 추진하고 있다.

3) 미래지향적 방위역량 강화

우리 군은 북한의 다양한 도발과 초국가적·비군사적 위협에 능동적으로 대처할 수 있도록 방위역량을 확충하고 있다. 국방환경 변화에 부합하도록 국방개혁 추진 계획을 보완하여 병력구조를 정예화하고 고효율의 선진 국방운영체계를 구축하며 창의력과 민간의 우수한 정보통신기술(ICT)[10] 역량을 군사력 운용, 군사력 건설, 국방경영 분야에 융합함으로써 국방업무 제 분야에서 선도적 혁신과 도약을 이루어 나갈 것이다.

국방과학기술을 발전시키기 위해 국방연구개발 투자를 확대하고, 국방기술의 민간 이전과 민간기술의 국방 분야 접목 등 민·군 기술협력도 활성화할 것이다. 방위

10 Information and Communication Technology

사업을 체계적으로 관리하여 사업의 정상적 추진을 보장하고 경쟁력을 강화해 나갈 것이다.

4) 한미동맹 발전 및 대외 국방협력 강화

한미 양국은 한반도의 안정과 평화 유지를 위해 전방위 연합방위체제를 구축하고 있다. 정례·수시 국방협의체를 운용하는 등 긴밀한 한미 정책공조로 동맹 현안을 안정적으로 관리하고, 순환 배치전력의 전개 여건을 보장하며, 지속적으로 연합 연습과 훈련을 시행할 것이다.

한미는 전시작전통제권 전환 조건의 충족 여부를 주기적으로 평가하여 전시작전통제권 전환을 안정적으로 추진하고 한미동맹의 협력 수준과 범위를 우주·사이버 협력, 국제평화유지활동, 인도적 지원·재난 구호 협력 등으로 확대해 나갈 것이다.

국방·군사 당국 간 직통망 개설, 고위급 전략대화 활성화 등을 통해 주변국과 전략적 소통을 강화하고, 국제평화유지활동에 적극 참여함으로써 세계 평화와 안정에 기여할 것이다. (2016년 국방백서 참조)

제2장

방위사업에 대한 이해

방위사업은 국방력 증강과 더불어 방위산업과 직간접적으로 관련된 업무로써 남북한이 대치하고 있는 우리의 현실에서는 기본적으로 이에 대한 이해가 필요하다.

각 군 및 합참에서 필요한 무기체계에 대해 소요를 결정하면, 결정된 무기체계를 획득하기 위해 방사청이 각종 검증 과정과 예산획득 과정 등을 거쳐 연구개발이나 구매로 획득하게 된다.

그 과정에서 기획재정부는 예산을, 국방부는 중기계획과 각종 조정 · 통제를, 합참은 시험평가를 주관하는 등 많은 관련 기관에 의해 추진된다. 따라서 방위사업을 성공적으로 추진하기 위해서는 관련 기관 간 협업이 매우 중요하다고 할 것이다.

제1절 방위사업 수행체계

1. 방위력개선 업무와 방위력개선사업 개념

방위력개선 업무는 무기체계의 소요결정 및 획득, 운영유지를 포괄하는 개념으로 소요결정은 합참, 획득은 방위사업청, 운영유지는 각 군의 책임과 권한으로 구분하여 담당하고 있다. 한편 방위사업법 제3조에 따르면 방위력개선사업이란 군사력 건설을 위한 무기체계의 구매 및 신규개발·성능개량 등을 포함한 연구개발과 이에 수반되는 시설의 설치 등을 행하는 사업을 말한다.

국방전력발전 업무와 방위력개선 업무의 관계를 살펴보면, 국방전력발전 업무란 군에서 운용하는 무기체계와 전력지원체계의 소요결정·획득·운영유지를 포괄하는 업무(국방전력발전업무훈령 제1조)로 방위력개선 업무를 포함하는 개념이다.

여기에서 소요는 군사전략개념을 구현하기 위해 요구되는 무기체계와 이를 운용하기 위한 부대 구조, 병력, 시설 등 전력화지원 요소를 포함하는 방위력개선을 위한 전력발전 소요를 말하며, 무기체계는 전차, 유도무기, 항공기, 함정 등 전장에서 전투력을 발휘하기 위한 무기와 이를 운영하는 데 필요한 장비·부품·시설·소프트웨어 등 제반 요소를 통합한 것이다. 전력지원체계는 무기체계 외의 장비·부품·시설·소프트웨어, 그 밖의 물품 등 제반 요소를 말한다.

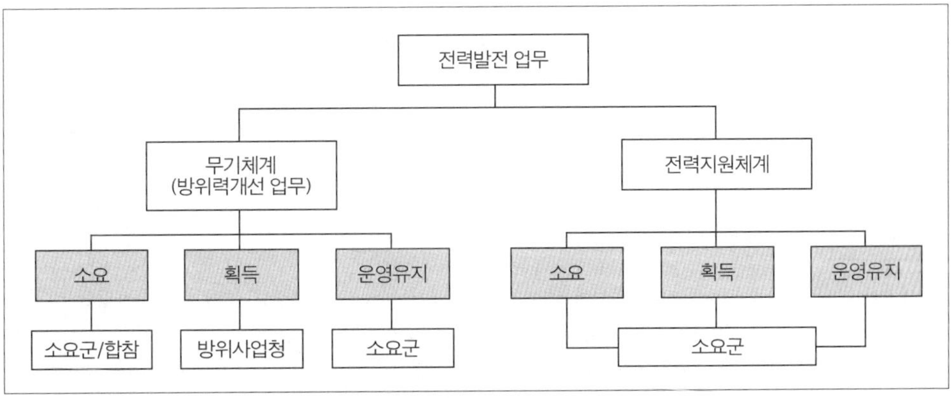

〈그림 2-1〉 방위력개선 업무와 전력지원체계

2. 업무 수행체계

방위력개선 업무는 기획(Planning) – 계획(Programming) – 예산(Budgeting) – 집행(Execution) – 평가(Evaluation) 단계로 구분되는 국방기획관리체계(PPBEES)[1] 절차로 수행되며, 기획, 계획 및 평가 단계는 국방부, 예산 및 집행 단계는 방위사업청 책임하에 단계별로 상호 유기적인 활동으로 수행된다.

1) 국방기획관리체계

국방목표를 설계하고 설계된 국방목표를 달성할 수 있도록 최신의 방법을 선택하여 보다 합리적으로 자원을 배분·운영함으로써 국방의 기능을 극대화시키는 관리활동으로 기획, 계획, 예산, 집행, 평가체계(PPBEES)로 구분한다(국방기획관리기본훈령 제4조).

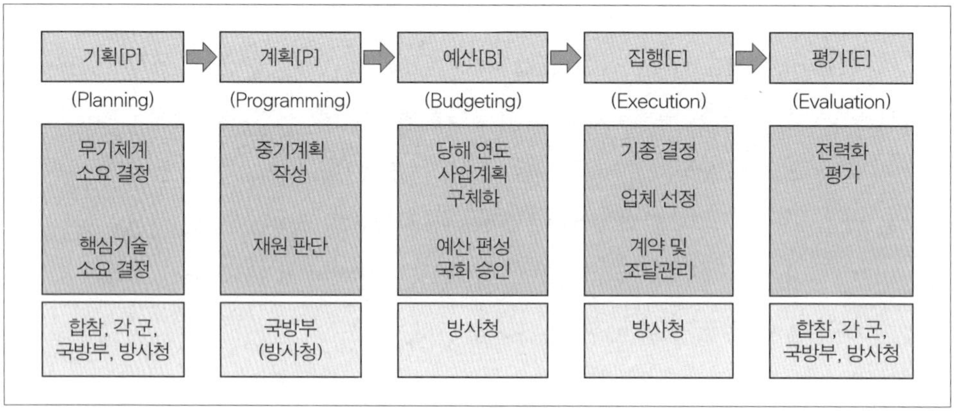

〈그림 2-2〉 국방기획관리체계도

① **기획체계(Planning)**: 국가안보 목표를 달성하기 위한 국방목표를 설정하고 국방정책과 군사전략을 수립하며, 군사력 소요를 제기하고 적정 수준의 군사력을 건

1 PPBEES(Planning Programming Budgeting Execution Evaluation System)는 미국에서 출발한 기획예산제도로서 미국은 1965년부터 기획·계획·예산 3단계의 PPBS를 적용하였으며, 지속적인 보완발전을 통해 집행 및 평가 단계가 추가되었다. 우리 군은 1979년 미국의 PPBS를 도입하여 적용하였으며, 1983년에 제도 정비를 실시하여 현재의 국방기획관리체계로 정착되었다.

설·유지하기 위한 제반 정책을 수립하는 과정이다.

② **계획체계(Programming)**: 기획체계에서 설정된 국방목표를 달성하기 위하여 수립된 중·장기 정책을 실현하기 위해 소요 재원 및 획득 가능한 재원을 예측·판단하고 연도별, 사업별 추진계획을 구체적으로 수립하는 과정이다.

③ **예산 편성체계(Budgeting)**: 회계연도에 소요되는 재원(예산)의 사용을 국회로부터 승인받기 위한 절차로서 체계적이며 객관적인 검토·조정 과정을 통하여 국방중기계획의 기준 연도 사업과 예산 소요를 구체화하는 과정이다.

④ **집행체계(Execution)**: 예산 편성 후 계획된 사업목표를 최소의 자원으로 달성하기 위해 제반 조치를 시행하는 과정이다.

⑤ **분석평가체계(Evaluation)**: 최초 기획 단계로부터 집행 및 운영에 이르기까지 전 단계에 걸쳐 각종 의사결정을 지원하기 위하여 실시하는 분석지원 과정으로서 소요 기획 단계, 획득 단계, 분석평가 및 운영유지 단계의 전 과정에서 이루어진다.

2) 국방기획관리체계와 소요, 획득, 운영유지 단계 간의 관계

국방기획관리체계의 틀 속에서 소요기획 단계와 획득관리 단계, 운영유지 단계가 유기적으로 상호작용하며 방위력개선 업무가 수행된다.

소요기획은 국방기획관리체계의 기획 단계 중 수행되며, 획득관리는 계획, 예산, 집행 단계 중 수행된다. 운영유지 단계는 전력지원체계 관리 절차에 따라 국방기획관리체계가 적용되며, 분석평가는 기획관리체계 전 단계에 걸쳐 지속적으로 실시된다.

① **소요기획 단계**: 국방목표를 달성하기 위해 예상되는 위협을 분석하여 군사전략을 수립하고 이를 구현하기 위한 군사력 건설소요를 결정하는 제반 과정으로 국방기획관리체계상의 '기획체계'를 통해 수행된다.

② **획득관리 단계**: 무기체계를 구매하여 조달하거나 연구개발·생산하여 조달하는 업무를 성능·일정·비용 측면에서 최적화되도록 관리하는 것으로 국방기획관리체계상의 '계획·예산·집행체계'를 통해 수행된다.

③ **운영유지 단계**: 무기체계를 획득하여 전력화가 완료된 이후의 사용·정비·유지

활동을 하는 것으로 전력지원체계 관리순기에 의한 국방기획관리체계를 적용하여 수행된다.

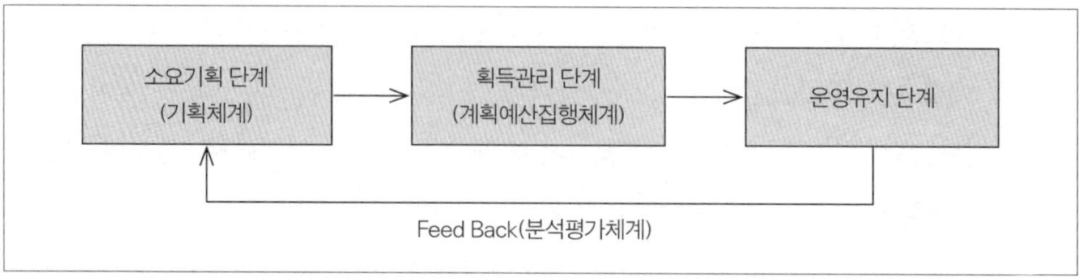

〈그림 2-3〉 소요기획체계, 획득, 운영유지 단계 간의 관계

3) 방위사업 추진 절차

합참 및 국방부에서 전력소요를 결정하면 방사청에서 선행연구를 통해 구매로 획득할 것인지, 아니면 연구개발로 획득할 것인지 사업 추진 기본전략을 정책기획분과위원회에 상정하여 결정하게 된다. 연구개발은 핵심기술 연구개발, 무기체계 연구개발, 기술협력생산으로 구분되며, 무기체계 연구개발은 탐색개발, 체계개발, 시험평가 및 규격제정을 거쳐 야전에 배치하게 된다.

구매는 국내 구매, 국외 구매, 임차 등으로 구분되며, 국외 구매는 입찰공고, 제안서평가, 대상 장비선정, 협상 및 시험평가, 그리고 기종결정 후 야전에 배치되는 과정을 거친다.

연구개발이나 구매로 획득하여 야전에 배치된 무기체계에 대해서는 소규모로 전력화하여 보완하기 위한 야전운용시험평가를 실시하고, 이를 보완하여 운용하고 배치 후 1년 이내에 전력화평가 과정을 실시하며 야전에서 운용하는데 문제가 없도록 하고, 이후에 후속양산을 통해 전력화가 추진되는 과정을 거치게 된다.

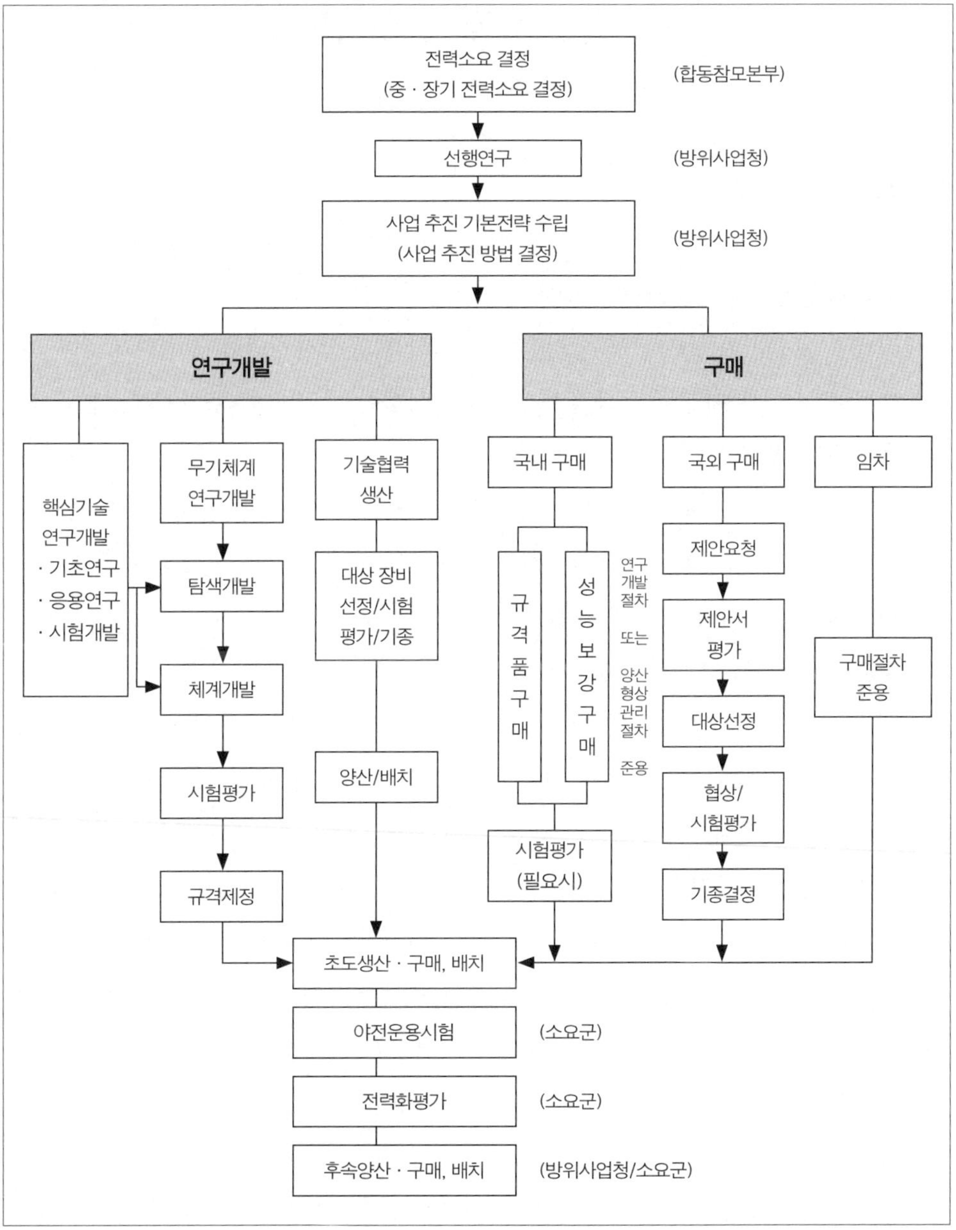

〈그림 2-4〉 방위사업 추진 절차

제2절 소요결정 및 검증

1. 소요결정 절차

합참에서 미래의 국가안보환경을 평가하여 국가안보전략을 수립하고 이에 따른 군사전략을 도출하여 군사전략을 달성하기 위한 합동작전개념을 정립하게 된다. 무기체계 소요는 바로 이러한 합동작전개념을 달성하는 데 필요한 무기체계, 즉 군사력 건설을 위한 소요를 말한다.

우리 군의 소요기획체계는 과거 전통적인 위협 기반 소요결정체계에서, 합동전력에 의한 합동작전 수행에 필요한 부족한 능력을 구비하는 데 필요한 능력 기반의 소요결정체계로 전환하여 적용중이다.

소요결정 절차는 먼저 소요제기 기관인 각 군에서 국방정책과 군사전략 및 합동개념에 부합되는 신규 또는 성능개량 전력소요에 대한 필요성, 편성 및 운영개념, 요구되는 능력 등이 포함된 소요제기서를 적 위협에 대한 자군 대응소요 중심으로 작성하여 합참에 제기한다.

합참에서는 군사전략, 작전운용, 군 구조, 교리, 무기체계, 과학기술 분야 등 관련 전문가로 구성된 통합개념팀을 구성하여 소요제기 기관에서 제출한 소요제기서를 근거로 단위전력의 합동성, 안전성, 통합성, 상호운용성, 소요의 우선순위 및 대체무기체계의 도태·조정개념 등을 검토하여 전력소요서(안)를 만들어 합동전략실무회의, 합동전략회의, 합동참모회의의 심의·의결 후 합참의장의 결재를 받아 소요를 결정하게 된다.

통상적으로 소요문서는 장기신규로 결정된 이후 중기전환이 되어 추진되는 경우가 일반적이나, 장기신규 결정 없이 바로 중기신규로 추진될 수도 있다. 전시·사변·해외파병 또는 국가안전보장 등으로 인하여 특정 위협에 시급히 대응할 전력이 필요한 소요인 긴급전력 소요는 소요결정 당해 회계연도 이후 2년 이내의 소요를 말한다.

소요기획체계에 따르면 8~17년 뒤에 필요로 하는 것은 장기소요, 7년 이내에 필요로 하는 것은 중기소요라 볼 수 있으며, 예산이 반영되는 데에는 소요결정 후 2년 정도 소요되므로 중기소요는 F+3~F+7년, 장기전기 소요는 F+8~F+12년, 장기후기 소요는 F+13~F+17년으로 구분할 수 있다.

2. 소요검증 체계

소요검증은 총사업비 규모가 1,000억 원 이상인 사업을 대상으로 합참에서 결정한 무기체계 소요에 대한 국방중기계획을 수립하기 위해 정부의 정책적 관점에서 사업화 추진 필요성 및 우선순위 등을 평가·심의한다. 합참이 결정한 전력소요에 대해 국방부가 국방중기계획을 수립하기 전에 국방정책, 국방재원 등을 고려한 소요 적절성, 사업 추진 타당성 및 우선순위 등을 판단한다.

이때 전력소요검증위원회는 정상 추진 또는 전력화 시기 조정, 소요량·ROC 수정 등 사업의 필요성을 판단하여 중기계획 반영 또는 소요사업 재검토 등으로 환류하고, 합참은 필요시 검증위에서 제기한 사항에 대하여 각 군과 연계하여 소요를 조정하고, 국방부·방사청은 조정된 사업은 소요결정 후 중기계획에 재반영하여 추진하게 된다.

소요검증은 기본검증, 심층검증 및 통합 소요검증으로 구분하는데, 먼저 기본검증은 심층검증 실시 여부를 판단하고, 심층검증은 기본검증 결과 심층검증을 통한 사

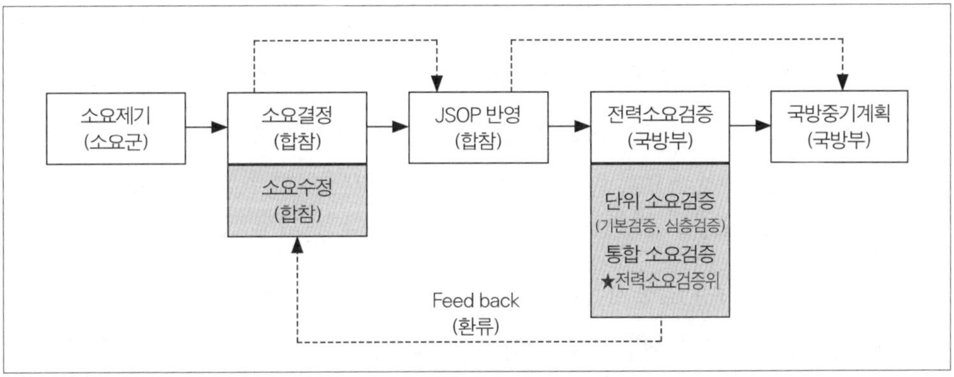

〈그림 2-5〉 소요검증 체계

업추진의 필요성을 판단한다. 이때 신규 소요결정 사업 및 기존 추진 사업 중 중기전환 대상 사업을 대상으로 하며 검증 결과는 사업 추진 필요, 사업 추진 재검토 필요로 구분한다. 통합 소요검증은 사업 추진 필요성이 인정된 소요의 상대적 우선순위를 판단하는 과정으로 단위 소요검증에서 사업 추진 필요성이 인정된 사업을 대상으로 한다.

제3절 중기계획 및 예산 편성

1. 국방중기계획 편성 절차

국방중기계획이란 국방정책과 군사전략 구현을 위하여 군사력건설 및 유지 소요에 대해 향후 5개년간 가용한 국방재원 규모 내에서 연도별 대상 사업과 소요재원을 구체화하여 기획과 예산을 연결하는 것으로, 계획총괄, 전력운영사업, 방위력개선사업, 부대계획, 군인 복지기금 등으로 구성된다. 작성 대상 기간은 F+2년에서 F+6년으로 예를 들면 2017년에는 2019~2023년이 대상이 된다.

방위력개선사업은 방위사업청의 중기계획 요구서를 기초로 국방부가 방위력개선 분야 국방중기계획(안)을 작성하며, 전력운영사업은 소요군에서 요구하고 국방부에서 작성한다. 이때 대상 사업은 전년도 중기계획에 포함된 사업, 합동군사전략목표기획서(JSOP)에 반영된 무기체계 중 장기소요에서 중기소요로 전환된 사업, 장기소요 전력으로 결정되지 않고 긴급하게 반영된 중기 신규소요, 당해 연도 6월 말까지 소요가 결정된 사업 중 중기 대상 기간 중 착수가 필요한 사업, 국방과학진흥 실행계획(핵심기술기획서)에 신규 중기소요로 반영된 기술 개발사업, 그리고 북한의 핵개발 및 미사일 위협 등에 대한 전력보강 소요 등 정책적으로 결정된 사업 등이다.

방위력개선 분야 국방중기계획 작성 절차는, 국방부(전력정책관실)에서 매년 2월 방위력개선 분야 국방중기계획 작성 지침을 방위사업청(재정분석기획관실)으로 통보하고,

재정분석 기획관은 사업관리본부(계획총괄팀)로 이를 통보하고, 계획총괄팀은 사업팀에 국방중기계획 요구서 작성을 지시하며, 사업팀은 국방중기계획 작성 지침에 기초하여 전력화지원요소(안)를 작성 후 계획총괄팀에 제출하고, 계획총괄팀은 3월 말까지 이를 소요군에 통보한다.

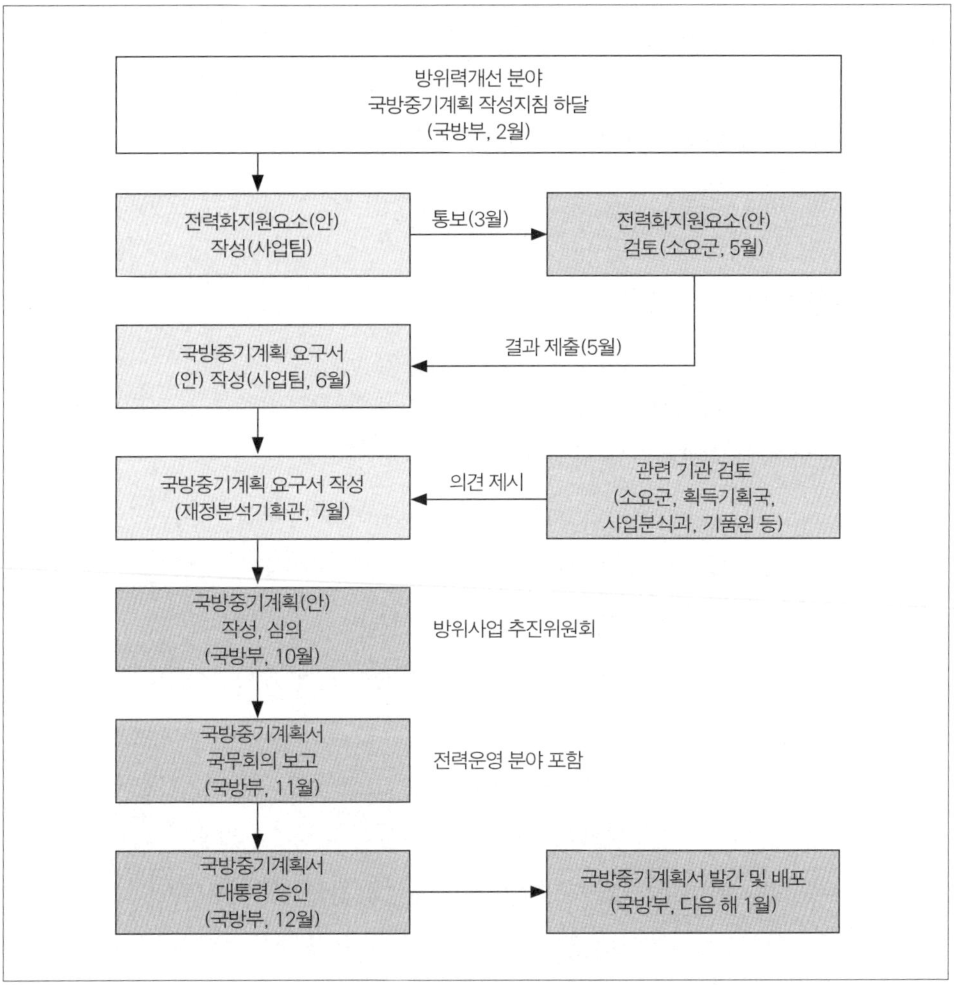

〈그림 2-6〉 방위력개선 분야 국방중기계획 작성 절차

소요군은 사업팀의 전력화지원요소(안)에 대해 내부 검토를 거쳐 검토 결과를 5월 말까지 계획총괄팀에 통보하고, 사업팀은 이 검토 결과를 고려하여 사업별 국방중기계획 요구서를 작성하여 계획총괄팀에 제출하고, 계획총괄팀은 사업관리본부 국방중기계획 요구서(안)를 재정분석 기획관에게 제출한다.

재정분석 기획관은 내부 검토 및 소요군·획득기획국·사업분석 담당관·기품원이 참석하는 실무검토회의를 거쳐 국방중기계획 요구서를 작성하여 국방부(전력정책관실)로 제출하며, 국방부(전력정책관실)는 방위사업청의 국방중기계획 요구서를 검토하여 국방중기계획(안)을 작성하고 전력정책분과위, 방위사업 추진위원회의 심의를 거친다. 그리고 방위사업 추진위원회 심의를 거친 국방중기계획서를 11월에 국무회의에 보고하고, 대통령 승인을 거쳐 12월까지 확정하며, 발간·배포한다.

2. 예산 편성 절차

예산 편성은 국가재정운용계획 및 국방중기계획서를 기준으로 편성하며, 회계연도에 소요되는 예산의 사용을 국회로부터 승인받기 위한 절차로서, 중기계획 개시연도(F+2년) 사업과 예산소요를 구체화하는 것이다. 방위력개선 분야는 방사청에서, 전력운영 분야는 국방부에서 주관하여 작성한다. 대상 기간은 F+1년이며, 국방중기계획이 예산 편성의 근거가 된다.

방사청(사업팀)은 국방부의 예산 편성 지침에 따라 방위력개선 분야 예산 요구서(안)를 작성하고, 전력화지원요소 분야 내용을 소요군에 통보한다. 소요군은 이 내용을 수정·보완하여 사업팀에 통보한다. 사업팀은 소요군의 의견을 고려하여 사업별 예산 요구서(안)를 완성하고, 계획총괄팀에 제출하며, 계획총괄팀은 방위력개선사업 예산 요구서(안)를 재정분석기획관에게 제출한다.

재정분석 기획관(재정계획 담당관)은 관련 부서 검토 의견을 고려하여 예산 요구서를 작성하고 정책기획분과 위원회, 방위사업 추진위원회 심의를 거쳐 이를 확정한다. 그리고 재정분석 기획관은 5월까지 예산 요구서를 기재부(국방예산과)에 제출하며, 기재부가 정부(안) 작성을 위한 검토 시 대응하고, 사업팀은 협조한다.

정부(안)는 9월까지 국회에 제출되며, 국회 국방위원회, 예산결산 특별위원회 심의를 거쳐 본회의 의결(12월)을 통해 다음 연도 예산이 확정되고, 본회의 의결 이후 확정된 예산 내용을 구체적으로 기술한 예산 각목명세서가 발간되어, 이를 근거로 예산이 집행된다.

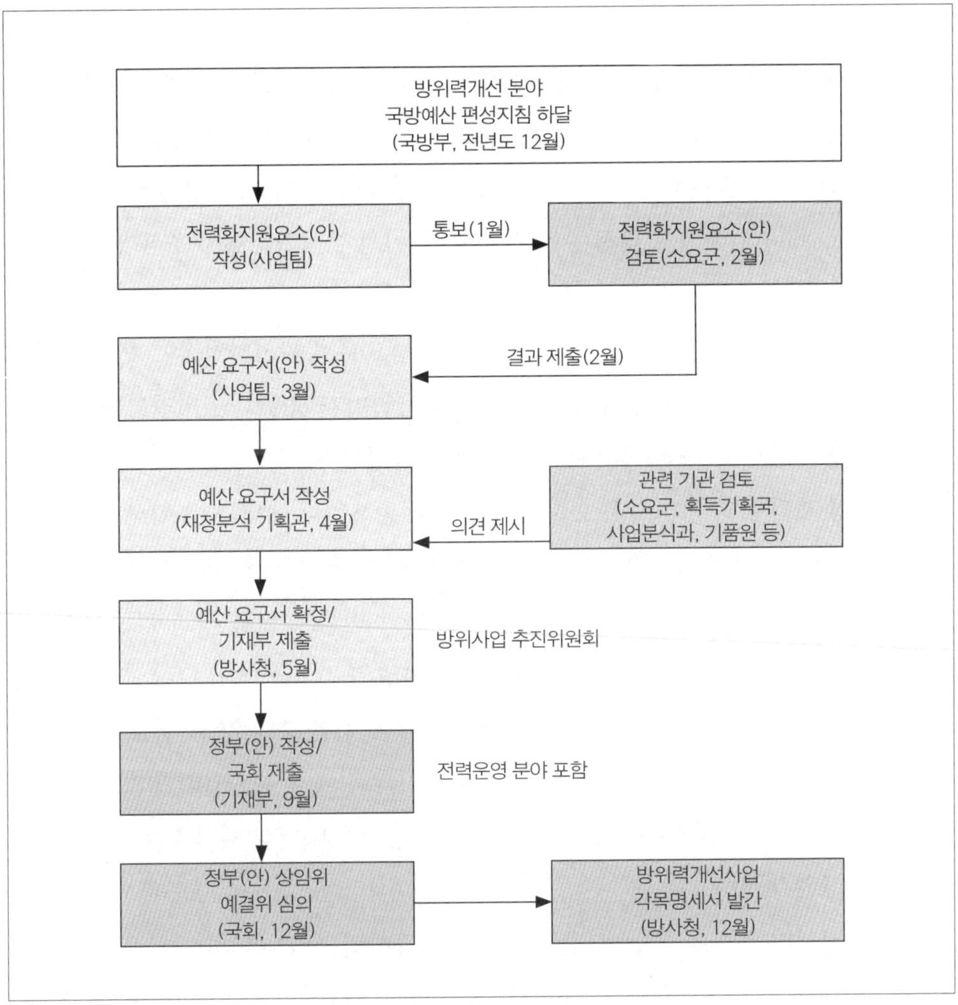

〈그림 2-7〉 방위력개선 분야 국방예산 편성 절차

제4절 사업타당성 조사

1. 사업타당성 조사 대상

사업타당성 조사는 국가재정법 제50조, 동법 시행령 제21조, 기재부 국방사업 총사업비 관리지침 제11조에 의거 정부 차원에서 방위력개선사업의 총사업비에 대한 합리적인 조정·관리를 통한 재정지출 효율성을 제고하기 위해 실시한다. 연도 예산이 정부(안)에 반영되기 위해서는 정부(안) 작성 이전에 사업타당성 조사가 완료되고 타당성이 인정되어야 한다.

사업타당성 조사 대상 사업은 신규 착수 사업으로 방위사업청장이 책정한 사전 총사업비가 500억 원 이상인 사업이나, 사전 총사업비가 500억 원 미만이나 후속 양산사업의 총사업비가 500억 원 이상인 연구개발사업이다.

타당성 재검증 대상 사업은 총사업비가 최초 총사업비 대비 30% 이상 증가한 경우, 총사업비가 기재부 장관이 확정하여 통보한 이전 단계의 총사업비 대비 20% 이상인 연구개발사업, 전략, 전술, 작전운영개념 등의 변화로 해당 무기체계의 소요가 이전 단계 대비 30/100 이상 감소한 경우, 당초 사업 추진 시 사업타당성 조사 대상임에도 불구하고 조사를 거치지 않고 예산에 반영되어 추진 중인 경우, 당초 사업 추진 시 사업타당성 조사 대상은 아니었으나 사업 추진 과정에서 총사업비가 조사 대상으로 증가한 경우, 기타 기재부 장관 또는 방위사업청장이 타당성 재검증이 필요하다고 인정하는 경우 등이다.

한편 사업타당성 조사 면제 대상 사업은 신규사업으로 극도의 보안을 요하거나 사업 추진 방법 등이 명백한 사업으로, 사업타당성 조사의 실익이 없다고 판단하는 경우에는 기재부 장관에게 사업타당성 조사 면제를 요청할 수 있다. 이때 타당성 재검증이 면제되는 경우는 사업의 상당 부분이 이미 진행되어 매몰비용이 차지하는 비중이 큰 경우, 해당 사업의 총사업비 증가의 주요 원인이 상위계획의 변경 등 외부적 요인에 있는 경우, 국가안보와 관련되어 사업의 진행이 시급한 경우 등이다.

2. 사업타당성 조사 수행 절차 및 후속조치

사업타당성 조사 수행 절차는 다음과 같다.

① 재정분석 기획관(사업분석 담당관)이 전반기(3월)·후반기(9월) 사업타당성 조사 대상 사업 소요 파악 시 사업팀은 대상 사업을 신청한다.

② 사업분석 담당관 주관으로 한국국방연구원(KIDA) 사업타당성 조사 수행부서에 사업타당성 조사 대상 신청 사업을 설명한다.

③ 사업타당성 조사 대상 사업은 한국국방연구원(KIDA)의 검토 의견을 기초로 기재부 국방예산과에서 확정한다.

④ 전반기 사업타당성 조사는 5월~10월, 후반기 사업타당성 조사는 12월~다음 해 5월까지 진행한다.

⑤ 예산 편성 순기 고려 시 후반기 사업타당성 조사 결과(5월 종료)를 반영하여 당해 연도 정부(안) 포함이 가능하나, 전반기 사업타당성 조사 결과(10월 종료)는 다음 해 예산 편성에 활용 가능하다.

⑥ 사업팀은 사업타당성 조사 진행 중 선행연구 결과, 사업 추진 기본전략, 양산계획 등 조사에 필요한 자료 제공 및 설명에 협조한다.

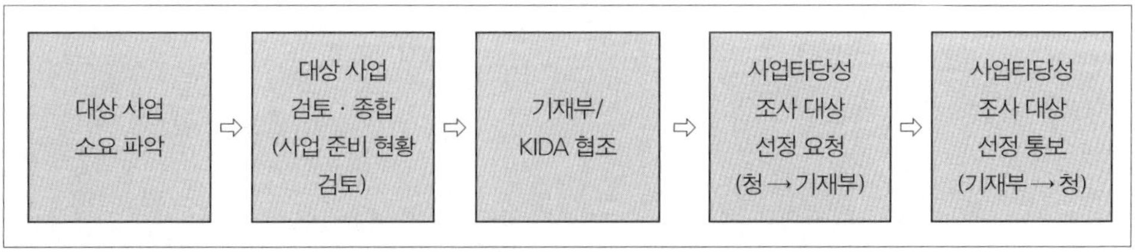

〈그림 2-8〉 사업타당성 조사 업무 수행 절차

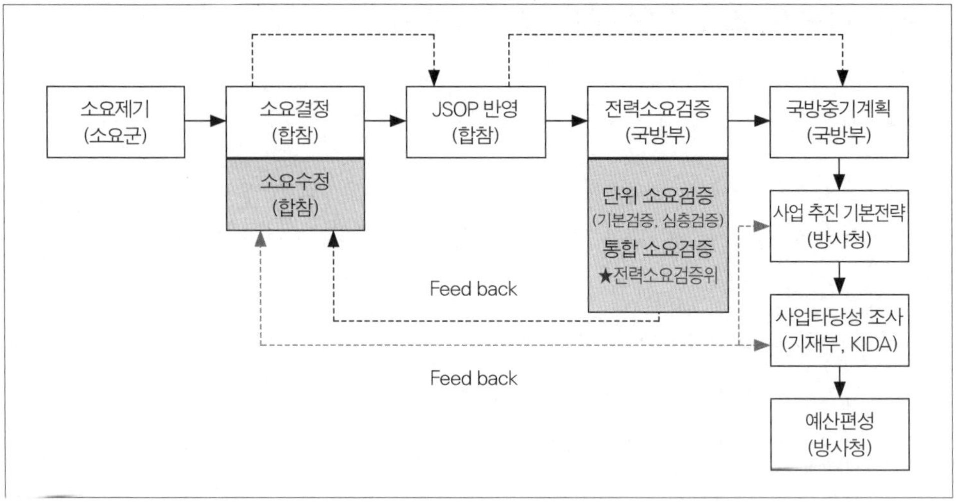

〈그림 2-9〉 사업타당성 조사 결과 후속조치

사업타당성 조사 결과 후속조치는 연도 예산 편성 시 근거자료로 활용하거나, 타당성이 미흡할 경우에는 사업 재검토 또는 소요 수정(ROC, 소요량, 전력화 시기)후 추진하고, 사업 추진 기본전략 수정 등 사업 추진에 활용하거나 사업타당성에 관련하여 국회 등 대외기관에 설명하는 수단으로 활용하는 것이다.

제3장

인공지능 알파고 시대, 방위사업관리 추진 방향

우리는 현재 인공지능 알파고 시대에 살고 있다. 인간이 만든 로봇, 드론이 인간을 대신하고 있으며, 이제는 많은 분야에서 인간의 한계를 초월하여 능력을 보여 주고 있다.

하지만 방위사업관리는 아직도 불완전한 사람에 의해, 그것도 제한된 인력에 전적으로 의존하며 추진되고 있다. 인공지능을 무기체계 개발에 적용하는 것은 물론 방위사업관리에도 적용한다면 효율성, 전문성 및 투명성은 획기적으로 향상될 것으로 생각한다.

특히 최근에는 각종 감시와 통제가 많고, 때로는 군을 위한 적극적인 업무처리 마저도 비리로 오해를 받는 경우도 많고 적기 전력화에 많은 어려움이 있는데, 이를 극복하기 위해서도 방위사업관리에 인공지능을 최대한 활용해야 한다고 믿는다.

제1절 서론

우리는 현재 인공지능 알파고 시대에 생활하고 있다. 2016년 3월 3천 년 이상 인간의 이치를 담아 온 바둑에서 인공지능 알파고가 이세돌과의 대결에서 승리하였다. 당시 바둑계에서는 이를 충격으로 받아들였으나 이제는 모두가 당연한 결과로 받아들인다. 인간이 창조한 다양한 지식을 관리 및 활용하는 수준을 넘어, 인공지능이 새로운 지식을 창출하는 시대가 되었다.

이러한 변화는 무기체계 획득에도 많은 영향을 미쳐 무인로봇, 과학화 경계 시스템, 무인정찰기 등 새로운 개념의 무기체계 개발이 활발하게 진행되고 있다. 하지만 무기체계 개발에서만 머무를 것이 아니라 이를 관리하는 방위사업관리에도 많은 변화를 요구하는 것으로 받아들여야 한다. 방위사업관리도 과거 지식은 물론 전문가의 경험과 노하우까지를 체계적으로 활용하고 나아가서는 인공지능을 활용하여야 하는 상황에 직면하였지만, 그러한 변화에 관계없이 우리는 이를 개인의 능력과 노력에 지나치게 의존하는 형태로 추진하고 있다.

사회와 기업, 무기체계의 변화, 그리고 인공지능 기술의 발전에 부합하도록 방위사업관리도 불완전한 인간의 능력에 전적으로 의존하는 것보다는 가능한 고도화된 인공지능으로부터 체계적으로 지원을 받는다면, 보다 효율적이고 투명하게 시행착오 없이 성공적으로 방위사업관리를 추진하는 데 크게 도움이 될 것이다.

최근 방위사업과 관련하여 많은 논란이 되었는데, 이러한 상황에서 효율성, 투명성 향상과 전문성 제고에 크게 기여할 인공지능을 활용하는 지식경영에 대하여 고민해 보는 것은 매우 의미 있는 일이라 생각한다.

제2절 지식경영 일반

1. 지식경영 개념

지식이론의 권위자인 일본 호쿠리쿠 대학 노나카 교수는 지식을 2가지로 구분하여 설명하였다. 그중에 하나는 암묵지(暗默知, Tacit knowledge)이다. 암묵지는 몸에 체화된 전문성을 말하는데, 말로는 명료하게 표현할 수 없는 노하우를 말한다. 즉 학습과 체험을 통해 습득되어 있지만 겉으로 드러나지 않는 상태를 말한다. 대개 시행착오와 같은 경험을 통해 체득되는 경우가 많다. 두 번째는 형식지(形式知, Explicit knowledge)이다. 형식지는 글로 표현된 정형화되고 형식적인 지식을 말한다. 형식지는 암묵지가 문서나 설명서처럼 외부로 표출되어 여러 사람이 공유할 수 있는 지식을 말한다. 교과서, 신문, DB와 같이 어떤 형태로든 형식화된 지식을 말한다.

노나카 교수는 암묵지가 고도화되거나 형식지화되어 공유되는 등의 변환 과정을 거쳐 더 높은 가치를 창조하게 된다고 주장한다. 그는 지식은 조직 내에서 4단계를 거쳐 효율을 극대화할 수 있다고 하였다. 이런 일련의 과정을 거치게 되면, 기업 내의 노하우들이 형식화되어 다른 사람의 지식과 결합되고, 이를 많은 사람들이 배울 수 있게 된다는 것이다.

〈표 3-1〉 형식지와 암묵지의 특성 비교

형식지(Explicit knowledge)	암묵지(Tacit knowledge)
언어로 표현 가능한 명시적이고 객관적인 지식	언어화할 수 없어 언어로 표현하기 힘든 주관적 지식
암묵지로부터 나타난 체계적 지식	경험이나 연구로 체득된 직접적 지식
객관적이며 사회적임	주관적이며 개인적임
체계적, 조직적 관리로 이전과 공유, 분배, 재이용이 용이	전수자와 수례자 간의 특정한 관계, 장소 등 한정되는 경우가 많음.
기호나 언어 등 전달 매체를 통해 쉽게 전달 가능	은유적 전달로 오랜 기간 소요
업무절차, 컴퓨터, 매뉴얼	자전거 타기, 도자기 제조

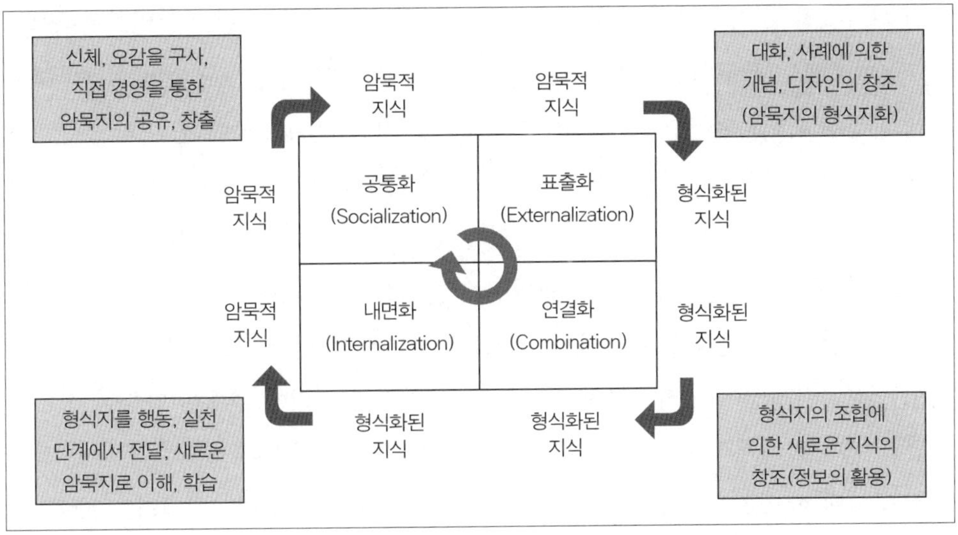

〈그림 3-1〉 지식의 4단계 개념

첫 번째는 공통화 단계로 암묵적 지식을 다른 사람에게 알려 주는 과정이다. 두 번째는 표출화 단계로 암묵적 지식을 책이나 교본 등 형식지로 만드는 과정이며, 세 번째 연결화 단계는 책이나 교본(형식지)에 자신이 알고 있는 새로운 지식(형식지)을 추가하는 과정이다. 네 번째 내면화 단계는 만들어진 책이나 교본(형식지)을 보고 다른 직원들이 암묵적 지식(노하우)을 습득하는 과정을 말하는데, 개인마다 가지고 있는 경험과 노하우 등을 체계적으로 관리하여 다시 쉽게 활용할 수 있도록 형식을 갖춘 과정을 말한다.

지식경영에 대한 개념을 살펴보면, 한국전산원(2000)에서는 지식경영을 조직이 보유하고 있는 지적자산뿐만 아니라 구성원 개개인의 지식이나 노하우를 체계적으로 발굴하여, 조직 내부의 보편적 지식으로 공유하고 공유지식의 활용을 통해 조직 전체의 문제해결 능력과 조직의 가치를 향상시키는 경영방식이라고 말한다. 기업에서 실제 조직원들이 일을 처리하는 업무 프로세스를 기준으로 정의하자면 지식경영이란, 종업원 각자가 업무 프로세스를 통해 도출된 결과물이나 정보 시스템을 기반으로 창출된 결과물을 차기 업무에 활용할 수 있도록 가공 및 요약하여 전사 분류체계에 의해 데이터베이스화하고, 지식 지도 및 창고를 네트워크를 통해 실시간 공유함으로써 의사결정 및 업무에 활용하여 경쟁력을 높이는 경영활동이라고 정의할 수 있다.

군에서도 지식경영을 일부 정의하였는데, 한국국방연구원(2000)에서는 급변하는 미래 환경에 대비하여 자기의 업무를 지속적으로 혁신 및 개발하여 군 내외에 존재하는 지식을 효과적으로 창출, 공유, 활용함으로써 군사력과 국방운영의 효율성을 제고시키는 것으로 정의하였고, 공군(2006)에서는 조직 내 문제해결 업무 성과를 제고시키기 위하여 구성원의 업무경험에서 얻어진 전문지식 및 노하우, 각종 자료 등을 지식관리 시스템에서 효율적으로 관리하는 것으로 정의하였다.

결국 지식경영이란 지식관리 시스템을 통해 조직 내외에 산재한 다양한 정보를 수집하여 이를 체계적으로 분류, 가공, 축적하여 필요한 사람이 필요한 정보를 적기에 습득하게 함으로써 업무성과를 극대화시키기 위해 필요한 경영체계라고 할 수 있다. 지식경영 시스템은 〈그림 3-2〉에서 보는 것처럼 지식경영에 자원과 지식을 투입하고, 이로부터 지식경영의 변환 활동이 이루어지고, 그 결과로써 경영성과를 거두는 과정으로 시스템화되어 있는 것을 말한다. 이러한 활동은 끊임없이 피드백이 되고 상호작용을 하게 된다(강병서 외, 1997).

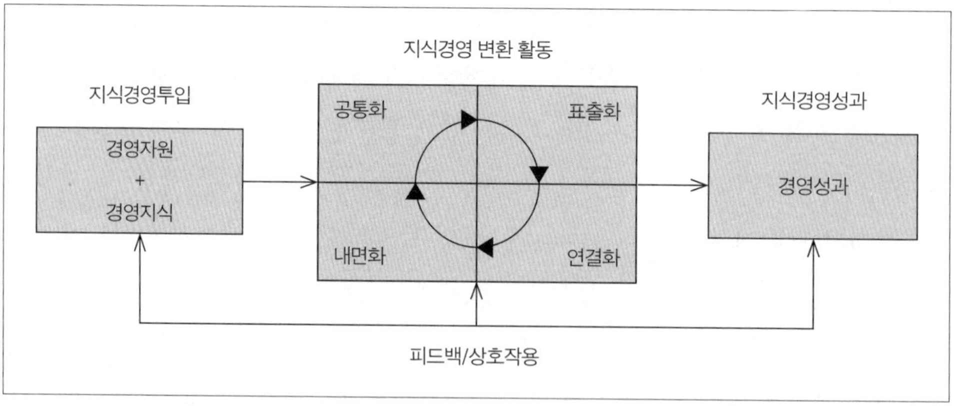

〈그림 3-2〉 지식경영 시스템 구조

2. 인공지능 개념

인공지능은 인간의 지능으로 할 수 있는 사고, 학습, 자기개발 등을 컴퓨터가 할 수 있도록 하는 방법을 연구하는 컴퓨터 공학 및 정보기술의 한 분야로서, 컴퓨터가 인간의 지능적인 행동을 모방할 수 있도록 하는 것을 말한다. 또한 인공지능은 그 자체로만 존재하는 것이 아니라, 컴퓨터 과학의 다른 분야와 직간접으로 많은 관련을 맺고 있다. 특히 현대에는 정보기술의 여러 분야에서 인공지능적 요소를 도입하여 그 분야의 문제 풀이에 활용하려는 시도가 매우 활발하게 이루어지고 있다(두산백과, 2017).

인공지능은 많은 분야에서 활용되고 있는데, 자연언어처리(natural language processing) 분야에서는 이미 자동번역과 같은 시스템을 실용화하였고, 연구가 더 진행되면 사람이 컴퓨터와 대화하며 정보를 교환할 수 있게 되므로 생활에 혁신적인 변화가 오게 될 것이다. 전문가 시스템(expert system) 분야에서는 컴퓨터가 현재 인간이 하고 있는 여러 가지 전문적인 작업들, 예를 들면 의사의 진단, 광물의 매장량 평가, 화합물의 구조 추정, 손해배상 보험료의 판정 등을 대신하는 데 활용되고 있다.

컴퓨터가 TV 카메라를 통해 영상을 분석하여 그것이 무엇인지를 알아내거나, 사람의 목소리를 듣고 그것을 문장으로 변환하는 것 등의 일은 매우 복잡하며, 인공지능적인 이론의 도움 없이는 불가능하다. 이러한 영상 및 음성인식은 문자인식, 로봇공학 등에 핵심적인 기술이다. 신경망(neural net)은 비교적 근래에 등장한 것으로서 수학적 논리학이 아닌 인간의 두뇌를 모방하여 수많은 간단한 처리기들의 네트워크로 구성된 신경망 구조를 상정하는 것이다.

앞에서 언급한 바와 같이 우리는 이미 인공지능의 시대에 살고 있으며, 앞으로 인공지능이 우리의 삶을 새롭게 변화시켜 나갈 것이다. 인류는 급변하는 변화를 몇 차례 경험하였다. 1784년 영국에서 시작된 증기기관과 기계화로 대표되는 1차 산업혁명, 1870년 전기를 이용한 대량생산이 본격화된 2차 산업혁명, 3차 산업혁명으로 불리는 정보화 시대, 그리고 인공지능의 4차 산업혁명 시대를 맞이하였다.

인공지능은 지식경영에서 인간의 지능을 최대한 활용하고자 하는 기술적 요인을 말한다. 2016년 이세돌과 바둑 대국에서 승리하고 이후 2017년 1월까지 60전 60

승을 거둔 알파고가 인공지능의 하나의 예라고 할 수 있다. 알파고는 인간이 만든 인공지능 시스템이지만 인간의 능력을 넘어섰다는 것을 입증시켜 주었다.

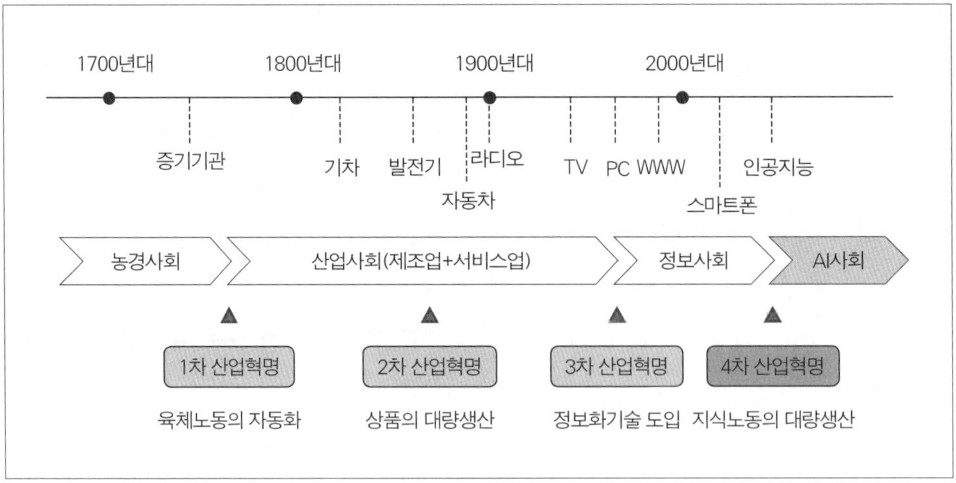

〈그림 3-3〉 4차례 산업혁명 흐름도

3. 지식경영 성공 요인

Drucker는 모든 조직이나 국가의 부와 위상은 그 조직이나 국가가 소유하고 있는 지식정도에 따라서 달라진다고 하며 지식의 중요성을 강조하였다. 20세기 후반부터 기업경영의 글로벌화와 세계경제의 블록화 등으로 치열한 경쟁 환경이 기업경영을 더욱 어렵게 하고 있으며, 기업들이 이런 환경을 극복하고 경쟁우위의 경영을 하기 위하여 활용 가능한 지식의 수준이 성공을 좌우하는 경쟁력의 핵심 원천이 되었다(박노국 외, 2015).

지식경영에 성공한 기업과 실패한 기업을 비교해 보면 성공 요인을 직간접적으로 판단할 수 있을 것이다. 성공한 기업은 지식공유 프로세스를 가지고 있고, 경영층의 마인드가 있으며, 지식경영에 적극 참여하고 있다. 또한 지식이 핵심 자원인 전문가 집단이 있고, 네트워크에 의한 협업을 할 수 있는 정보기술을 보유하고 있으며 적절하게 보상을 해 주는 특징이 있다.

반면에 실패한 기업은 지식공유 프로세스가 미흡하고, 지식관리체계는 정립되지 않았고, 지식경영 도입 의지는 있으나 정보 가치에 대한 인식 및 공유 문화는 미비하고, 실수를 용납하지 않으며 평가보상 체계가 미흡하다.

〈표 3-2〉 지식경영에 성공한 기업과 실패한 기업 비교

구분	성공 기업	실패 기업
프로세스	• 지식공유 프로세스 • 전문가에 의한 지식관리 • 전사적 관리체계	• 지식공유 프로세스 미비(정보의 홍수) • 일시적 피동성에 의한 등록 • 지식관리체계 미정립(지식의 부족)
리더십	• 경영층의 마인드 제고, 참여 • 지식관리 임원, 전담 조직	• 지식경영 도입 의지는 있음.
조직문화	• 지식은 핵심자원 • 전문가 집단 • 지식경영 가치관, 문화 정착	• 정보의 가치 인식, 공유문화 미비 • 실수를 용납하지 않는 문화
정보기술	• 기업지식창고 • 네트워크에 의한 협업 • 모범사례 공유	• 문서관리 수준
측정체계	• 인센티브, 마일리지 • 인사, 급여에 반영	• 평가보상 체계 미흡 또는 없음.

출처: 박노국 외(2015)

지식경영의 성공 요인은 학자마다 다르게 주장할 수 있다. 본고에서는 지식경영의 성공 요인으로 많이 제시되고 있는 이태식 외(2004)의 글을 참고하여 최고경영자의 의지, 평가보상, 조직문화, 지식관리 시스템 및 조직구조 등으로 구분하여 제시하였다.

1) 최고경영자의 의지

개인의 지식을 조직적 지식으로 전환하기 위해서는 최고경영자(chief executive officer: CEO)가 리더십을 가지고 지식경영을 추구해야 한다. 최고경영자는 지식경영 전략의 일관적인 추진과 함께 구성원의 지속적인 참여와 인식 전환을 위해 지식경영 추진에 대한 강력한 의지가 필요하다. 그리고 강한 의지를 통해 조직 구성원 전체의 참여를

실질적으로 유도해 내는 최고경영자의 역할이 바로 리더십이라 할 수 있다.

최고경영층이 우선적으로 지식경영의 리더가 되어야 하고, 지식경영의 책임자를 임명해야 한다. 그리고 지식경영이 조직의 성공에 중요하다는 메시지를 직원들이 인식할 수 있도록 하여야 한다. 특히, 지식공유에 대한 절대적 필요성을 전파하고, 지식경영 시스템 구축에 필요한 사항을 적극 지원하여야 한다.

2) 평가보상

평가보상 요인은 조직이 가치 있게 생각하는 활동과 결과가 무엇인지를 조직 구성원에게 알릴 수 있는 가장 쉬운 수단이 된다. 지식 활동에 기초한 적절한 평가와 보상이 이루어질 때 조직 구성원들은 자신의 지식이 노출되는 위험을 감수하게 되며 지식활동에 기꺼이 동참하게 된다. 이러한 지식활동의 평가·보상의 중요성에 대해서는 많은 기업들이 공감하고 있으며, 성과 향상에 기여할 수 있는 다양한 평가·보상 제도를 운영하기 위해 노력하고 있다. 기업에서의 스톡옵션, 인센티브, 성과급 지급 등이 대표적인 보상의 예라 할 수 있다.

3) 조직문화

새로운 지식의 계획적인 창조는 조직의 역량 및 지식 문화의 결과에 대한 궁극적인 표현이라 할 수 있다. 조직문화(organizational culture) 요인은 직업생활에 대한 일반적인 믿음과 가치로 형성된다. 사회화된 구성원들로 구성된 조직문화는 조직의 효율성을 증진시키는데, 그 이유는 정보교환과 행동 조정을 촉진하기 때문이다. 문화는 조직에서 일을 수행하는 방식으로 모든 조직은 공유된 믿음, 가치, 규범, 그리고 집단의 기대에 의해서 창조된 문화를 가지고 있다. 조직문화는 일반적으로 오랜 시간 동안에 조직 별로 독특한 역사적 과정을 거치면서 형성되는 것이다. 조직문화에서는 참여, 일관성, 적응, 그리고 임무가 미래조직의 효과를 결정하는 데 도움을 주는 중요한 요소이다.

4) 지식관리 시스템

지식관리 시스템(knowledge management system: KMS)은 지식을 관리하는 데 있어 해당 조직의 구성원이나 관련된 사람들에게 지식을 공유 및 사용할 수 있도록 지원해 주는 시스템을 말한다. 지식의 하드웨어적인 요인과 소프트웨어적인 요인, 즉 사람, 조직 문화, 전략 등이 적절히 결합해야 지식경영 성과의 극대화를 가져올 수 있다. 지식관리 시스템은 데이터베이스, 통신 네트워크, 전문가 시스템 같은 정보 인프라를 근간으로 지식의 획득, 공유, 전이를 위한 소프트웨어로 구성된다. 따라서 효과적인 지식관리를 위한 전략적 도구로서의 지식관리 시스템은 조직 내·외부 정보 시스템들의 데이터, 정보에서 지식에 이르기까지의 인터페이스(interface), 지식의 저장 및 관리를 위한 지식 베이스(knowledge base)와 지식 스키마(knowledge schema), 그리고 사용자의 지식 검색을 지원하기 위한 지식 맵(map), 개인 또는 조직 간의 지식교류를 위한 다양한 통신 채널, 사용자의 지식활용을 위한 각종 분석 및 프레젠테이션(presentation)의 도구의 통합 등과 같은 기술적인 요소가 필요하다.

5) 조직구조

지식경영 조직은 조직원들이 주위 환경 변화에 능동적으로 대처하고 새로운 가치를 창조할 수 있도록 지속적인 능력개발 기회와 환경을 제공하여야 한다. 조직구조의 특성은 극심한 경쟁 환경에서 조직의 주요 기능 지식을 효과적으로 개발하고 이용하는 것이라 할 수 있으며, 이러한 조직의 주요 기능을 수행하기에 적절한 조직구조는 수평적(flat) 조직 및 매트릭스(matrix) 조직을 포괄하는 개념으로의 네트워크 조직(network organization)구조이다. 즉, 수평적 네트워크 조직은 기업의 생산 및 영업 현장과 밀접한 관계를 유지하게 해 줌으로써 기존의 계층적(hierarchical) 조직에서보다 조직의 맥락을 빠르게 이해할 수 있고, 새로운 지식을 창출하고 공유하기에 적합하다고 할 수 있다. 반면, 기능별 조직과 같이 중앙집권화가 높은 수직구조를 가진 조직일수록 지식의 창조 및 혁신이 어렵다(조동성, 2003).

<표 3-3> 지식경영의 구성 요소와 성공 요인

구성 요소	성공 요인
최고경영자의 의지	• 지식경영에 대한 관심과 참여 • 지식경영에 대한 비전 제시 • 기업 전략과 지식경영과의 연계 • 지식경영 책임자의 임명, 적절한 예산 배정
평가보상	• 지식가치에 대한 정확한 측정 • 지식의 가치에 대한 공정한 보상 방안 개발 • 다양한 보상 시스템의 운영
조직문화	• 도전과 변화가 장려되는 조직분위기 조성 • 지식경영에 대한 전사적 동의 유도 • 지식공유를 촉진할 수 있는 동기 부여
지식관리 시스템	• 지식의 종류, 다양성, 업무 관련성, 품질, 신선도 • 지식의 저장, 분류, 검색, 전달, 공유, 활용 등의 기능 다양성 • 속도, 멀티미디어, 호환성 등의 사용자 편의성
조직구조	• 지식을 관리하는 전담 조직의 구축 • 지식 획득과 전달이 용이한 경로 개발, 수평적 조직 구조 • 지식 근간을 넓힐 수 있는 곳으로의 자원 할당

제3절 방위사업관리 지식경영 필요성

1. 방위력개선비 증가와 인력 부족 상황에서 효율성 제고 필요

방위사업관리를 통해 집행하여야 하는 예산은 매년 증가하고 있다. 『방위사업청 통계연보』(2017)에 따르면 2011년 약 9.6조 원에서 2017년에는 약 12.2조 원으로 약 20%가 증가하였고, 향후에도 계속 증가할 것으로 보인다. 이러한 증가는 무기체계 획득을 통해 군 전력 증강의 중추적인 역할을 수행하는 방위사업관리의 중요성이 증대되는 것을 말하는 것이다.

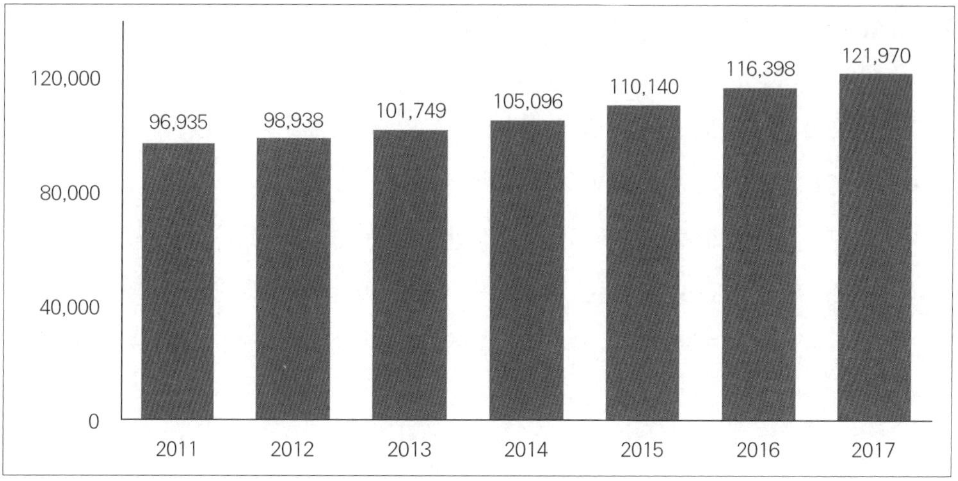

〈그림 3-4〉 방위력개선비 증가 현황

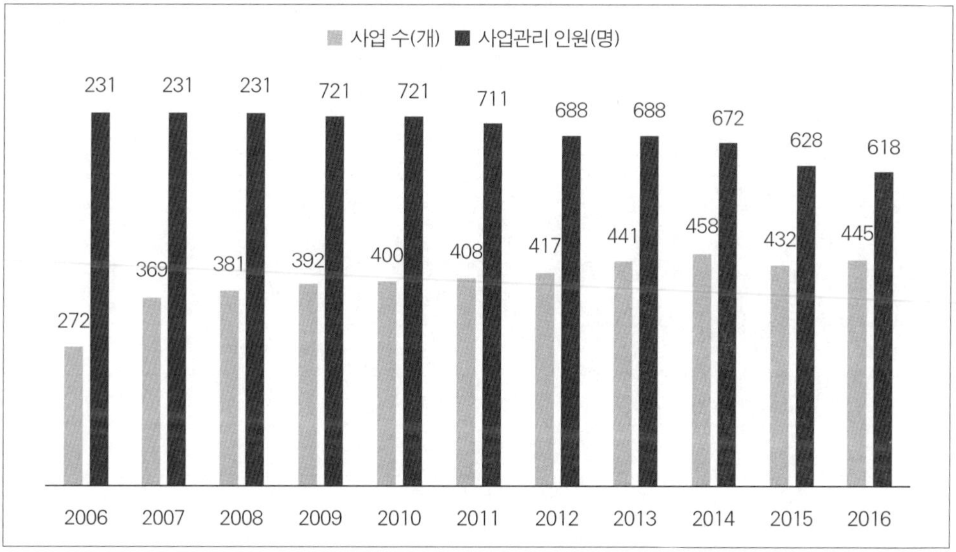

〈그림 3-5〉 방위력개선 사업 수 및 관리 인원 현황

한편 예산의 증가에 따라 사업 수는 증가하고 있지만, 사업관리 인원은 오히려 감소하고 있다. 2006년 272개 사업에 731명이 사업을 관리하였으나, 2016년에는 445개 사업에 618명이 사업을 관리하고 있다. 더구나 이러한 사업 수 증가와 인원 감소 현상은 앞으로도 지속적으로 나타날 것으로 예상되고 있다. 이러한 어려운 상황을 극복하기 위해서는 업무의 효율성을 극대화시킬 수 있는 지식경영이 필요한 것이다.

2. 복잡하고 다양한 관련 법 및 규정의 적용

방위사업관리에 적용되는 관련 법 및 규정은 2006년 129개였으나, 2015년에는 174개로 35%가 증가되었다. 이러한 상황에서 방위사업관리를 수행하는 담당자는 많은 법과 규정 때문에 업무를 수행하는 데 많은 어려움을 겪고 있다. 업무를 추진한 이후에 모르는 관련 규정이 있다는 사실을 인식하는 경우도 많은 것으로 알려지고 있다. 그저 운에 맡기고 막중한 방위사업관리 업무를 수행하는 것은 인공지능 시대에는 전혀 어울리지 않는 것이다.

〈표 3-4〉 방위사업 관계 법령/규정 현황

구분 연도	계	법률	대통령령	국방부령	청 훈령	청 예규	청 고시
2006	129	2	8	5	42	70	2
2007	159	2	8	5	50	91	3
2008	163	2	8	5	50	95	3
2009	175	3	9	6	53	99	5
2010	174	2	4	6	54	102	6
2011	177	2	4	6	58	101	6
2012	186	2	4	6	62	104	8
2013	166	2	4	6	59	88	8
2014	170	2	4	6	66	84	8
2015	174	2	4	6	68	86	8

특히 방위사업 관계 법령(법률, 대통령령, 국방부령) 건수(12건)에 비하여 방사청 소관 행정규칙(훈령, 예규, 고시) 건수가 162건으로 매우 많은 것은 전문적이고 기술적인 특성상 행정규칙을 통해 보다 세부적으로 명시할 필요가 있기 때문이다. 하지만 그에 비례하여 방위사업관리는 더욱 어렵게 되었고 때로는 어떤 법과 규정을 적용해야 하는지도 모르는 상태에서 업무를 담당하는 경우도 있다. 따라서 어떤 단계에서 어떤 법과 규정, 어떤 내용을 어떻게 적용해야 하는지에 대하여 쉽게 알 수 있게 하는 데 지식경영

이 매우 유용하게 활용될 것이다.

3. 투명성 및 전문성 향상 필요

지난 수십 년간 방위사업업무는 수행되어 왔고 그동안 많은 변화를 겪으면서 그에 따르는 많은 경험과 노하우가 있을 것이다. 하지만 방위사업관리 분야에서는 지식경영이라는 개념을 효과적으로 관리하고 활용하지 못하고 있는 것으로 보인다. 그에 따라 매년 유사한 문제는 발생할 수 있으며, 그러한 문제가 체계적으로 관리 및 전파되지 못하여 유사한 시행착오를 겪고 있을 것이다. 과거 유사 사업에서 어떤 문제가 있었고 어떻게 처리되었는지를 알 수 없고, 각각의 단계에서 무엇을 하여야 하고 유의해야 하는 것인지, 리스크가 무엇인지를 사전에 모르고 추진하다가 갑자기 문제에 봉착하게 되는 악순환을 되풀이하고 있는 지도 모른다. 즉 단지 개인의 노력과 능력, 그리고 복잡한 수많은 관련 규정에 전적으로 의존하는 현실이다. 이러한 현실에서 과거에 있었던 경험이나, 문제 사례 및 노하우 등을 체계적으로 관리하고 이를 다른 사람들이 활용할 수 있어야 효율적이고 투명하게 방위사업관리 업무를 수행할 수 있게 되는 것이다.

사업을 관리하는 과정에서 초기에 문제를 발견하고 처리하면 추가되는 비용과 기간은 매우 적게 소요된다. 하지만 문제를 늦게 발견하면 할수록 이를 처리하기 위해 소요되는 비용과 기간은 대폭적으로 증가하게 되어 있다. 예를 들면 전력화 이전에 문제가 발견되면 그 문제를 해결하고 난 후에 전력화를 시키면 되기 때문에 많은 비용이 들어가지 않으나, 만일 전력화가 대량으로 진행된 다음에 문제가 발견되면 그 문제를 해결하기 위한 노력과 비용에 더해서 이미 전력화된 장비를 리콜해 주어야 하는데, 여기에 막대한 비용과 기간이 소요되고 군 전투력 발휘에도 차질이 발생되는 것이다. 이러한 문제를 조기에 발견하기 위해서는 고도의 전문성이 필요하다. 전문성은 개인의 노력과 지식에 따라 달라질 수 있지만 개인적인 문제로만 여겨서는 안 될 것이다. 최대한 기존의 지식과 정보, 노하우를 전수받을 수 있도록 하여 빠른 기간 안에 임무수행에 필요한 전문성을 확보하고, 위험을 예측하여 사전에 조치하는 데 지식경영 시스템을 조기에 구축하여 활용할 필요가 있다.

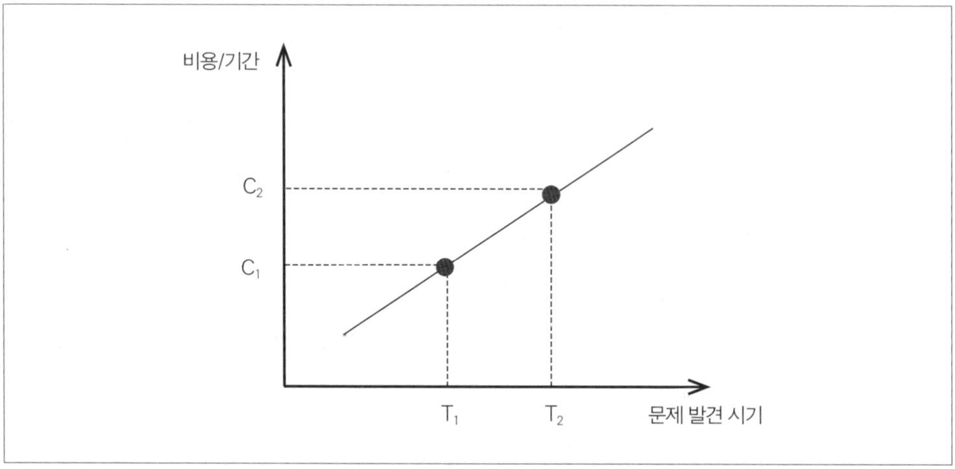

〈그림 3-6〉 문제 발견 시기와 소요 비용 및 기간

제4절 방위사업관리 지식경영 추진 방향

1. 목표 및 전략 설정

방위사업관리 지식경영 체계를 새롭게 구축하여 업무에 효율적으로 활용하기 위해서는 목표와 전략을 세워 추진할 필요가 있다. 제안한 목표는 "국민이 신뢰하는 방위사업 추진으로 방위사업 전문기관 실현"이다. 이러한 목표를 제안한 이유는 최근 많은 부정적인 이슈로 국민들로부터 신뢰를 받지 못하고 있기 때문이다. 일부 과장되거나 오해가 있는 것도 있지만 이유를 떠나 부정적인 이미지가 큰 것은 사실이다. 이러한 부정적인 인식을 불식시키고 신뢰받도록 방위사업을 추진하여야 하고, 이를 통해 방위사업 전문기관으로 실현되는 것이 최종 목표라고 판단하여 목표로 설정해 보았다.

이러한 목표를 달성하기 위해서는 단계별로 추진하는 것이 효율적이라 생각하여 도입기, 확산기, 그리고 고도화 등 3단계를 설정하였다. 방위사업관리 지식경영은 단기간에 성과를 달성하기 쉽지 않다. 따라서 단계별로 목표를 설정하여 추진하는 것이 현실적일 것이다. 이처럼 단계별로 추진하기 위한 전략으로 4가지를 제시하였다. 그것은 지식경영 인프라 구축, 핵심지식 창출, 지식경영 시스템 구축, 지식평가 및 보상 체계 확립이다. 특히 업무에 활용될 핵심지식 창출을 위한 노력과 이를 지속적으로 추진할 수 있는 동기를 부여할 평가 및 보상 체계가 중요한 역할을 할 것이다.

중·장기적으로는 고도의 인공지능이 반영된 '방위사업관리 전문가 시스템'을 구축하여 모든 의문에 대한 답을 구하고, 반복적이고 노력이 많이 소요되는 각종 위원회 안건도 기본적인 자료를 입력하면 안건을 작성해 주도록 발전시키면 좋을 것이다.

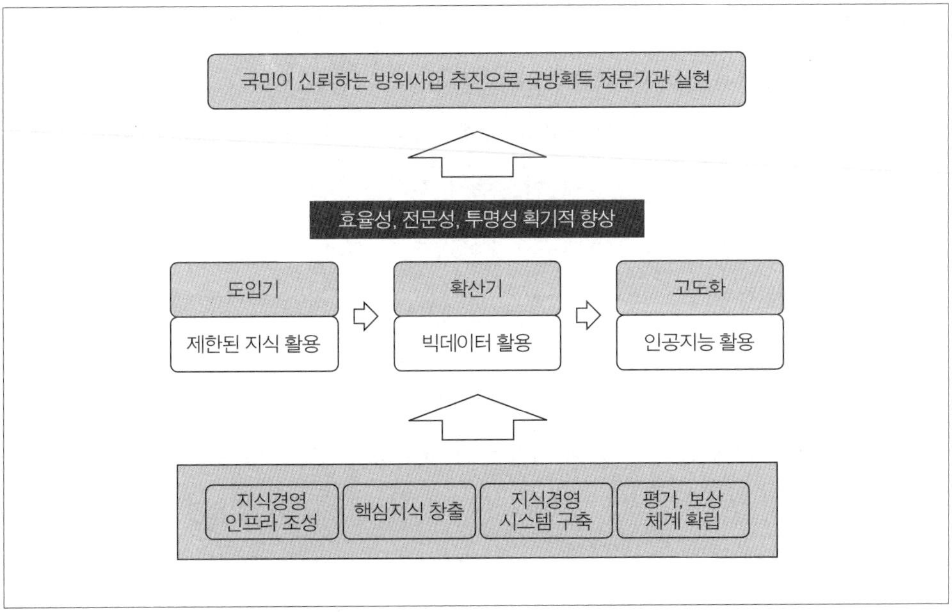

〈그림 3-7〉 지식경영 추진 목표 및 전략(안)

2. 지식경영 추진 방향

방위사업관리에서 지식경영을 발전시키기 위해서는 다른 정부기관이나 우수기업의 지식경영을 벤치마킹하기 위해 분석하고, 현재의 지식관리 시스템 등 실태를 분석하여 미비점을 도출하고, 이에 방위사업의 특성을 반영하여 시스템의 구축 및 개선을 추진하여야 할 것이다. 기업에서는 물론 다른 정부기관에서도 지식경영을 적용하고 있으며, 더욱이 방위사업관리에서는 업무 특성상 더욱 필요한 것으로 생각된다. 단순한 행정이 아니라 연구개발, 구매 그리고 그에 따르는 다양한 상황이 발생하는 특성이 있고, 시행착오나 과오가 있을 경우 미치는 영향이 매우 크기 때문이다. 방위사업관리에 지식경영을 성공적으로 추진하여 성과를 달성하기 위한 추진 방향을 다음과 같이 제시할 수 있다.

첫째, 성공사례 분석을 통한 최적의 시스템의 도입이다. 성공적으로 지식경영을 추진하고 있는 정부와 글로벌 기업의 성공사례를 벤치마킹하여 정보의 전사적 공유를 통한 전문성 향상, 비용 절감, 업무효율 향상을 위한 사례조사를 통해 방위사업관리에 지식경영을 적용하는 데 활용하여야 한다.

둘째, 다양한 홍보활동과 보상이다. 교육과 홍보를 통한 적절한 사용자 변화관리와 현장에 밀착된 지식경영 활동을 함으로써 지식경영을 성공적으로 이어 갈 수 있다. 또한 직원들이 지식경영에 관심을 기울일 수 있도록 다양한 홍보활동과 적절한 보상을 시행하여 자발적으로 참여하는 분위기를 조성하여야 한다.

셋째, 지식에 대한 용이한 접근성 및 검색기능 강화이다. 내·외부의 환경 변화와 사용자의 지식경영에 대한 요구 및 직원의 지식경영 활동 특성을 포털 시스템에 신속히 반영하여 모든 직원들이 손쉽게 필요한 정보에 접근할 수 있도록 하여야 하고, 지식경영 시스템과 다른 시스템을 통합하여 검색기능을 대폭 강화하고 직원들의 지식욕구를 충족하여야 한다.

넷째, 지식경영과 담당 업무의 연계이다. 지식 창출 및 활용의 과정이 직원이 담당하는 업무와 연계하여 이루어질 수 있도록 지식경영을 업무 프로세스화하여 직원 각자가 맡고 있는 직무를 지식경영 시스템에 일치시킴으로써 모든 업무가 시스템을 통하여 이루어지도록 하여야 한다. 즉 직원이 하나의 업무를 수행하면 자동으로 지식이 축적되게 하는 시스템을 구축하여 지식경영의 활성화와 효율성을 극대화시켜야 한다.

다섯째, 최고책임자의 강력한 의지이다. 최고책임자의 지속적인 관심과 지원으로 지식경영을 고도화시켜야 한다. 최고책임자는 투명성, 전문성 및 효율성 향상 등 집중관리 항목을 정하고, 지속적으로 관리해야 최고의 효과를 거둘 수 있다. 직원들의 지식활동 내역을 홍보 및 적절한 보상을 통해 자발적으로 참여하도록 독려하는 등 최고책임자의 의지에 따라 지식경영의 성과 여부가 달려 있다.

3. 기대효과

사업 수는 증가되고 사업관리 인원은 감소하고, 관련 법 및 규정은 복잡하고 많으며, 각종 감사 및 통제가 심한 상황에서, 어떻게 방위사업관리 업무를 추진하여야 하는가? 전문성을 증대시켜 효율성을 증대시키고, 동시에 투명성도 향상시켜야 하는 과제를 안고 있다.

방위사업관리 지식경영 시스템은 업무 담당자에게 조기에 전문성을 보유하게 하여 성능, 일정 및 비용을 만족하는 무기체계를 획득하는 데 크게 도움을 줄 것이다. 만일 무기체계를 성공적으로 획득하게 되면 군 전력 증강에 직접 기여할 뿐만 아니라 방산수출 증가, 고용 창출, 국제 경쟁력 향상 등 긍정적 파급효과도 크게 나타날 것이다. 하지만 만일 실패할 경우에는 군 전력에 차질이 생기고 예산은 낭비될 수 있으며, 방산 수출 제한, 고용 창출 제한 및 국제 경쟁력의 약화라는 부정적 파급효과가 크게 나타날 것이다.

이러한 과정에서 방위사업관리 지식경영 시스템은 많은 역할을 하게 될 것이다. 대부분 사람의 의지와 능력, 노력에 좌우되는 방위사업관리가, 누가 추진하더라도 표준화된 프로세스와 이전의 전문가의 경험이나 노하우를 쉽게 활용하여 방위사업관리를 성공적으로 추진하게 되도록 크게 기여할 것이다.

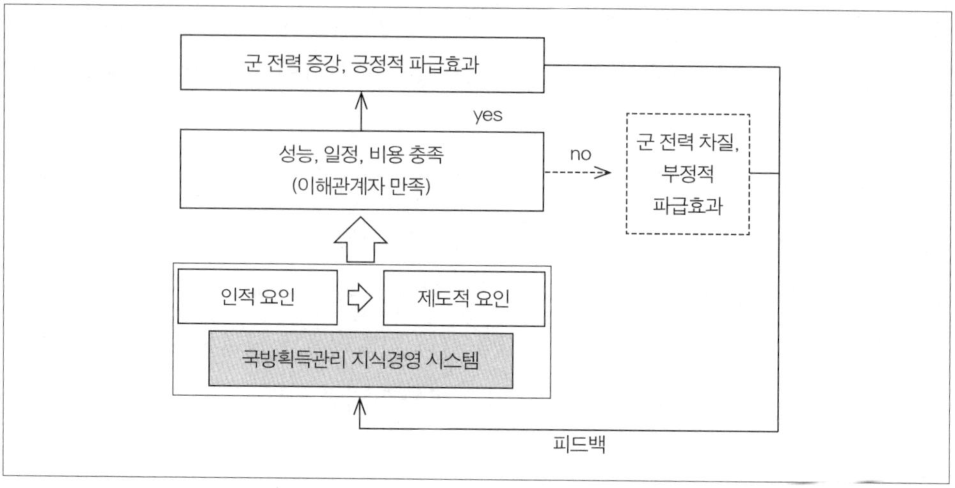

〈그림 3-8〉 방위사업관리에서 지식경영의 기대효과

〈표 3-5〉 지식경영 시스템을 통해 지원받을 수 있는 내용(예)

① 방위사업관리 업무를 수행하기 위해 어떤 법과 규정을 알아야 하는가?
② 무기체계 획득 절차와 이와 관련된 규정과 조항 내용은 무엇인가?
③ 선행연구란 무엇이고, 언제 하며, 어떤 절차로 진행되고, 연구에 포함되는 내용은 무엇인가?
④ 소요검증은 무엇이고, 대상은 어떻게 선정하며, 진행은 어떻게 이루어지고, 결과는 어떻게 처리되는가?
⑤ ROC 및 기술적 · 부수적 성능 수정 절차는?
⑥ 중기계획 및 예산 편성 세부 절차 및 내용은?
⑦ 사업 추진 기본전략 수립의 근거, 포함 내용, 관련 위원회, 이전에 이슈가 된 사항, 유의사항은?
⑧ 사업 타당성 검증 개념, 이유, 대상 사업 선정 기준과 조사 내용, 효력은?
⑨ 국내 구매 근거, 절차 및 구매 절차별 세부 내용은?
⑩ 국외 구매 근거, 절차 및 구매 절차별 세부 내용은?
⑪ 제안요청서 근거, 포함사항, 절차, 이전에 이슈가 된 사항, 유의사항은?
⑫ 제안서 평가 근거, 절차, 이전에 이슈가 된 사항, 유의사항은?
⑬ 대상 장비 선정 기준, 근거, 이전에 이슈가 된 사항, 유의사항은?
⑭ 협상 근거, 협상 절차, 주요 내용, 이전에 이슈가 된 사항, 유의사항은?
⑮ 시험평가 근거, 절차, 내용, 기준, 이전에 이슈가 된 사항, 유의사항은?

※ 기본적인 데이터만 입력하면 표준화된 각종 위원회 안건 작성 지원, 문제 발생 시 최적의 문제 해결 방안 제시 등

또한 방위사업관리 지식경영 시스템을 새롭게 구축하여 활용한다면 초보자도 단지 검색으로 많은 것에 답을 얻을 수 있을 것이다. 이를 통해 단기간에 노하우와 전문성을 확보하여 효율성과 투명성을 향상시키는 효과를 거둘 것이다. 예를 들면 〈표 3-5〉에서 보는 바와 같은 질문에 바로 답을 구하여 업무를 효율적으로 추진할 수 있

다. 나아가서는 인공지능 기술을 최대한 활용한다면 수많은 각종 의사결정 과정에서 발생하는 효율성 및 투명성 문제를 해소시키는 데에도 획기적으로 도움을 받을 수 있을 것이다.

제5절 결론

인공지능 알파고 시대! 방위사업관리는 어느 시대에 있는가? 사업 수는 증가하고, 인원은 오히려 감소하며, 적용되는 관련 법 및 규정은 복잡하고, 사소한 실수마저도 용납하지 않는 상황에서 대책은 무엇인가? 방위사업관리에 대해 획기적으로 인식과 방법을 전환하지 않는다면 미래에도 현재와 큰 차이는 없을 것 같은 우려가 있다.

그렇다면 현재는 어떠한가? 때로는 비합리적이고 감정적이며 이기적인, 그런 사람에게 전적으로 의존하며 업무를 수행하고 있다. 늦었지만 방위사업관리에 지식경영 시스템을 새롭게 구축하여 적극 활용하여야 한다. 방위사업관리 업무를 수행하면서 발생할 수 있는 많은 이슈와 질문에 대한 답을 얻고, 리스크를 예측하여 조치하기 위한 추진은 그렇게 어렵지 않을 것이다. 지속적으로 지식을 창출 및 관리하고 전문가의 경험과 노하우를 활용할 수 있도록 시스템을 구축하면 되는 것이다. 이를 위해서는 각각의 사업마다 각 단계가 마무리되면 각 단계마다 관련된 산출물과 과정 및 쟁점이 되었던 사항을 전문가에 의해 평가받고 등록하도록 하고, 창출한 지식에 대해 평가를 하여 적절한 보상을 주고, 창출된 지식을 쉽게 활용할 수 있도록 체계를 갖춰야 한다. 무엇보다도 책임자가 강력한 의지를 가지고 추진한다면 방위사업관리는 획기적으로 발전하게 될 것이다.

어렵더라도 가능한 인공지능을 최대한 활용한 방위사업관리 지식경영 시스템을 구축하여야 한다. 그리고 '국방획득관리 전문가 시스템'으로 발전시켜야 한다. 이를 통해 누구나 쉽게 리스크를 예측하여 사전에 조치하고, 혹시 문제가 발생하더라도 과거 전문가의 경험이나 노하우 등을 활용하여 해결하고, 각종 위원회 안건은 표준화를 시켜 작성을 지원받고, 시행착오나 실수를 줄이는 등 효율성, 전문성 및 투명성이 획기적으로 향상될 것으로 믿는다.

제4장

국방연구개발 활성화 영향요인 우선순위 연구

방위사업을 통해 국방력을 효율적이고 경제적으로 증강시키고 방산수출을 증대시키면서 일자리도 창출하는 것이 우리의 최대 목표이다.

그러나 그러한 목표 달성은 그렇게 간단하지 않다. 근본적으로 국방기술력을 향상시켜 국제 기술경쟁력을 확보해야 가능하기 때문이다. 하지만 국방기술력은 하루아침에 경쟁력을 확보할 수 없다.

이를 위해서는 지속적으로 국방연구개발을 활성화시켜야 한다. 그러나 제한된 예산과 조직, 시간 여건에서 모든 것을 동시에 추진할 수 없다. 따라서 우선순위를 고려하여 국방연구개발을 체계적으로 활성화시켜야 할 것이다.

제1절 서론

우리는 국가적으로 어려웠던 1970년대부터 국방연구개발에 지속적으로 투자하여 현재는 전차, 장갑차는 물론 잠수함 및 공군훈련기 등을 개발하여 군 전력 증강에 크게 기여하였고, 2016년에 방산 분야에서 35억 달러를 수출하는 성과도 거두었다. 이와 같은 성과의 원동력은 바로 1970년대부터 국방연구개발을 적극적으로 수행하여 상당한 수준의 국방기술력을 확보한 결과에 기인한 것이라 생각한다. 하지만 아직도 많은 핵심부품은 외국으로부터 수입하고 있으며, 미사일 및 최신형 전투기 등의 첨단 장비는 아직도 수입에 의존하고 있다.

최근에는 나라마다 기술보호를 강화하고 있으며, 미국, 영국, 프랑스 및 독일 등 방산 선진국과 경쟁해야 하는 상황으로 첨단 무기체계 개발 및 방산수출은 점점 더 어려워질 것으로 예상되고 있다. 이렇듯 국내외적으로 어려운 상황에서 효율적으로 국방연구개발을 수행하고 방산수출을 지속적으로 증대시키기 위해서는 국방연구개발의 활성화를 통한 국방연구개발에서의 국제 경쟁력의 확보가 절실한 것으로 사료된다.

본 연구에서는 국방연구개발을 활성화하는 데 필요하다고 생각되는 영향요인을 선정하고, 선정한 영향요인의 우선순위를 도출하여 제한된 시간과 예산 환경에서 국방연구개발의 활성화 요인에 대한 선택과 집중을 통해 정책을 추진함으로써, 국방연구개발이 더욱 효율적으로 활성화되고 국제 경쟁력이 향상되어 군 전력 증강뿐만 아니라 방산수출에도 기여하게 하고자 하였다.

제2절 주요 국가 국방연구개발 동향

1. 미국

미국의 전력 증강 주요 정책은 동맹 강화 및 비용절감을 위해 국제협력 연구개발을 적극 추진하고 있다. 이러한 사례는 미일 MD개발과 10개국 협력 차기 전투기 개발 등을 통해 쉽게 알 수 있다. 또한 기술주도권 확보 및 비확산 차원에서 핵심기술이전을 통제하여 의회심의 대상 및 기간에 있어서 동맹국 간에도 차별하여 적용하고 있는 것이 현실이다.

미국의 국방연구개발 조직은 국방부 획득차관이 연구개발을 총괄하며 산하에 국방고등연구원(DARPA)을 두고, 미래 신기술 개발을 담당하고 있다. 특히 미국은 DARPA 주관으로 30년 후를 대비, 미래 전장운영 개념을 혁신할 수 있는 도전적 기술 개발에 연간 25~30억 달러를 투자하고 있다. 그리고 육·해·공군 예하에 수많은 연구기관을 두고 국방연구개발을 수행하고 있다.

미국은 국방연구개발의 상당 부분을 방산업체에서 담당하고 있으며 특히 국방연구개발 분야에 중소기업의 참여가 많다. 그리고 30년간 국방연구개발예산의 66% 정도를 방산업체가 사용한다. 또한 〈표 4-1〉 국방 R&D 기관별 역할에서 보는 것처럼 국방 R&D 수행기관별 역할의 정립을 통해 효율성을 강화하고 있다.

〈표 4-1〉 국방 R&D 기관별 역할

구분	역할
국방부	DARPA를 통한 미래 신기술 사업관리, 각 군/업체 연구소 활용
각 군	군별 연구소 운영 및 과학적 소요개발
업체	항공: 록히드, 보잉 / 전차: GE / 장갑차: ULDP로 통합
비고	각 주체의 역할 구분을 통하여 조직, 기능별 시너지 효과 창출

그리고 IR&D(Independent Research&Development)는 우리나라의 업체투자 연구개발과 유사한 방식이나 무기체계 개발이 아니라 핵심기술 및 부품을 개발하는 프로그램이다. 미국의 IR&D의 특징은 방산업체가 필요로 하는 모든 정보를 국방부가 공개하고 방산업체 스스로 연구개발 영역을 찾을 수 있도록 적극적으로 유도한다는 것이다. 국방부가 제공하는 정보는 연구개발 계획, 전력소요, 작전운용성능 등이 포함된 획득 관련 정보이다. 그리고 방산업체에서 개발하고 있는 기술 내용을 모니터하고 그 결과물을 데이터베이스로 관리한다. 이를 위해 국방부와 방산업체는 수시로 정보교환회의를 개최한다. 이를 통해 방산업체는 국방부가 원하는 기술획득 방향에 관한 정보를 얻게 되고, 또한 국방부의 연구개발 방향을 조정할 수 있는 기회를 가질 수 있게 되는 것이다.

국방과학기술 개발은 전투에 필요한 기술의 개발 및 축적, 획득비용의 절감, 국내 산업기반의 강화, 미래 대비 기초연구 강화, 양질의 무기체계 구매에 중점을 두고 있으며, 국방과학기술 요건으로는 사업 수행 관련 예산 및 기술이 수행 가능성이 있어야 하며 견고한 기술기반 유지에 기여하여야 한다는 원칙에 의거하여 추진하고 있다.

또한 미국의 국방과학기술 정책은 "군사력의 우위를 과학 기술력의 우위로 구현"한다는 기조 아래 무기체계 성능향상을 위한 기술 우위성 확보에 중점을 두고 있으며, 연구개발 목표는 "과학기술 투자를 통한 군사전력 우위 유지"를 통해 세계에서 가장 우수한 성능을 가진 무기체계를 개발하는 데 있다.

2. 영국

영국은 국방 및 안보 분야를 21세기의 가장 중요한 분야로 인식하고 에너지 및 친환경적 기술을 포함한 11개 분야의 핵심전략기술을 집중 투자할 분야로 명시한 국방기술전략(DTS: Defense Technology Strategy, 2005)을 수립하여 추진 중에 있다. 또한 업체는 체계개발을 주도하고, 국방부 소속의 국방과학기술 연구소(DSTL: Defense Science and Technology Laboratory)는 민감한 체계개발, 핵심기술 및 정책자문 역할을 수행하므로 업체와 정부산하기관의 명확한 사업 영역을 구분하여 수행하고 있다.

현재 DSTL은 체계 수준에서 특히 민감한 연구분야 및 국제공동연구를 주로 수행하고 있는데, 국방부 연구의 1/3을 수행하고 있으며, 나머지는 QinetiQ가 수행하고 있다. 핵과 화생방 분야를 제외하고 과거에 DSTL이 수행하던 전 분야의 업무를 QinetiQ가 수행하고 있다. 그러나 특이한 것은 정부기관임에도 불구하고 QinetiQ에게 민간 방산업체들과 다른 특혜는 주어지지 않는다는 것이다. 그리고 QinetiQ는 DSTL이 개발한 신기술을 민간시장에 적용하기 위해 시장을 개척하는 역할도 수행하고 있다.[1]

영국의 경우 방산업체 등 국방부 외부에 투자하는 국방연구개발비는 대략 69%이며 방산업체는 연구보다 개발 분야에 더 많이 참여하고 있고, 자유경쟁 도입으로 방산업체의 고유 영역이 사라지면서 민간기업과 공기업들도 방산 부문에 많이 참여하고 있는 실정이다.[2] 영국 DSTL의 주요 임무는 영국군 전력을 위한 첨단 무기 개발이다. 임무 영역은 광범위한데 정책 및 획득을 위한 고수준 분석에서부터 바이오 과학, 전자 같은 분야의 연구를 수행한다. 2001년 6월에 DERA(Defence Evaluation and Research Agency)가 두 개의 부분으로 나뉘었다. DSTL은 첨단 과학과 기술 분야를 주관하고, 나머지 부분은 QinetiQ가 주관하고 있다.

DSTL은 국방부 내에 자금을 조달하고 특정한 사업을 위해 예산을 관리한다. 대부분의 예산은 국방부로부터 나오며 일부는 다른 정부 조직으로부터 받는다. 2005년 기준으로 DSTL의 예산 88%는 국방부가 지원하였고. 나머지 12%는 다른 정부 조직이 지원했다.[3]

1 국방과학연구소, "주요 국가 연구기관 및 방산업체 현황", 2009.

2 민계료 외 1명, "방산부품/소재 국산화 개발 활성화 방안", 2008.

3 위키백과, http://ko.wikipedia.org/wiki

3. 프랑스

프랑스가 보유하고 있는 군사기술 수준은 러시아를 제외하고는 유럽권에서 가장 우수한 것으로 평가받고 있다. 특히 프랑스의 기술 수준이 높은 분야는 공대공 미사일, 미사일유도, 침투장비, 관성항법, 특수지대공 미사일, 광전자학, 에너지 소재 등의 분야로서 이 분야에 있어서는 국제시장 점유율이 미국과 러시아를 제외하고는 가장 높다.

프랑스의 군사과학기술 정책 목표는 다음과 같다. 첫째, 기술적 가능성과 장차전 작전의 요구를 동시에 고려한 국방과학기술 연구 방향을 제시하고, 둘째, 기술 개발 계획 및 중장기 연구 계획의 수립, 셋째, 산업능력 유지·개발정책에 따른 인적·물적 자원 관리, 넷째, 기술혁신 증진과 연구 결과의 응용 및 유용, 다섯째, 민간연구와 군사연구의 상호 교류, 여섯째, 유럽 차원의 협력을 우선으로 한 국제협력의 촉진 등이다.

프랑스의 국방연구개발은 국방부 장관 예하 소속인 병기본부(DGA: Delegation General por Armament)가 주도를 하고 있다. 병기본부의 임무는 크게 네 가지이다. 첫째, 수요군과 긴밀히 협력하여 무기에 대한 연구, 조사, 제조 등의 업무를 구상하여 실행에 옮기고 산업체 성격으로서 정비, 보수 및 장비현대화를 이행하며, 둘째, 공기업과 국영기업을 감독하고, 무기사업 집행에 참여하는 민간기업을 통제하며, 셋째, 프랑스와 외국과의 무기 부품에 대한 대외협력을 촉진하고, 넷째, 정부의 정책범위 내에서 무기 수출을 장려 및 통제하는 역할을 수행한다. 즉 병기본부는 군 수요를 제기하는 구매자의 역할에서부터 시작하여 민간기업과 경쟁하는 생산자와 판매자의 역할, 나아가 기술지원을 포함한 기업의 활동을 장려하는 후견자로서의 역할을 한다. 또한 기업 활동을 규제하는 입법자로서의 기능, 기업의 수출 보조금 등 재정지원 및 보증을 담당하는 은행 및 보험사로서의 역할 등 다양한 형태의 기능을 수행하고 있다.[4]

정부 전체 연구개발 비용의 40%는 국방부 예하 연구소 및 연구기관들이 사용하고, 나머지 2/3는 국영 또는 민간 방산업체에 할당된다. 프랑스의 연구개발에서 가장

---

4 황동준, "방위산업 발전을 위한 국방연구개발활성화 방안 연구", 한국방위사업학회, 2001, pp. 46~47.

큰 특징은 정부가 적극적으로 업체의 연구개발에 개입한다는 것이다. 군수산업 분야에 있어 프랑스 정부는 가능한 모든 방법과 수단을 동원하여 다층적이고 다각적인 기능과 역할을 수행하고 있다.[5]

4. 이스라엘

이스라엘은 연구개발을 중요시하여 전력 증강 관련 조직 중 국방부 연구개발국장이 예산국장의 임무를 동시에 수행하면서 연구개발에 심혈을 기울이고 있다. 핵심 탑재장비는 개발하고 본체는 해외 도입해 통합하는 획득정책을 채택하여 정찰위성, 전투기, 공중조기경보통제기, 탄도미사일(1,500km), 대탄도탄 레이다 등을 개발하여 실전에 배치하고 있다.

이스라엘은 국방연구개발 사업 시 자유경쟁 원리를 도입하여 운영하고 있다. 우리나라 국방과학연구소와 유사한 라파엘은 사업관리 기능을 수행하지 않고 첨단 무기체계의 핵심기술의 연구개발, 시험평가 및 생산 등을 수행하고 있으며, 제한된 연구개발 예산을 놓고 방산업체와 경쟁하고 있다. 그 이유는 이스라엘의 경우 방산업체가 국방연구개발에 주도적인 역할을 담당하고 있기 때문이다. 그리고 방산업체는 자유경쟁을 통해 연구개발을 추진하고, 국방연구개발 사업에 대한 참여와 탈퇴도 업체의 자유의사에 따라 이루어지고 있다.

이스라엘의 국방연구개발 특징은 다음과 같다. 첫째, 연구 및 기술 중심의 연구개발사업 추진이다. 대부분의 무기개발 및 군사기술 선진국들의 방위산업이 기술 중심의 방위산업 경영을 하고 있는 것과 마찬가지로 이스라엘 방위산업체들도 매우 높은 기술 개발 능력을 가지고 있다. 연구개발 및 체계개발을 방위산업체가 직접 담당하기 때문에 기술 개발 능력 없이는 경쟁력에서 이길 수 없다는 판단하에 방위산업체들은 연구개발에 상당한 투자를 하고 있다. 예로서 이스라엘 최대 전자 분야 방위산업체인 Tadiran은 매출액의 7% 이상을 자체 연구개발에 투자하고 있고, Ellit나 TAAS

5 신광식, "한국의 국방연구개발 개선 방안에 관한 연구", 2009.

등 다른 방위산업체들은 5% 이상을 투자하는 등 자발적이고 능동적으로 자체 기술 개발에 전력을 경주하고 있다.

둘째, 국내 수요보다 국제 무기수출에 중점을 둔 연구개발의 추진이다. 이스라엘 방위군의 극히 제한된 수요를 고려할 때, 이스라엘 방위산업체들이 무기수출을 위하여 적극적으로 수출활동을 해야 하는 것은 당연한 결과이지만, 실제적으로 이스라엘은 방위산업 총 생산량의 70% 이상을 수출하고 있다. 특히 이들 수출 생산량의 60% 이상을 미국에 수출함으로써 경쟁력을 높이기 위하여 첨단 무기체계 개발과 성능개량 사업을 추진하고 있다.

셋째, 주문(Tailor-made) 생산을 고려한 연구개발 체계의 구축이다. 이스라엘 방산업체들은 대량 생산을 위한 체계보다는 여러 국가들의 다양한 소요형태의 기술 변화를 적극 수용할 수 있고, 수요 변동에 능동적으로 대처할 수 있도록 수요자 중심의 연구개발 및 생산 체계를 유지하고 있다.

넷째, 이스라엘 방위군과 방위산업체 간의 밀접한 업무 협조체계이다. 이스라엘 방위군과 방위산업체들은 무기체계의 모든 획득 과정에서 밀접한 업무 협조 체계를 유지하고 있다. 이렇게 이스라엘 방위군과 방위산업체 간 업무체계가 활발하게 이루어질 수 있는 것은 방위산업체가 무기개발 소요 제기 및 개념 단계에서부터 참여할 수 있을 뿐만 아니라, 이스라엘 방위군 전역장교들이 방위산업체의 핵심기술 및 관리 인력으로 활동하기 때문이다.

5. 일본

일본의 국방연구개발 획득 정책의 기본방향은 국방연구개발을 통한 무기체계를 획득하는 것으로, 방위산업 능력을 기반으로 무기체계 생산체계를 갖추고 자주적인 과학기술 연구개발 및 국산화에 주안점을 두며 연구개발 및 체계 개발 시 경쟁 원리에 중점을 두고 있다.

과학기술 연구개발 정책은 자위대의 무기체계를 최대한 국산화하고 무기체계

개발은 최대한 민간기업의 능력을 활용하며 첨단 핵심기술 확보를 위한 국방연구개발에 역점을 두고 있다. 일본은 민에서 개발된 첨단기술을 군용으로 전용하는 spin-on의 전형적인 국가로서 세계 수준의 민수 분야 생산 기술력을 바탕으로 기술집약적 군사력 구축을 범부처적으로 추진하고 있다. 일본은 전자재료, 반도체 등 세계 최고 수준의 상용기술을 무기체계 연구개발에 활용하는 대표적인 국가이다. 특히 전자부품 및 제품에 대한 우수성은 지난 1991년 걸프전에서 미군의 첨단무기인 패트리어트 미사일에 사용된 93개의 주요 전자부품 중 92개가 일본 제품이었음을 통해 입증되었다. 일본의 국방연구개발비는 1997년부터 20년간 지속적으로 증가하여 700%에 이르는 증가율을 나타내고 있다.[6]

일본은 첨단 상용기술을 전략적으로 활용하여 평화헌법이라는 법적 규제하에서도 '전략무기 선택권'을 보유하게 되었다. 또한 일본은 전통적으로 기술 민족주의(nationalism)가 정부·기업·시민 모두의 의식 속에 깊숙이 뿌리내린 국가이다. 자위대는 이와 같은 기술 민족주의를 배경으로 '첨단 고도기술에 의한 전쟁억제 교리'를 채택하고, 국내 개발에 해외 도입 방식보다 많은 비용이 들더라도 국내 개발 방식으로 주요 전력시스템을 획득해 왔다. 이러한 노력을 장기간에 걸쳐 계속해 온 결과 일본의 핵심부품 및 기술이 포함되지 않은 미국의 첨단 주요 전력시스템은 하나도 없다는 이야기가 회자될 정도가 되었다.

6. 분석 및 시사점

앞에서 미국, 영국, 프랑스, 이스라엘 및 일본 등 기술 선진국들의 연구개발 발전 동향을 살펴보았다. 이를 통해 다음과 같은 시사점을 도출하였다.

첫째, 중장기 연구개발 방향을 설정하고 첨단 무기체계 개발과 이를 위한 기술개발에 많은 투자와 노력을 하고 있다는 것이다. 영국의 경우 에너지 및 친환경적 기술을 포함한 11개 핵심전략기술에 집중 투자할 분야를 명시한 국방기술전략을 수립

6 최석철·민계료, "방산부품·소재 국산화 개발 대책", 『국방과 기술』, 2001.

하여 추진하고 있다. 군사기술이 국방연구개발의 핵심으로서 예산 투자 및 개발 또는 다른 국가와의 협력 등을 통해서 기술력 제고를 위하여 노력을 하고 있다. 미국의 경우 DARPA에서 30년 후를 대비하여 기술 개발에 연간 25억 달러 이상을 투자하고 있다. 이스라엘은 방산업체 스스로가 투자를 확대하여 기술 개발에 전력을 다하고 있으며, 그러한 노력의 결과로 방산수출에서 경쟁력을 확보하게 되었고, 실제로 방산업체 생산량의 70% 이상을 수출하고 있다.

둘째, 대부분의 계획이나 투자는 정부 중심으로 이루어지나 실제로 연구개발 수행은 업체 중심으로 이루어진다는 것이다. 예를 들면 미국의 경우에는 최대한 정보를 공개하여 사전에 업체 자체적으로 연구할 수 있는 기회를 제공해 주고 있으며, 이스라엘은 방산업체가 국방연구개발에 주도적인 역할을 수행하는데 자유경쟁을 통해 매우 높은 수준의 기술 개발 능력을 보유하고 있다. 일본의 경우도 세계 수준의 국방기술력으로 전환할 수 있는 민수기술을 확보하게 된 것은 민간업체에서의 노력의 결과다.

셋째, 민군겸용기술의 중요성을 인식하고 민수 분야와 호환성을 가진 무기체계 개발에 중점을 두고 있다는 것이다. 기업의 우수한 기술력을 군 무기체계 개발에 적극 활용하고 동시에 군의 우수한 기술은 민수 분야에 활용한다는 것이다. 특히 일본은 민에서 개발된 첨단기술을 군용으로 전용하는 spin-on의 전형적인 국가로서 세계 수준의 민수 분야 기술력을 바탕으로 기술집약적 군사력을 구축하고 있다.

넷째, 무기체계 개발은 냉전 시대 이후 자국 내에서의 제한되는 수요로 대규모의 경제가 이루어지기 쉽지 않다. 따라서 주요 방산 선진국은 방산수출에 많은 노력을 하고 있다. 특히 이스라엘은 대량생산보다 다른 국가들의 다양한 소요에 대처할 수 있도록 핵심기술 개발에 중점을 두고 있으며, 국내 수요보다 방산수출에 중점을 둔 연구개발을 추진하고 있다. 국제 수출시장에서의 방산업체 경쟁력 확보를 지원하기 위하여 성능을 보장해 주고 있으며 복수 업체로 하여금 경쟁하도록 하고 있다.

제3절 국내 국방연구개발 실태 분석

우리는 1970년 국방과학연구소를 창설하여 무기체계를 개발하도록 하였고 지속적으로 국방연구개발에 투자하여 이제는 상당한 수준의 국방기술력을 확보하게 되었다. 그 결과 국가 방위역량을 강화할 수 있었고 방산수출을 통해서 경제에도 많은 기여를 하고 있다. 하지만 선진국 수준에 비하면 아직도 부족한 측면이 있어 이를 보완하기 위한 노력은 지속되어야 한다. 국내 연구개발 주요 분야별로 실태를 분석하여 국방연구개발 활성화 영향요인 선정에 참고하였다.

1. 국방연구개발 투자

무엇보다도 국방연구개발에서 중요한 것은 국방연구개발에 대한 투자이다. 한국의 국내 국방비 대비 연구개발비 현황은 〈표 4-2〉에서 보는 바와 같이 2012년에는 32조 9천억 원의 국방비 중에서 2.3조여억 원으로 7.0%, 2014년에는 35조 7천억 원의 국방비 중에 2조 3천여억 원으로 6.5%, 그리고 2016년에는 38조 7천여억 원 중에 2조 5천여억 원으로 6.6% 수준이다.

하지만 주요 선진국과 비교하면 국방비 대비 연구개발비 비율은 아직도 낮은 실정이다. 〈표 4-3〉 주요 국가 국방비 대비 연구개발비 현황에서 보는 것처럼 2007년 국방비 대비 연구개발비 비율이 가장 높은 미국이 14.9%, 이어서 영국이 8.7%, 프

〈표 4-2〉 국방비 대비 국방연구개발비 현황

(단위: 억 원)

구분	2012년	2013년	2014년	2015년	2016년
국방비(A)	329,576	344,970	357,056	374,560	387,995
국방연구개발비(B)	23,210	24,471	23,345	24,355	25,571
국방비 대비 국방연구개발비(B/A)	7.0	7.1	6.5	6.5	6.6

<표 4-3> 주요 국가 국방비 대비 연구개발비 현황

구분	2003년	2004년	2005년	2006년	2007년
한국	4.1%	4.1%	4.3%	4.7%	5.1%
미국	14.8%	13.2%	13.8%	13.6%	14.9%
영국	9.3%	10.1%	9.3%	9.1%	8.7%
프랑스	10.3%	9.9%	9.6%	10.1%	8.6%
러시아	12.2%	12.6%	N/A	N/A	N/A

출처: 『방위사업청 통계연보』, 2014.

랑스가 8.6%, 그리고 한국은 5.1%로 낮다.

이러한 낮은 연구개발비 투자로는 군사 기술력에서 다른 선진국보다 경쟁력을 가질 수 없어 중장기적으로 군 전력 증강은 물론 방산수출에도 어려움이 있을 수 있다. 국방연구개발에 가장 많이 투자하는 미국이 세계 방산수출 시장 점유율 30%로 가장 높은 비율을 차지하고 있으며, 2003년 국방비 대비 연구개발비 비율이 12.2%로 두 번째인 러시아가 역시 두 번째로 방산수출 시장의 23%를 차지하고 있다. 프랑스 및 영국도 국방비 대비 연구개발비 비율이 각각 10.3%, 9.3%이며 방산시장 점유율은 각각 8%, 4%로 높은 편이다.[7] 즉 국방비 대비 연구개발비 비율이 높은 국가가 세계 방산수출 시장도 많이 차지하는 것을 확인할 수 있다. 따라서 우리도 방산수출을 지속적으로 증가시키기 위해서는 국방연구개발에 투자를 더욱 확대하여야 한다.

최근에 선진국의 기술이전통제가 더욱 심화되고 있으며, 군의 첨단정밀무기 소요 증가로 독자적 무기체계 개발 기술 확보가 절실한 실정이다. 이러한 상황 등을 고려하여 우리도 핵심기술에 많은 투자를 하고 있다. 핵심기술 투자 규모는 2006년 583억 원에 불과하였으나, 2010년 1,902억 원, 2013년 2,720억 원, 그리고 2015년에는 2,681억 원으로 대폭적으로 증가되었다.

이러한 투자의 결과로 한국의 국방과학 기술력 수준은 『2015 국방과학기술조사서』에 의하면 최고 선진국 대비 81%로 주요 방산 16개국 중에서 이탈리아와 공동 9위를 기록하며, 2012년 대비 한 단계 상승했다. 무기체계별로 기동전투체계, 수상함

7 김선영, "방산수출 경쟁력 제고를 위한 국방연구개발 발전 방안", 『국방과 기술』, 2011. 10. p. 78.

체계, 화포체계가 관련 체계개발 성공 등으로 최선진국 대비 84%~89% 수준을 유지한 것으로 나타났다. 반면 국내 미흡 분야인 우주무기, 국방 SW, 전자전, 합성개구레이더(SAR: Synthetic Aperture Radar)체계, 고정익체계 등은 72%~76% 기술 수준을 보였다.

한편 2006년 방위사업청이 개청하면서 정부 차원에서 방산수출에 더욱 적극적으로 노력하는 계기가 되었으며, 그 결과로 2006년 2억 달러 수준에서 2012년에는 23억 달러의 방산수출을 달성하였고, 2015년에는 35억 달러를 수출하는 성과를 거두었다.

〈표 4-4〉 연도별 방산수출 현황

(단위: 백만 달러)

구분	2008	2009	2010	2011	2012	2013	2014	2015
총액	1,031.4	1,165.9	1,187.9	2,381.9	2,352.8	3,415.9	3,612.0	3,541.0
기동	360.7	324.8	88.5	71.7	191.4	97.8	46.8	441.3
함정	0.9	137	365.5	1,082.2	751.6	837.4	1,239.1	67.6
항공	258.9	98.9	237.8	849.8	652.8	1,590.9	686.7	1,044.1
통신전자	18.4	171.1	23.5	55.5	139.7	5.6	7.7	20.3
탄약	258.3	231.3	340.5	273	427.9	779.4	1,017.3	1,789.3
총포/화력	101.9	159.1	114.9	12	145.8	76.9	587.1	136.6
개인장비/기타	32.3	43.7	17.2	37.7	43.6	27.9	27.3	41.7

이러한 성과는 그동안 국방연구개발에 관심을 가지고 투자를 한 결과로서 T-50 훈련기, K-9 자주포 및 잠수함 등 독자적으로 첨단 무기체계를 개발할 수 있는 기술능력을 보유하고 있기 때문이다. 그러나 최근 선진국은 방산기술에 대한 통제를 강화하고 있으며 미국, 영국 및 프랑스 등 방산 선진국과 경쟁하여야 하는 상황으로, 지속적으로 방산수출을 증가시키기 위해서는 각별한 노력이 요구된다.

국방연구개발에 대한 투자를 단순 소비로 인식하는 경향도 많다. 그러나 국방연구개발은 군 전력 증강은 물론 경제적인 파급효과도 큰 것으로 분석되었다. 국방과학연구소에서 1970년대 이후 2009년까지 수행한 연구개발사업의 경제효과를 분석한 '국방과학연구소 40년 연구개발투자효과'에 의하면 〈표 4-5〉에서 보는 바와 같이 경제효과를 예산절감효과, 전력증대효과, 기술파급효과로 구분하여 제시하였으며 국방연구개발 투자비 16조 원 대비 11.64배인 총 187조 원의 경제효과가 있다고 분석하였다.

〈표 4-5〉 국방연구개발의 미시적 경제효과

총계	예산절감효과	전력증대효과	기술파급효과
187조	162조	24조	1조

출처: 국방과학연구소, 국방과학연구소 40년 연구개발투자효과, 2010.

〈표 4-6〉 방산업체 경영실태

(단위: %)

구분		2004	2005	2006	2007	2008	2009	2010	2011	2012	2013	2014
영업 이익률	방산	3.0	4.7	4.9	4.2	5.0	6.1	7.4	5.7	4.5	2.3	4.5
	제조평균	7.2	6.1	5.3	5.8	5.9	6.1	6.9	5.6	5.1	5.2	4.2
가동률	방산	56.1	57.8	61.0	59.8	60.3	61.8	59.5	59.4	59	58	66.8
	제조평균	80.3	79.8	81.0	80.3	77.2	74.6	81.2	79.9	78.1	76.2	76.1

출처: 한국방위산업진흥회, 방위산업체 경영분석, 2015.

국방연구개발이 활성화되어 경쟁력을 갖기 위해서는 방산업체가 연구개발에 적극 투자하여 기술력을 확보하여야 한다. 이러한 연구개발에 대한 투자는 업체의 경영여건에 의존하게 된다. 그러나 우리의 방산업체는 아직도 좋은 경영상태가 아니다. 국내 방산업체 경영실태는 〈표 4-6〉에서 보는 바와 같이 2008년 기준 영업이익률은 5.0%로 일반 제조업체의 5.9%보다 낮으며, 가동률은 제조업체 평균 77.2%에 비해 역시 낮은 60.3%로 저조하였고, 2011년에는 영업이익률은 5.7%로 일부 향상되었으나 가동률은 59.4%로 오히려 악화되었다. 그리고 2014년도에는 영업이익률은 4.5%로 제조업 평균과 유사하고 가동률은 66.8%로 제조업 평균보다는 낮은 수준이다. 이는 향후 국방연구개발에 대한 투자를 위축시키는 부정적인 결과로 이어질 것이다. 업체의 경영여건이 개선되어야 연구개발에 투자하여 우수한 기술을 확보할 수 있고, 확보된 기술을 바탕으로 연구개발을 수행하여 저렴하면서도 성능과 신뢰성이 뛰어난 무기체계를 개발할 수 있기 때문이다.

2. 민군 국방 R&D 협력

현재 민군 R&D 협력은 민군겸용 기술 개발 및 핵심기술의 산학연 주관 확대 등을 통해 추진하고 있다. 〈표 4-7〉에서 보는 바와 같이 민군겸용 기술 개발은 2007년부터 예산이 지속적으로 증가하였다. 그 이유는 민군사업의 활성화를 위해 방사청-지경부 간 공동 연구개발사업의 추진으로 견마형 로봇, 감시정찰센서 네트워크 등 과제를 착수하였기 때문이다. 이러한 민군겸용 기술사업은 민과 군이 공동으로 활용할 수 있고 타 정부도 공동으로 투자를 하여 기술을 개발하는 것으로 국방기술을 경제적으로 확보할 수 있는 좋은 방안이 될 것이다. 따라서 지속적으로 민군 R&D에 협력과 투자를 확대하여야 할 것이다.

또한 국방기술에 대한 산학연의 관심이 증대되고 있다. 국방기술 이전이 점진적으로 확대되고 있는데, 좀 더 적극적으로 민간으로의 기술 이전을 통해 개발된 국방기술의 활용을 극대화시켜야 한다. 특히 국방기술 민수이전 설명회 등을 적극적으로 개최하여 활용 가능한 분야를 적극 홍보하고 제시하는 노력을 강화하여야 할 것이다.

한편 방위사업청은 2008년부터 신개념 기술시범(ACTD: Advanced Concept Technology Demonstration) 제도를 도입하여 사업을 추진하고 있으며, 개발비를 정부에서 지원하고 있다. ACTD 사업이란 이미 성숙된 기술을 활용하여 새로운 개념의 작전운용능력을 갖는 무기체계 또는 핵심구성품을 개발한 후 군사적 실용성 평가를 통하여 4년 이내의 단기간에 입증하는 사업으로서, 민간의 우수한 신개념 기술을 군에 신속히 적용하여 전력화하는 데 그 목적이 있다. 최근 ACTD 사업 과제 수 및 예산 현황은 〈표 4-8〉에서 보는 바와 같이 매년 증가하고 있다. 그러나 소요군 필요성 검토, 타 사업과의 중복성 및 기술 성숙도 등을 검토한 후 과제를 선정하여 개발하지만 개발 이후에 군 적용에서 미흡하다는 문제가 제기되고 있다.

〈표 4-7〉 민군겸용 기술 개발 현황

구분	2006	2007	2008	2009	2010	2011	2012	2013	2014	2015
사업 수(개)	22	18	22	35	33	36	35	61	92	108
예산(억 원)	88	135	221	242	284	349	409	416	590	660

출처: 『방위사업청 통계연보』, 2016.

〈표 4-8〉 ACTD 과제 수 및 예산 현황

(단위: 건, 억 원)

구분	합계	2008	2009	2010	2011	2012	2013	2014	2015
총 과제 수	42	3	6	9	12	16	4	4	2
착수 과제 수	27	3	4	5	6	9	2	1	2
종료 과제 수	11	-	1	2	3	1	2	3	-
예산액	279.48	15.61	35.69	54.64	74.03	99.51	92.73	77.80	60.41

출처: 『방위사업청 통계연보』, 2016.

3. 연구개발 사업관리

우리의 국방기술은 그동안 향상되기는 하였지만 최근의 무기체계는 고도의 기술을 요구하여 매우 복잡하기 때문에 이전보다 더욱 성공을 보장할 수 없는 실정이다. 무기체계 개발 중 IPT는 많은 관련 기관을 상대하면서 상충되는 의견을 합리적으로 통합하여야 하는 역할을 수행하게 된다. 이러한 관계 속에서 전문성이 없다면 문제를 해결하는 데 어려움이 있고, 문제가 발생하지 않는다고 하더라도 효율적으로 사업을 관리할 수가 없을 것이다. 따라서 무엇보다도 IPT 근무자는 전문성을 가지고 있어야 한다. 또한 잡다한 행정업무를 최소화시켜 사업관리에 전념할 수 있는 여건을 보장해 주어야 효율적인 사업관리를 통해 성능은 우수하게 하고 비용을 절감할 수 있는 지혜도 발휘할 수 있을 것이다.[8]

2006년 방위사업청 개청 이후 사업 수는 증가하고 있지만 IPT 수는 오히려 감

8 김선영, 앞의 글, 2011. 11. p. 75.

소되어 사업관리에 대한 부담은 점점 커지고 있다. 2007년에는 총 61개 IPT에서 총 369개 사업을 관리하였으나, 2015년에는 총 48개 IPT에서 총 432개 사업을 관리하고 있어, IPT당 평균 9개 사업을 관리하고 있는 실정이다. 이는 1~2명이 1개 사업을 관리하는 수준이다.

향후 업체 주관 연구개발이 더욱더 확대되기 때문에 사업관리자의 전문성은 더욱 중요시되고 있다. 보직자격제를 강력하게 시행하고 또한 이를 시행할 수 있도록 강제적으로 교육하는 조치를 해 주어야 한다. 문제를 사전에 발견하여 조치하면 비용 및 기간을 최소화시킬 수 있으나, 개발 완료 이후 야전부대에서 운용 중에 문제가 발생하면 비용을 증대시키는 결과를 초래하게 된다. 이러한 문제의 발견은 전문성이 있어야만 사전에 발견하여 조치할 수 있다.

최근에는 원가 부정에 대한 대책으로 원가검증을 강화하고 있다. 이에 따라 자연스럽게 비용을 원가에 반영하기 쉽지 않게 되었다. 그러나 연구개발에 소요되는 적절한 비용은 원가에 반영이 필요하다. 당장 소요되는 비용만을 생각하여 적절한 비용이 원가에 반영되지 않을 우려가 있고, 업체가 손해를 보게 되는 수준이라면 그 연구개발사업은 성공적으로 수행하기 쉽지 않다. 업체는 손해를 보지 않기 위해 저렴한 부품을 사용할 수 있고, 우수한 기술자를 연구개발에 참여시키지 않을 수도 있기 때문이다.

제4절 국방연구개발 활성화 영향요인 선정

1. 국방연구개발 활성화의 중요성

국방연구개발이 활성화되면 〈그림 4-1〉에서 보는 것처럼 국방기술력은 향상되고, 향상된 국방기술력은 경제적으로 무기체계를 개발할 수 있게 하며, 이를 통해 비용을 절감하면서도 군 방위력개선이 가능하게 되고, 국제 경쟁력을 보유하게 되어 방산수출도 증대되며, 방산수출이 증대되면 업체는 경영여건이 개선되어 다시 국방연구개발에 투자하는 선순환 구조를 이루게 한다.

이러한 국방연구개발 선순환 구조로의 전환의 핵심은 바로 국방연구개발이 활성화되는 것이다. 방산 선진국의 경우 국방연구개발이 활성화되지 않은 국가는 없고, 국방연구개발이 활성화된 미국 및 이스라엘 등의 국가가 방산수출도 많이 하고 있다. 그리고 그러한 국가의 방산업체는 당연히 국제 경쟁력을 보유하고 있다.

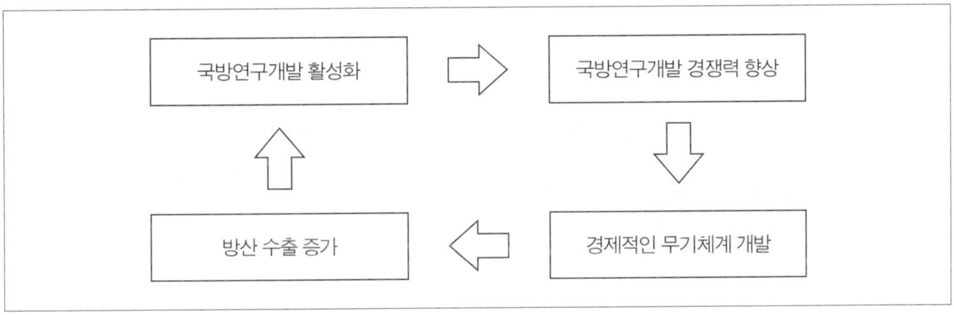

〈그림 4-1〉 국방연구개발 선순환 구조

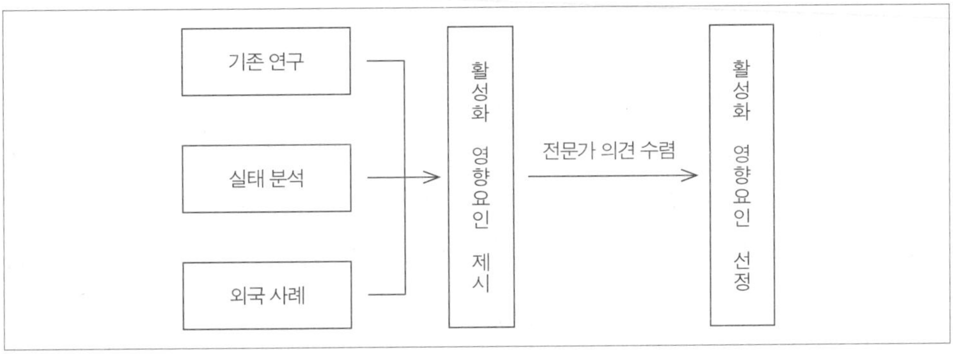

〈그림 4-2〉 국방연구개발 영향요인 선정 절차

국방연구개발 활성화 영향요인 선정 절차는 국방연구개발 활성화 관련 기존 연구와 외국 주요 국가 국방연구개발 발전 동향 및 국내 국방연구개발 실태 분석을 기초로 필자가 초안을 제시하였고, 이후에 전문가 패널 의견을 반영하여 객관적이고 타당성 있는 영향요인이 선정되도록 하였다. 〈그림 4-2〉에서 국방연구개발 영향요인 선정 절차를 도식으로 보여 주고 있다.

2. 국방연구개발 활성화 영향요인 선정

국방연구개발 활성화 영향요인에 관한 연구는 활발하지 않고, 최근 연구도 미흡하며, 연구의 대부분이 국방연구개발 발전 방안을 필자가 주장하는 수준이었다. 김성배 · 한남성(2003)은 국방과학기술 발전 비전과 목표, 국방연구개발 예산의 확대 및 국방연구개발 패러다임의 재정립 등을 제시하였고, 이종진(2004)은 국방연구개발의 정책의지와 실천, 국외 도입 위주 전력획득 정책 재정립, 국방연구개발 투자 및 방위산업 내실화를 위한 경쟁체제 강화 등을, 신양재(2007)는 국방과학기술 진흥 마스터플랜 수립, 국방연구개발 역량 확충, 핵심기술 중심의 개발 강화 등을 제시하였다. 신광식(2009)은 기술 축적 중심의 전력획득 패러다임으로 전환, 국가 R&D와의 연계 및 국방 R&D 정책에 대한 강력한 추진 및 국방연구개발 관련 기관 체제 재정립 등을, 김선영(2011)은 연구개발 투자 확대, 핵심기술 확보, 국제 기술협력 활성화, 국제 공동 연구개발 활성화 등을 제시하였다.

한편 강인호(2012)는 방위사업정책 중기 추진 방향으로 국방연구개발 규모 확대, 연구개발 예산의 효율적 활용, 국방비 대비 국방연구개발 비중의 선진국 수준 확대 등을, 김용환(2009), 권태영 외(2011), 김정호 외(2012)는 각각 다른 연구를 하였으나 국방연구개발 활성화와 관련된 내용은 연구개발의 장기 청사진 작성, 업체 주도 개발 적극 확대, 산학연 능력 적극 활용 등이었다.

연구자는 기존의 국방연구개발 활성화 관련 연구와 주요 국가 국방연구개발 동향, 그리고 국내 국방연구개발 실태분석 등을 기초로 국방연구개발 활성화 영향요인을 제시하였다. 연구자가 제시한 국방연구개발 활성화 영향요인은 〈표 4-9〉에서 보는 것처럼 전력획득 패러다임 전환, 국방연구개발 역량 확충, 개방형 국방 R&D 추진 및 효율적인 개발관리 등 4개 분야에서의 국방연구개발 마스터플랜 수립, 국방연구개발 투자 확대, 민군겸용 기술 개발 강화, 그리고 국방연구개발사업의 성과평가 강화 등 총 18개 영향요인이었다.

〈표 4-9〉 연구자가 선정한 국방연구개발 활성화 영향요인

구분	활성화 영향요인	출처
전력획득 패러다임 전환	국방연구개발 마스터플랜 수립	김성배 · 한남성(2003), 신양재(2007)
	소요기획 체계 개선 (Top-Down 강화)	추가
	국내 연구개발 우선정책 적극 추진	이종진(2004), 신광식(2009)
	핵심기술 확보 후 체계개발 추진	김선영(2011), 신양재(2007)
	방산수출과 연계한 연구개발 추진 (성능 및 비용 등)	신양재(2007)
국방연구 개발 역량 확충	국방연구개발 투자 확대	김성배 · 한남성(2003), 이종진(2004), 김선영(2011), 신양재(2007)
	핵심기술 확보(투자, 정책, 국과연)	신광식(2009), 김선영(2011)
	국과연 중심의 핵심기술 및 전략무기 개발	김성배 · 한남성(2003)
	업체 중심의 체계개발 추진	이종진(2004)
개방형 국방 R&D 추진	민군겸용 기술 개발 강화	신양재(2007), 이종진(2004)
	산학연과의 연구개발 협력 강화	신양재(2007)
	국제협력 연구개발 활성화	이종진(2004), 김선영(2011)
	국가 과학기술 정책과 연계한 국방연구개발 추진	신광식(2009)
효율적인 개발관리	국방연구개발사업의 성과평가 강화	김성배 · 한남성(2003), 신양재(2007)
	국방연구개발 관련 인원 전문성 강화	김선영(2011)
	과학적 사업관리 기법 적극 적용	신광식(2009), 김선영(2011), 신양재(2007)
	적정 실발생 비용을 원가에 반영	추가
	정보 공개 확대(전력 소요 및 예산 등)	추가

앞에서 제시한 국방연구개발 활성화 영향요인에 대하여 전문가 의견 수렴을 실시하여 국방연구개발 활성화 영향요인을 최종 선정하였다. 이때 국방연구개발 관련 기관인 방위사업청, 국과연, 기품원, 국방연 및 업체 소속으로 5년 이상 국방연구개발 관련 업무를 수행한 30명의 전문가를 대상으로 의견을 수렴하였다.

전문가들이 제시한 주요 내용 중에서 '핵심기술 확보 후 체계개발 추진'은 모든 핵심기술을 확보하고 체계개발을 할 수 없는 점을 반영하여 주요 핵심기술을 확보하여야 한다는 것을 세부 내용에 반영하였다. 또한 '절충교역[9]을 통한 기술 확보 및 관리 체계 강화'에 대해서는 1차로 선정한 영향요인에는 반영되지 않았던 요인이나 그 필요성이 인정되어 반영하게 되었다. 구매를 통해 무기체계를 획득할 시 절충교역을 하게 되는데, 2014년 5월 방위사업청이 1983년에서 2013년까지 546건의 사업에 대해 174억 달러의 절충교역 가치를 획득했다고 발표한 점 등이 고려되었다.

'ACTD의 활성화 및 군 적용 강화'는 현 ACTD 제도는 고유의 취지와 목적에 완전히 부합되지 못하고 있다는 의견을 반영하여 추가하였다. 즉 ACTD로 개발한 이후에 군에서 다시 소요를 제기하여 결정되어야 적용할 수 있어서, 성숙한 민간기술을 신속히 적용한다는 취지를 살리지 못해 실제 적용 측면에서는 미흡하다는 현실을 반영한 것이다. '적정 실발생 비용을 원가에 반영'은 최초 '실발생 비용 원가에 반영'을 보완한 것으로, 모든 실발생 비용을 원가에 반영하면 업체가 원가절감 노력을 소홀히 할 우려가 있어 적정 실발생 비용을 원가에 반영한다는 내용으로 보완하였다.

이러한 전문가들의 의견을 반영하여 최종적으로 선정한 국방연구개발 활성화 영향요인은 전력획득 패러다임 등 4개 분야에서 총 20개이며 세부 내용은 〈표 4-10〉에서 보는 것과 같다.

9 절충교역(offset trading)이란 무기 등 군수품 수입의 대가로 상대국으로부터 기술이전을 받거나 부품 등의 구매를 요구하는 교역 형태를 말함.

〈표 4-10〉 국방연구개발 활성화 영향요인 및 세부 내용

구분	활성화 영향요인	세부 내용
전력획득 패러다임 전환	국방연구개발 마스터플랜 수립	국방연구개발에 대한 중장기 목표, 무기체계 개발 계획, 핵심기술 확보 계획 등을 반영한 종합계획 수립
	소요기획 체계 개선	Bottom-up 중심에서 Top-down 중심으로 소요기획 체계 개선 * 합참 차원에서 합동성 및 경제성을 고려한 점진적 ROC를 반영한 소요 제기
	국내 연구개발 우선정책 적극 추진	사업 추진방안 선정 시 일부 연구개발 위험이 있더라도 연구개발의 장점을 고려하여 우선 국내 연구개발로 추진
	핵심기술 확보 후 체계개발 추진	주요 핵심기술은 체계개발과 동시에 개발이 제한되므로 사전에 핵심기술을 확보토록 추진
	방산수출과 연계한 연구개발 추진 (성능 및 비용 등)	제한된 국내 수요를 극복하기 위해 방산수출을 고려하여 국제 경쟁력을 가질 수 있도록 비용 및 성능을 연계하여 개발 추진
국방연구 개발 역량 확충	국방연구개발 투자 확대	선진국 수준으로 국방비 대비 국방연구개발비 투자를 지속적으로 확대
	핵심기술 확보 (투자, 정책)	부가가치가 높은 첨단 핵심기술은 아직도 많이 수입하는 현실을 반영하여 핵심기술 확보를 위한 정책 수립, 투자 확대 추진 및 개발
	국과연 중심의 핵심기술 및 전략무기 개발	핵심기술 및 전략무기는 방산업체의 수행이 제한되므로 국과연 중심으로 개발 추진
	업체 중심의 체계개발 추진	일반 무기체계는 업체 중심으로 개발하여 업체의 기술능력 제고 및 경쟁력 강화
	절충교역을 통한 기술 확보/관리체계 강화	무기체계 구매 시 절충교역을 통해 핵심기술을 최대한 확보하고 이를 체계적으로 관리 및 활용
개방형 국방 R&D 추진	민군겸용 기술 개발 강화	민군이 공동으로 사용할 수 있는 기술의 공동 개발을 강화하고, 기술 개발 결과의 활용성 제고 추진
	산학연과의 연구개발 협력 강화	국방연구개발 국내 기반 조성과 산학연과의 연계 강화를 통한 효율적이고 경제적인 연구개발 기반 강화
	국제 협력 연구개발 활성화	방산수출, 선진국 기술 도입 및 경제적인 연구개발을 위한 국제 공동 연구개발 적극 추진
	국가 과학기술 정책과 연계한 국방 연구개발 추진	국가 과학기술 정책과 연계하여 중복 투자를 방지하고, Spin On, Spin Off, Spin UP 등 민과 군 상호 간 활용성 증대
	ACTD의 활성화 및 군 적용 강화	이미 성숙된 상용 기술을 단기간 시범을 통해 군에 적용하도록 활성화 및 군 적용 강화

구분	활성화 영향요인	세부 내용
효율적인 개발관리	국방연구개발사업의 성과평가 강화	국방연구개발에 대한 준비, 관리, 결과를 강화하여 최대의 성과가 나오도록 유도하고, 필요시 성실실패제도 적용
	국방연구개발 관련 인원 전문성 강화	국방연구개발 관련 기관인 국과연, 기품원 및 방사청 등 업무 관련자의 전문성 강화
	과학적 사업관리 기법 적극 적용	EVMS, SE 등 적응으로 비용, 일정, 성능을 종합적으로 고려한 연구개발이 될 수 있는 기법 적용
	적정 실발생 비용을 원가에 반영	업체의 경영상태가 좋지 않은 점 등을 고려하여 합리적인 수준의 비용은 원가에 반영 * 모든 비용을 원가에 반영하는 것은 원가절감 노력 저해
	정보 공개 확대 (전력 소요 및 예산 등)	업체 및 연구기관이 사전에 준비하도록 무기체계, 핵심기술 및 기술자료 관련 정보를 보안에 위배되지 않는 한 최대한 공개

제5절 AHP 기법을 적용한 우선순위 도출

1. AHP 기법 적용 전문가 설문

국방연구개발 활성화 영향요인에 대하여 중요도를 고려한 우선순위를 도출하는 이유는 전문가들이 중요하게 생각하는 영향요인을 알아보고, 이를 통해 국방연구개발에 관련하여 제한된 여건에서 선택과 집중을 통한 업무를 수행할 수 있도록 하기 위한 것이다. 앞에서 선정한 국방연구개발 활성화 영향요인에 대하여 우선순위를 결정하기 위해 AHP 기법을 이용하여 전문가 설문을 실시하였다.

이때 전문가는 방위사업청, 방산업체, 그리고 국방과학연구소 및 국방기술품질원 등에서 국방연구개발 관련 업무를 5년 이상 수행한 40명을 대상으로 하였다.

2. 설문 결과 종합

국방연구개발 관련 전문가를 대상으로 AHP 기법을 적용한 1, 2단계 분석 결과에 따른 최종 가중치는 1차 분석 결과와 2차 분석 결과의 가중치를 곱하여 도출하였다. 예를 들면 '전력획득 패러다임 전환' 요인 중 '국방연구개발 마스터플랜 수립'의 가중치는 전력획득 패러다임 전환 요인 가중치 0.298과 그중에서 '국방연구개발 마스터플랜 수립'의 가중치 0.325를 곱하여 최종적으로 0.097이 '국방연구개발 마스터플랜 수립'의 가중치로 산정되었다.

국방연구개발 활성화 영향요인에서 가장 중요하게 생각하는 것은 〈표 4-12〉 1, 2단계 분석 결과 종합에서 보는 것처럼 국방연구개발 마스터플랜 수립(0.097)이었고, 이어서 국방연구개발 투자 확대(0.091), 국방연구개발 관련 인원 전문성 강화(0.081)가 매우 높게 나왔고, 다음으로는 적정 실발생 비용을 원가에 반영(0.067), 그리고 핵심기술 확보 후 체계개발 추진(0.059) 순으로 중요도가 높게 나왔다.

〈표 4-11〉 '국방연구개발 마스터플랜 수립' 최종 가중치 산출

구분	영향요인	가중치
1차 분석	전력획득 패러다임 전환	0.298
2차 분석	국방연구개발 마스터플랜 수립	0.325
최종 가중치	국방연구개발 마스터플랜 수립	0.298×0.325=0.097

반면에 ACTD의 활성화 및 군 적용 강화(0.022), 국제 협력 연구개발 활성화(0.024), 정보 공개 확대(0.026), 국방연구개발사업의 성과평가 강화(0.032) 등은 상대적으로 중요도가 낮게 나왔다.

〈표 4-12〉 AHP 설문 결과 종합

구분	상대적 중요도	활성화 영향요인	상대적 중요도	상대적 중요도 (종합)	우선 순위
전력 획득 패러다임 전환	0.298	**국방연구개발 마스터플랜 수립**	0.325	0.097	**1**
		소요기획 체계 개선 (Top-Down 강화)	0.174	0.052	9
		국내 연구개발 우선정책 적극 추진	0.178	0.053	8
		핵심기술 확보 후 체계개발 추진	0.199	0.059	5
		방산수출과 연계한 연구개발 추진 (성능 및 비용 등)	0.124	0.037	13
국방 연구 개발 역량 확충	0.289	**국방연구개발 투자 확대**	0.315	0.091	**2**
		핵심기술 확보(투자, 정책, 국과연)	0.180	0.052	9
		국과연 중심의 핵심기술 및 전략무기 개발	0.191	0.055	7
		업체 중심의 체계개발 추진	0.198	0.057	6
		절충교역을 통한 기술 확보/관리체계 강화	0.116	0.034	15
개방형 국방 R&D 추진	0.172	민군겸용 기술 개발 강화	0.299	0.051	11
		산학연과의 연구개발 협력 강화	0.200	0.034	15
		국제 협력 연구개발 활성화	0.139	0.024	19
		국가 과학기술 정책과 연계한 국방연구개발 추진	0.232	0.040	12
		ACTD의 활성화 및 군 적용 강화	0.130	0.022	20
효율적인 개발 관리	0.241	국방연구개발사업의 성과평가 강화	0.131	0.032	17
		국방연구개발 관련 인원 전문성 강화	0.337	0.081	**3**
		과학적 사업관리 기법 적극 적용	0.147	0.035	14
		적정 실발생 비용을 원가에 반영	0.278	0.067	**4**
		정보 공개 확대(전력 소요 및 예산 등)	0.107	0.026	18

3. 결과 분석 및 제언

앞의 설문 분석 결과 종합에서 보는 바와 같은 연구 결과를 통해 도출할 수 있는 분석 및 시사점은 다음과 같다.

국방연구개발 관련 전문가들은 '국방연구개발 마스터플랜 수립'이 국방연구개발 활성화 영향요인 중에서 가장 중요하다고 생각하고 있었다. 국방연구개발에 대한 비전이나 중·장기적으로 획득해야 할 무기체계, 이에 필요한 핵심기술과 핵심기술을 개발하기 위한 계획 및 투자계획 등이 포함된 마스터플랜 수립의 중요성이 반영된 결과일 것이다. 이러한 전체적인 마스터플랜을 수립하고 수립된 마스터플랜을 기초로 각 분야별로 발전시켜야 한다는 것을 보여 주고 있다.

또한 '국방연구개발 투자 확대'를 두 번째로 중요한 영향요인으로 생각하였다. 국방연구개발이 활성화되기 위해서는 투자가 지속적으로 확대되어야 한다는 것을 보여 주고 있다. 국방연구개발에 지속적인 투자 확대가 없다면 국방연구개발 활성화는 어렵다는 현실을 보여 주고 있다고 생각한다. 따라서 국방연구개발에 투자를 확대하기 위한 다양한 노력을 체계적으로 수행하여야 할 것이다. 국방부, 합참, 각 군 및 방위사업청 등 관련 기관은 국방연구개발비가 지속적으로 확대되도록 각 기관에 부여된 역할에 충실하면서 상호 유기적으로 협조하여야 할 것이다. 국방연구개발에 대한 투자 정도는 국방연구개발비 자체를 확대하여야 하겠지만 국방비 대비 연구개발비 비율을 기준으로 적어도 선진국 수준인 10% 이상은 되어야 할 것이다.

세 번째로 중요하게 생각한 요인은 '국방연구개발 관련 인원 전문성 강화'이다. 국방부, 각 군 및 합참, 국방과학연구소, 국방기술품질원, 방위사업청, 업체 등의 국방연구개발 관련 인원의 전문성에 따라 비용 절감, 최신기술 개발, 상호운용성 증대, 성공적인 개발 및 관리 등이 좌우되기 때문일 것이다. 이를 위해서는 국방과학연구소 및 국방기술품질원 등에 우수한 인력이 선발될 수 있도록 처우를 개선해 주고, 연구개발에 전념할 수 있도록 여건을 보장해 주어야 할 것이다. 방위사업청, 군 및 국방부 등 관련 업무를 수행하는 인력에 대해서는 보직자격제를 적극 시행하고 관련 전문교육을 확대하여야 할 것이다. 중·장기적으로는 가칭 '방위사업교육원'을 설립하여 관련 인원에 대한 전문적인 교육을 체계적으로 시행해야 한다.

네 번째 요인은 '적정 실발생 비용을 원가에 반영'이다. 이는 수년 전부터 일부 원가 부정 문제가 대두되어 원가에 대한 검증이 강화되고 있는 현실이 반영된 것으로 사료된다. 업체 입장에서는 소요된 비용이 원가에 충분히 반영되지 못한다고 생각하고 있으나, 원가검증 업무를 수행하는 사람은 이전에 원가 부정이 있었기에 가능한 한 비용으로 처리하지 않으려는 경향이 있을 것이다. 하지만 방산업체의 가동률이 낮은 것을 고려하여, 또한 우수한 연구개발을 위해서는 적절한 소요 비용은 원가에 반영해 주어야 한다. 업체 입장에서는 어느 정도 이윤이 나와야 고품질의 연구개발을 위해 노력할 것이다. 만일 시험평가에 합격은 했으나 내구성이 없어 자주 고장이 나거나 정확성이 떨어진다면 무기체계는 최소 20년 이상은 운용하기 때문에 이를 수리하기 위한 비용이 더 많이 소요되기 때문이다. 이를 위해서는 정부와 방산업체 간에 상호 신뢰관계가 구축되어야 한다.

한편 '핵심기술 확보 후 체계개발 추진'도 우선순위가 높은 것으로 나타났는데, 그 이유는 모든 핵심기술을 사전에 확보할 수는 없지만 주요 핵심기술이 확보되지 않은 상태에서는 체계개발을 할 수 없다는 엄연한 현실이 반영된 것으로 생각한다. 특히 부가가치가 높은 핵심기술은 사전에 확보하여 외국에 대한 의존을 최소화하여야 할 것이다.

국제 협력 연구개발 활성화, ACTD의 활성화 및 군 적용 강화, 그리고 정보 공개 확대 등은 상대적으로 중요하지 않은 것으로 분석되었다. 국제 협력 연구개발 활성화는 상호 투자 부담을 줄이고 경제적으로 연구개발을 할 수 있어 확대하여 추진해야 하지만, 이를 위해서는 상대국과 여러 가지 이해관계가 맞아야 하므로 단기간에 가시적인 성과를 내기가 쉽지 않은 현실이 반영된 것으로 생각한다. ACTD 활성화 및 군 적용 강화는 국방연구개발에서 차지하는 비중이 상대적으로 작아 중요도가 높지 않은 것으로 나타났고, 정보 공개 확대는 그동안 정부에서는 이를 위해 많은 노력을 해왔는데, 이러한 노력의 결과로 정보 공개에 대한 어느 정도의 만족이 있으며 지나친 정보 공개는 군사비밀이 많이 포함되어 있어 곤란한 현실이 반영된 것으로 사료된다.

제6절 결론

국방연구개발 활성화는 국방기술력을 확보하게 하여 경제적으로 무기체계를 개발하게 하고 방산수출에도 기여하게 하는 선순환 구조의 핵심이다. 본 연구에서는 AHP 기법을 적용하여 국방연구개발 활성화 영향요인을 분석하였다. 선행연구 및 전문가 의견을 반영하여 선정한 국방연구개발 활성화 영향요인은 전력획득 패러다임 전환, 국방연구개발 역량 확충, 개방형 국방 R&D 추진, 그리고 효율적인 개발관리 등 4개 분야에서 국방연구개발 마스터플랜 수립, 국방연구개발 투자 확대, 민군겸용기술 개발 강화, 국방연구개발사업의 성과평가 강화 등 총 20개가 선정되었다.

선정된 국방연구개발 활성화 영향요인에 대하여 국방연구개발 관련 전문가를 대상으로 AHP 기법을 적용하여 영향요인별 우선순위를 도출하였다. 그 결과 국방연구개발 마스터플랜 수립, 국방연구개발 투자 확대, 국방연구개발 관련 인원 전문성 강화 순으로 우선순위가 높은 것으로 분석되었다. 그러나 상대적으로 ACTD의 활성화 및 군 적용 강화와 국제 협력 연구개발 활성화 등은 낮은 것으로 나타났다. 이러한 연구 결과는 국방연구개발 관련 전문가들은 무엇보다도 전체적인 국방연구개발에 대한 마스터플랜의 수립을 가장 중요하게 생각하였고, 국방연구개발에 대한 지속적인 투자 확대 및 국방연구개발에 대한 전문성 강화를 매우 중요하게 생각한다는 것을 보여 주었다.

이러한 연구 결과는 국방연구개발에 대한 충분한 예산 확보가 어렵고 시간도 제한되는 환경에서 국방연구개발 관련 업무를 수행하는 기관이나 인원들이 선택과 집중을 하는 데 좋은 참고가 될 것으로 믿는다. 본 연구 결과에서 가중치가 높다고 해서 그것만이 중요한 것이고, 낮다고 무시해도 된다는 것은 아닐 것이다. 여기에서 도출된 국방연구개발 활성화 영향요인은 모두 중요하기 때문에 선정이 된 것이다. 따라서 영향요인 각각에 대하여 별도의 구체적인 추가 연구와 검토가 이루어져 각 요인별로 발전되어야 할 것이다.

현재도 국방연구개발을 활성화시키기 위한 연구와 노력은 하고 있지만 체계적이고 구체적인 내용에 대해서는 미흡한 것으로 보인다. 국방연구개발 활성화는 국방기술력을 향상시켜 독자적인 무기체계를 경제적으로 개발할 수 있도록 하여 군 전력증강 및 방산수출의 향상에도 결정적으로 기여할 것이므로 정부 차원에서 더욱 관심을 가지고 노력하여야 할 것이다.

제5장

무기체계 연구개발 시스템 혁신 방안

방위사업관리를 통해 매년 10조 원 이상을 집행하고 있으며, 국가안보에 미치는 영향이 지대하므로 이는 매우 효율적이고 경제적으로 투명하게 추진되어야 한다.

이를 위해 그동안 많은 과정을 거치며 제도 개선을 추진하였지만 아직도 부족한 부분이 많다. 특히 융통성이 필수적인 사업관리에서 융통성이 없는 조직에서 사업관리를 수행해야 한다는 문제와 조직·인력이 미흡한 상태에서 포괄적인 책임을 지는 IPT 제도를 적용하는 문제도 있다.

또한 연구개발 및 시험평가 시스템에 대한 문제와 전문성 향상, 그리고 이들과 연계된 관련 기관 간의 책임과 역할을 재정립해야 한다는 요구가 매우 높다.

제1절 서론

방위사업은 국가 안보와 국민의 생명이 걸린 매우 중요한 사안이다. 따라서 관련 기관은 소요군이 요구하는 성능의 신뢰성 있는 무기체계를 획득하여 최상의 전투력을 발휘할 수 있도록 최선을 다하여야 한다. 또한 그 과정에서 규정과 절차에 따라 투명하고 경제적이고 효율적으로 추진되어야 한다. 방위사업을 추진하다가 부실 및 시행착오, 비리 등으로 문제가 발생하면 국가 안보에 차질이 생길 수 있으며, 정부에 대한 국민 불신은 커지고 때로는 막대한 예산 및 행정 낭비 등 피해가 매우 심하기 때문이다.

방위사업은 현실적으로 국가가 있는 한 포기할 수 없는 것이다. 아무리 어렵고 힘이 들어도 누군가는 해야 할 일이다. 사명감과 자부심을 가진 유능한 전문가에 의해 업무가 추진되어야 획득 기간은 단축하면서 비용은 절감할 수 있고 나아가서는 국민경제에도 크게 기여할 수 있을 것이다.

2006년 방위사업청이 개청되면서 우리의 방위사업 관련 시스템에 많은 변화가 있었다. 즉 국방부 및 각 군 등 무기 획득과 관련된 많은 조직이 통폐합되었다. 그동안의 성과를 살펴보고 방위사업 관련 조직과 사업관리제도, 전문성 및 시험평가 관련 사항 등 무기체계 연구개발 시스템에 대한 혁신 방안을 생각해 보는 것은 매우 의미 있는 일이라 생각한다.

제2절 방위사업 특수성 및 그동안의 성과

1. 방위사업 특수성

방위사업은 일반 사업과는 다른 특성이 있다. 이에 따라 별도의 방위사업법, 관련 규정과 합참(군), 국방부 및 방사청 등 관련 기관에 의해 수행되고 있다. 하지만 최근 그 특수성을 인정받지 못하고 오히려 특수성 때문에 생길 수밖에 없는 과정마저도 문제가 되는 경우가 있었다. 특수성을 지나치게 강조해서도 안 되겠지만 반대로 특수성을 무시해서도 안 될 것이다. 이 특수성에 대한 이해가 필요하며 이를 반영한 규정, 절차 등이 정립되어야 합리적이고 효율적으로 방위사업이 추진될 수 있을 것이다. 그런 차원에서 방위사업의 특수성을 살펴보았다.

1) 많은 관련 기관이 연관된 협업이 절대 필요

방위사업은 어떤 특정 기관에 의해 독립적으로 수행되는 것이 아니라 정부와 군, 업체 등 많은 관련 기관이 공동으로 수행하는 구조로 되어 있다. 무기체계를 운용하는 합참에서 현재 및 장차 예상되는 적 위협에 대비하기 위한 무기소요를 결정하면, 방사청에서 선행연구를 통해 구매 또는 연구개발 등 획득 방법을 결정하여 그에 따라 사업을 추진한다. 이후 군 및 합참에서 주관하는 시험평가에 합격하면 군에 전력화되어 운용하게 된다. 이러한 과정에서 국방부에서는 획득 관련 주요 정책결정을 하며 기재부 및 국회에서는 예산을 승인해 준다. 이와 같이 방위사업은 많은 기관이 관련되어 추진되기에 때로는 각 기관마다 입장이 상충될 수도 있어 어려움을 겪기도 한다. 따라서 관련 기관 간의 협업이 절대 필요하며 협업 차원을 벗어난 문제에 대해서는 제도적으로 뒷받침되어야 한다.

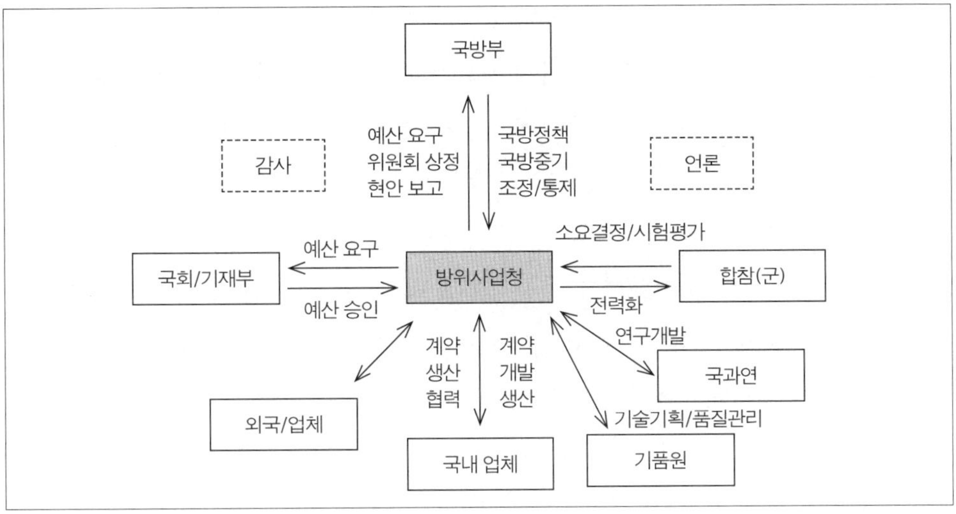

〈그림 5-1〉 방위사업 관련 기관 기능과 역할

2) 수요의 제한 및 정부 예산에 의존

무기체계는 수출을 통해 새로운 수요를 창출할 수 있기는 하지만 기본적으로 군이 유일한 수요자로서 수요가 제한된다. 즉 군에서 어떤 무기체계가, 어떤 수량으로, 어느 시기에 필요한지를 결정하게 된다. 그리고 이를 획득하기 위한 예산도 정부에서 결정한다. 따라서 방산업체의 생산 활동 및 경영여건은 정부의 정책과 예산에 전적으로 의존할 수밖에 없는 구조이다.

또한 많은 경우 방산물자별로 방산업체가 지정되어 개발 및 생산을 하게 되므로 공급도 독점적 형태가 되는 경우가 많다. 따라서 수요와 공급 법칙에 따라 자연스럽게 가격이 결정되는 것이 아니라 정부의 예산과 쌍방의 교섭력에 의하여 가격이 결정되기 때문에 때로는 원가 문제가 대두되기도 한다. 최근에는 경쟁을 확대하는 정부정책에 따라 업체 간 경쟁이 치열하게 됨으로써 저가 입찰 및 민원 등으로 사업관리에 큰 어려움을 겪는 경우가 많다.

3) 높은 위험 부담

오늘날 무기체계는 정밀하고 신속하지 않으면 군사적 목적을 제대로 달성할 수가 없어 첨단 과학기술과 정보화에 부응할 수밖에 없는 구조를 가지고 있다. 이런 점에서 방위사업은 최첨단 과학기술이 동원되는 기술집약적 산업으로서 새로운 무기체계의 개념 도출에서부터 연구개발, 양산, 배치 및 폐기까지 장기간이 소요된다. 전차용 1,500마력 파워팩 개발이나 K11 복합형 소총 등의 개발 문제를 통해 위험 부담이 매우 크다는 사실을 알 수 있다.

기본적으로 첨단 무기체계를 성공적으로 획득하는 데에는 많은 어려움이 내재하고 있다. 국방기술은 비밀로 분류하여 관리하는 경우가 많아 기술정보 습득이 쉽지 않고 첨단 기술은 단기간에 향상되기도 어렵다. 더구나 최근의 무기체계는 세계 최고 수준으로 최첨단의 기술이 요구되는데 국방기술은 부족하고, 예산 및 획득기간은 충분하지 않기 때문에 위험 부담은 더욱 커지는 것이다.

4) 높은 수준의 보안 요구

국가 방위를 위한 무기체계 관련 주요 정보는 군사비밀로 지정되어 엄격하게 관리되고 있다. 무기체계에 대한 중요 정보가 공개될 경우 상대국에서는 대응무기 개발 등 대책을 강구할 수 있고, 자국의 안보정책 또는 약점도 노출될 수 있기 때문이다. 방산기술 및 무기체계 관련 기밀의 누설은 국가안보에 치명적인 타격을 줄 수 있으므로 국가적 차원에서 고도의 보안이 요구되는 것이다. 이에 따라서 정부에서는 많은 사항을 군사비밀로 분류하여 관리하고 있는데 이에 따라서 관련 정보에 대한 공개가 어려워 사업 추진을 어렵게 하는 측면으로 작용하기도 한다. 방위사업을 효율적이고 투명하게 추진하려면 가능한 모든 정보를 공개하는 것이 필요하기는 하지만, 많은 내용이 군사비밀로 지정되어 있어서 이를 모두 공개하지 못한 상태에서 사업을 추진해야 하는 어려움도 있는 것이 사실이다.

2. 그동안의 방위사업 성과

1970년 국방과학연구소 창설과 함께 시작된 방위사업은 2006년 방사청이 개청

되는 등 많은 변화를 거치면서 오늘에 이르고 있다. 그동안의 성과를 살펴보는 것은 그렇게 단순하지 않을 것이나 어느 정도 가시적으로 보여 줄 수 있다고 생각되는 군 전투력 증가, 국제 경쟁력 향상, 그리고 고용 창출 등 국민경제에 대한 기여를 중심으로 살펴보았다.

1) 군 전투력 증강을 통해 국가 안보에 기여

방위사업의 성과는 무엇보다도 무기체계를 획득하여 군에 전력화시킴으로써 세계 10위권 정도의 국방력을 가지게 되었다는 것이다. 이러한 전투력은 평시에는 적이 침략을 하지 못하도록 전쟁을 억제할 뿐만 아니라 전시에는 적과 싸워 승리할 수 있는 기초가 된다. 이러한 무기체계를 도입하기 위해 그동안 많은 사람들의 노력이 있었으며, 어떤 분은 사고로 인하여 다치거나 때로는 목숨을 잃는 경우도 있었다.

먼저 육군 무기를 보면 세계 최고의 전차 K2 전차, 수륙양용 전투용 K21 장갑차, 세계적으로 성능을 인정받는 수출 효자 무기인 K-9 자주포, 우리 기술로 개발한 수리온 헬기, 그리고 적 전차의 킬러인 아파치 헬기 등이 있다. 해군 무기체계로는 세종대왕함(이지스함), 잠수함, 해상초계기 P-3C, 해상작전 헬기 등이 운용되고 있다. 그리고 공군 무기체계는 F-16 전투기, 공중조기경보기, FA-50 등이다. 또한 장거리 현무 순항미사일, 공대지 미사일 타우러스 등 많은 다양한 무기체계를 전력화함으로써 국가 안전보장에 큰 역할을 하고 있다. 최근에는 북한의 핵·대량살상무기 위협에 대비하기 위한 킬체인(Kill Chain), 한국형미사일방어(KAMD)체계 및 대량응징보복(KMPR)체계 구축을 위해 노력 중이다.

〈표 5-1〉 전력화된 주요 무기체계

구분	내용
육군	K-9 자주포, K2 전차, K21 장갑차, 수리온 헬기, 아파치 헬기 등
해군	세종대왕함(이지스함), 전투함, 잠수함, P-3C, 해상작전 헬기 등
공군	FA-50, F-16 전투기, 공중조기경보기, 정찰용 무인기, F-35 도입 등
기타	현무 미사일, 타우러스 공대지 미사일 * 킬체인(Kill Chain), 한국형미사일방어(KAMD)체계, 대량응징보복(KMPR)체계 구축 추진

2) 국제 경쟁력 향상 및 방산수출 증가

그동안 정부는 무기체계 개발을 위한 국방 R&D 및 핵심기술 등에 투자를 지속적으로 확대하여 왔다. 『2016년 방사청 통계연보』에 따르면 국방 R&D 투자는 2011년에 2조여억 원이었던 예산이 2016년에는 2.5조여억 원으로 약 25%가 증가하였다. 핵심기술 투자 규모도 2006년 500여억 원에서 2015년도에는 5.2배인 2,600여억 원으로 대폭적으로 증가시켜 기술을 확보하기 위해 노력하였다.

〈표 5-2〉 국방비 및 국방 R&D 변동 현황

(단위: 억 원, %)

구분	2011	2012	2013	2014	2015	2016
국방비	314,031	329,576	344,970	357,056	374,560	387,995
전년 대비 증가율(%)	6.2	5.0	4.7	3.5	4.9	3.6
국방 R&D	**20,164**	**23,210**	**24,471**	**23,345**	**24,355**	**25,571**
전년 대비 증가율(%)	12.4	15.1	5.4	△4.6	4.3	5.0
국방비 대비 점유율(%)	6.4	7.0	7.1	6.5	6.5	6.6

또한 2009년 전문화·계열화제도를 폐지하였고, 방산중소기업 육성사업 예산도 2010년 4.9억 원에서 2014년 42억 원으로 8.5배 증가시켰다. 그리고 수출 시 기술료 감면, 무기체계 개조 개발 지원, 수출인력 양성 지원 및 정부 간 협력 체결 강화 등 다양한 방산수출 지원정책을 추진하였다. 민간기술의 국방이전 및 국방기술의 민간이전 활성화를 통한 국가경쟁력 증진과 산업경쟁력 확보를 위해 민군겸용 R&D 투자도 2006년 90억 원에서 2015년 660억 원으로 예산을 7.3배 확대하였다.

이러한 노력의 결과로 우리의 국방기술력은 많은 향상을 가져왔다. 국방기술품질원에서 발간한 『2015 국가별 국방과학기술 수준 조사서』에 따르면, 우리나라 국방과학기술 수준은 세계 주요 16개국 중에서 이탈리아와 공동 9위로 지난 2012년 대비 한 단계 상승했으며, 최고 선진국인 미국 대비 평균 81%로 나타나 선진국 수준으로 분류되었다. 또한, 기동 분야가 84%로 가장 높으며, 국방 모델링&시뮬레이션(M&S) 및 국방 소프트웨어(SW) 분야가 77%로 가장 낮은 것으로 나타났다. 그리고 업계의 노력이 시너지 효과를 발휘함으로써 수출액이 2006년 2.5억 달러에서 2014년 36억 달러로 14배가 증가되는 성과도 있었다.

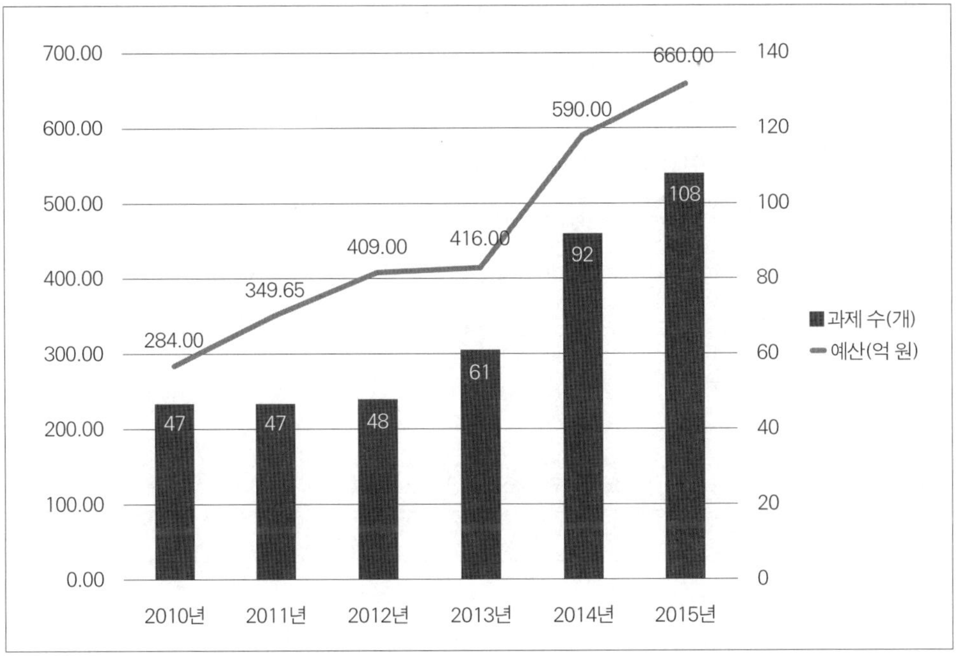

〈그림 5-2〉 연도별 민군기술 협력사업 예산 및 과제 증가 현황

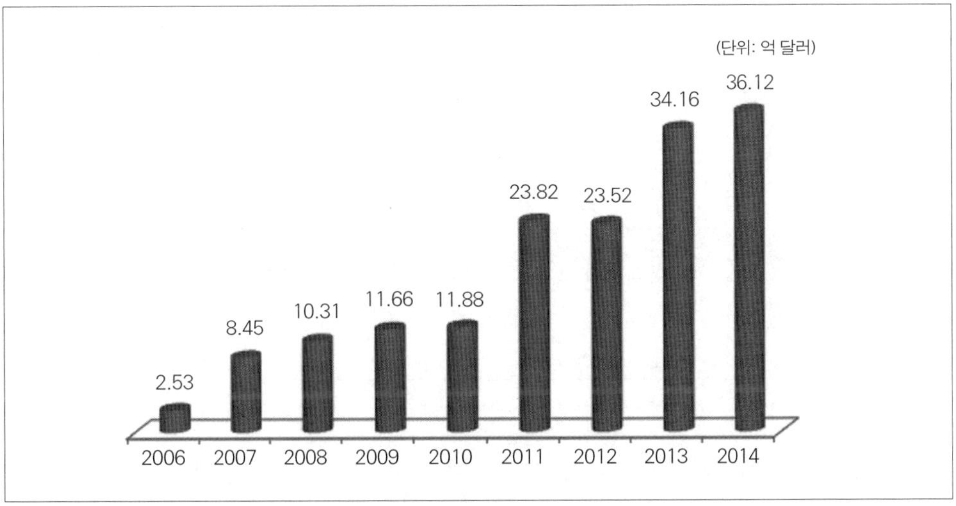

〈그림 5-3〉 방산물자 수출 증가 현황

3) 고용 창출 등 국민경제에 기여

2013년 산업연구원에서 발간한 『2012 방위산업 통계 및 경쟁력 백서』에 따르면 2008~2011년 4년간 우리나라 방위산업의 연평균 고용 증가율은 6.3%로 같은 기간 국내 제조업의 고용 증가율(1.1%)을 크게 웃돌았다. 해당 기간 국내 제조업과 방위산업의 생산액 증가율이 각각 10.0%, 10.7%로 비슷했던 점을 고려하면 방위산업이 제조업에 비해 6배가량 고용을 더 확대한 셈이다.

방위산업 전체 인력(3만 1천704명)의 26%는 석·박사 중심의 고급 연구개발(R&D) 인력으로 나타났다. 이는 국내 주력 제조업인 자동차(11.3%), 기계(7.8%), 철강(3.2%), 조선(3.1%) 등에 비해 크게 높은 수준이다. 고비용 첨단기술이 요구되는 산업 특성상 연구개발에 많은 자원이 투입되기 때문으로 분석된다.

〈표 5-3〉 고용 증가율 및 고급 인력 비교

구분	방위산업	국내 제조업	비고
고용 증가율	6.3%	1.1%	6배
고급 인력(석 · 박사)	26%	자동차: 11.3%, 기계: 7.8%, 철강: 3.2%	

또한 방위사업을 통해 확보된 기술은 민간에 이전하여 경제활동에 활용되도록 하고 있다. 2006년 15개 기술을 19개 기관에 이전하였는데, 2015년에는 97개 기술을 58개 기관에 이전하여 확보된 기술이 민간에서 최대한 활용되도록 노력하고 있다.

〈표 5-4〉 국방기술 민수이전 실적

구분	2006	2007	2008	2009	2010	2011	2012	2013	2014	2015
이전 기술(개)	15	21	24	30	39	48	38	52	81	97
이전 기관(개)	19	22	27	24	24	18	17	39	61	58

흔히 국방 R&D에 투자하는 것을 단순 소비로 인식하는 경향이 많다. 그러나 국방 R&D 투자는 경제적인 파급효과도 큰 것으로 분석되었다. 2010년 국방과학연구

소에서 연구한 '국방과학연구소 40년 연구개발투자효과'에 의하면 국방 R&D 투자의 경제효과를 예산절감효과 162조 원, 전력증대효과 24조 원, 그리고 기술파급효과 1조 원으로 제시하였는데, 이는 국방 R&D 투자비 16조 원 대비 11.64배로 총 187조 원의 경제효과가 있는 것으로 분석되었다. 최근에는 조선·해운업의 어려운 사정을 고려하여 수천억 원의 예산이 투입되는 군함 건조를 조기에 발주하였으며, 매년 편성된 예산을 조기에 집행하기 위해 주기적으로 집행점검회의도 실시하고 있다.

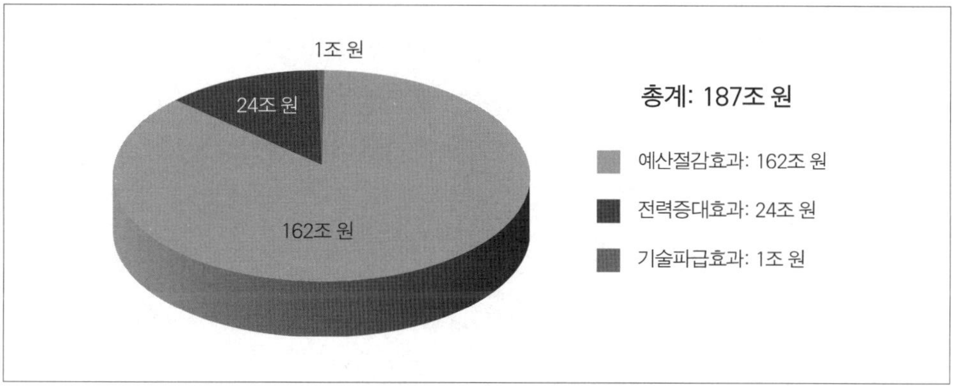

〈그림 5-4〉 국방 R&D 투자의 경제효과

제3절 연구개발사업 사례 분석

국내 연구개발은 핵심기술이나 무기체계를 국내에서 처음으로 개발하는 것으로 기술적 난이도가 높은 최첨단 장비를 개발할 시에는 문제가 발생할 가능성이 더욱 커지게 된다. 그러나 연구개발 과정에서 모든 문제를 해결하고 일단 개발이 완료되어 야전에 배치가 되면 문제가 발생하지 않도록 하여야 한다. 이를 위해서는 관련 기관이 공동으로 노력하여야 하며 이를 제도적으로 뒷받침할 수 있도록 관련 시스템을 개선하여야 한다.

최근까지 문제가 되고 있는 1,500마력 파워팩과 연계된 K2 전차, 침수사고가 있었던 K21 보병전투차량 및 K11 복합형 소총은 모두 세계 최고 수준의 성능을 가졌으며 개발에 성공하면서 우리가 자랑하던 무기체계이다. 그러나 아쉽게도 개발에는 성공하였으나 일부는 문제가 발생하여 정상적으로 전력화를 추진하지 못하게 되었고 수출에도 악영향을 미치고 있다.

1) 1,500마력 엔진 · 변속기

1,500마력 엔진 · 변속기 연구개발사업은 2005년부터 725억 원을 투자하여 K-2 전차 양산 시 탑재할 1,500마력 엔진 · 변속기를 핵심기술로 연구개발하는 사업이었다. 그러나 1,500마력 엔진 · 변속기가 계획했던 기간 내에 개발이 되지 못했고 수차례에 걸쳐 개발이 연기되었다. 그 결과 K2 전차의 전력화 지연으로 혼란이 있었는데 그 원인을 다음과 같이 분석해 보았다.

첫째, K2 전차의 전력화 지연 문제는 1,500마력 파워팩 개발에 대한 충분한 기술 수준 조사와 분석이 없이 다소 의욕이 앞서 추진한 측면이 있었다. 1,500마력 파워팩 개발은 핵심기술사업 중 최초로 업체 주관 사업으로 추진하였다. 그러나 개발업체가 보유한 기술능력이 1,500마력 파워팩을 독자적으로 단기간 내에 개발하기 어렵다는 것을 사업계획 수립 시에 인지하지 못하였다고 분석할 수 있다.

둘째, 연구개발은 개발 중간 항상 어떤 난관에 봉착할지 모르는 위험을 안고 있다. 특히 최첨단의 기술을 요구하는 파워팩 개발은 더욱더 그렇다고 볼 수 있다. 따라서 충분한 개발 기간과 예산을 보장해 주었다면 좋았을 것이라는 아쉬움이 있다. 동시에 과도한 작전운용성능(ROC: Required Operational Capability)을 한 번에 달성하기 위한 욕심보다는 단계별로 성능을 향상시키는 진화적 개발 전략을 적극 적용할 필요가 있다.

셋째, 사업관리 측면에서 연구개발 성공 가능성에 대한 냉철한 분석을 통해 사업 추진 일정을 정확히 판단하고 대비했어야 한다. 1,500마력 파워팩 개발이 불확실한 상황에서 K2 전차 전력화를 계획함으로써 수차례에 걸쳐 전력화가 지연되고 있다.

2) K21 보병전투차량

K21 보병전투차량 사업은 기존 장갑차(K-200)보다 기동력 · 화력 · 방호력 등이 우수한 세계 최고 수준의 장갑차를 연구개발로 확보하는 사업이다. 그러나 K21 보병전투차량은 2010년에 침수사고가 발생하여 장비의 수상운행 성능을 개선하기 위해 전력화가 지연되었는데 그 문제점을 분석해 보았다.

첫째, 연구개발과 연구개발 시스템 미흡이다. 연구개발자는 연구개발 중간 예상되는 문제를 식별하여 해결하거나, 자체 시험평가를 통하여 문제가 발생하지 않도록 하여야 한다. 이때 기본적으로 요구 성능 충족은 물론 안정성이 보장된 무기체계를 개발하여야 한다. 연구개발 시스템 측면에서 국과연 주관 연구개발사업은 규격화가 완료되면 국과연의 개발조직은 해체되고, 사업관리 업무는 IPT로 이관되게 되어 있다. 그러나 소수의 인원으로 사업을 관리하는 IPT에서 전력화를 시키기까지는 시험평가 시 제기되었던 보완 요구사항에 대한 조치와 기타 많은 기술변경 소요를 적절하게 처리하기에 어려움이 있다.

둘째, 수상운행 능력에 대한 작전운용성능의 적절성이다. 개념연구 과정에서 장갑차의 차체 부력으로는 수상운행 능력 개발이 제한됨을 인지하였으나, 군의 기계화부대 도하작전 요구를 충족시키기 위해 개발 기관과 군 등이 합의하에 에어백을 장착하는 형태로 수상운행 능력을 개발하게 되었다. 중량이 20톤 이하인 장갑차는 차체 부력을 이용하여 수상운행이 가능하다. 여기에는 K-200(13톤), BMP-3(러시아, 18.7톤), M113A1(미국, 11톤) 등이 있다. 그러나 20톤 이상인 경우에는 수상운행이 불가능하다. 여기에는 M2A3(미국, 30톤), PUMA(독일, 31톤), Warrior 2000(영국, 31톤) 등이 있다. 하지만 K21은 25톤으로 차체부력으로 수상운행이 제한됨에도 에어백을 장착하는 형태로 개발함으로써 제한된 수상운행 능력을 보유하게 된 것이다.

셋째, 다양한 운용환경을 고려하지 못한 제한된 시험평가를 실시했다는 것이다. 운용시험평가(OT: Operational Test) 시 악조건이라 판단한 전투 모드(모든 인원, 장비, 물자를 탑재한 조건)에서 시험을 실시하였으나, 공차 모드(인원, 장비, 물자를 일부 탑재한 조건)에서는 충분한 시험을 실시하지 않음으로써 차체가 전방으로 쏠리는 현상이 발생하는 것을 인지하지 못했다.

넷째, 형상관리 시스템 미흡이다. 파도막이에 대한 기술자료 작성이 부실하였는데 파도막이 강도, 중량, 프레임 제작 방법, 공정 등에 대한 기준이 없어 제작된 파도막이의 신뢰성이 저하되었다. 그리고 형상관리 체계의 책임관계가 모호하다는 점이 있다. 형상통제 시 IPT는 1급 승인, 기품원은 2급 승인 후 군수조달실무위원회에서 최종 심의하여 의결하게 되어 있다. 그러나 기술변경 승인 및 심의 의결 사항에 대하여 문제가 발생할 시에는 관련 기관(부서) 간 책임 소재가 상충될 소지가 있다.

3) K11 복합형 소총

K11 복합형 소총은 근접전투 시 주야 정밀사격으로 적 밀집부대, 은폐·엄폐된 표적을 효과적으로 제압할 수 있도록 보병분대, 특수전부대 등에 배치하기 위해 개발하였으며 2010년부터 야전에 배치를 추진한 사업이다. 그러나 K11 복합형 소총도 야전에 전력화된 이후 얼마 되지 않아 결함이 발생하여 문제가 되어 개선을 추진하고 있다. 이에 대하여 다음과 같이 분석할 수 있다.

첫째, 연구개발 완료 후 양산체제로의 전환의 미흡이다. K11 복합형 소총은 전자공학에 기반을 둔 정밀화기로 기존의 일반적인 수준의 양산 준비보다는 높은 수준의 양산 준비가 요구되었으나, 기존의 기계식 총기 생산 경험에 의존하여 양산을 함으로써 불량이 많이 발생하게 되었다고 분석할 수 있다.

둘째, 개발 완료 당시의 규격으로는 양산 시 그대로 적용하는 데 어려움이 있었다. 즉 연구개발 완료 후 양산체제로 전환하면서 기술변경 소요가 많이 발생하였고, 특히 품질에 직접 영향을 주는 기술변경 사항과 사통장비에 대한 내구도 시험 기준 등에서 일부 충분하지 못했다고 분석할 수 있다.

셋째, K11 복합형 소총은 최첨단의 기술이 적용되어 어떤 예측하지 못하는 문제가 발생할지 모르는 상황이었다. 따라서 야전 운용을 고려한 다양한 시험평가를 통해 문제를 사전에 확인하고 보완했어야 한다.

모든 연구개발에는, 특히 최첨단 기술을 적용하는 무기체계 개발에는 실패할 가능성이 있기 때문에 최선을 다해 개발을 하였음에도 목표에 도달하지 못했다면 바로 실패로 간주하고 불이익을 주는 것이 아니라 사정을 살펴 실패도 인정해 주는 제도가 필요하다. 첨단 기술 개발은 때로는 실패 과정을 거치면서 개발에 성공할 수 있기 때문이다.

제4절 연구개발 시스템 혁신 방안

1. 조직 · 기능 혁신

1) 본부의 조정 · 통제, 대외 기능 강화

모든 조직은 조직의 비전과 목표를 효율적으로 구현하기 위하여 정책이나 집행의 특정 기능에 집중된 형태로 운영하고 있다. 중앙 부처의 경우에는 정책적 기능에 집중하고 있으며, 사업의 집행 기능은 산하 기관 등을 통해 수행하고 있다. 우리나라 청 단위 중앙 행정조직의 경우에도 주로 정책 관련 업무의 원활한 수행을 위한 조직 형태로 되어 있으며, 집행을 병행하는 경우는 거의 없다. 조달청의 경우에는 정부 및 일반 물자의 조달 기능을 위한 전담 조직으로 집행 기능을 담당하고 있으나, 동일한 조달 시스템을 여러 사업에 공통적으로 운영하고 있기 때문에 사업별로 특성화된 조달 업무를 수행하지는 않는다. 중소기업청이나 병무청의 경우에도 정책과 집행의 기능을 담당하고 있으나, 본청은 정책 기능에 집중하고, 지방청은 집행 기능을 담당하는 이원화된 조직으로 운용되고 있음을 알 수 있다.

하지만 방사청은 직접 정책 기능과 집행 기능을 통합하여 수행하고 있다. 이에 따라 각각의 기능에 역량을 집중하기에 어려움이 있으며, 대외 협력 · 대응도 미흡한 것으로 보인다. 특히 사업관리를 담당하는 가장 말단의 실무 담당자를 중심으로 국회, 합참, 기재부, 국회 등 대외기관을 직접 대응하고 협력해야 함으로써 청 전체 입장에서 협조 및 대응이 미흡하고, 본래의 사업관리 업무에도 집중할 수가 없어 사업이 부실하게 추진될 우려도 있다.

〈표 5-5〉 청 단위 기관 업무 수행체계 비교

구분	조달청	중소기업청	병무청	방위사업청
내용	• 청본부: 정책 • 지방청: 집행 * 동일 시스템 공통 적용	• 청본부: 정책 • 지방청: 집행 * 동일 시스템 공통 적용	• 청본부: 정책 • 지방청: 집행 * 동일 시스템 공통 적용	정책 + 집행 * 사업마다 변수 매우 많음
비고	정책과 집행 기능이 이원화됨			정책과 집행 기능을 동시 수행

따라서 방위사업을 효율적으로 추진하기 위한 조직으로의 발전이 필요하다. 우선 청본부 및 각 본부의 조정·통제, 협력 기능을 강화해야 한다. 방사청은 매우 많은 이해관계자 및 기관이 연관되어 업무를 수행한다. 따라서 그러한 특성에 부합된 기능을 보강해 나가야 한다. 이를 통해 청 전체 차원에서 조정·통제, 대외협력 및 협조, 대응을 능동적이고 체계적으로 수행하고, 사업관리자는 본래의 업무인 사업관리 업무에 집중할 수 있어야 한다.

2) 사업관리 전문 기관으로 국방사업관리원 창설

중·장기적으로 정책과 집행 기능을 이원화하여 각각의 기능에 집중할 수 있도록 해야 한다. 전문적이거나 장기간의 경험이 필요하거나 지속되고 반복되는 업무 등은 중앙 부처의 역할로는 부적절하다고 생각한다. 일반적으로 중앙 부처는 정책을 수립하고 관련 기관의 조정·통제, 대외 협력 등의 역할을 수행하고 있다. 이러한 차원에서 사업관리본부는 가칭 '국방사업관리원'으로, 계약관리본부는 '국방계약관리원'으로 각각 전환하는 방안이 효율적이라 생각한다.

〈표 5-6〉 방사청 단계별 조직 발전 방안

구분	내용	비고
단기	본부에 조정 · 통제, 대외 협력 기능 강화 * 청 전체 입장에서 조정 · 통제, 대외 협력 · 대응 강화 * 사업관리 전문 인원은 추가 채용하여 사업관리에 지원	-
중 · 장기	사업관리본부 및 계약관리본부를 출연기관으로 전환 * 청본부는 정책 및 대외협력 등에 집중 가능하고 각 본부는 사업 및 계약 관리 등 집행에 집중 가능	인력 보강 및 인력 탄력적 운용에도 용이

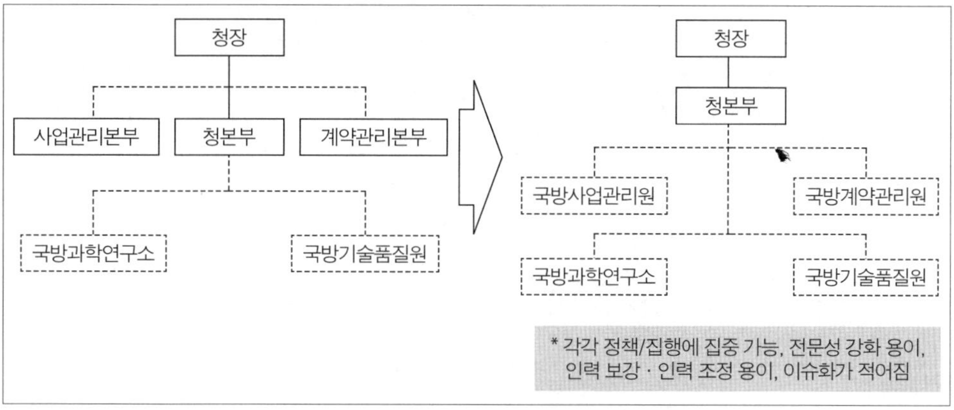

〈그림 5-5〉 방사청 중 · 장기 조직 발전 방안

3) 통합사업관리제도 현실화

방위사업은 방위사업법 제12조에 의해 방위력개선사업의 효율적인 수행을 위하여 필요한 경우 단위사업별로 그 단위사업을 관리하는 자로 하여금 계획 수립 · 예산편성 · 기종 결정 · 협상 · 계약관리 · 품질보증관리 및 기술관리 등 각 기능별 전문 인력을 통합 구성하여 그 단위사업의 모든 과정을 관리하게 하는 통합사업관리제를 시행하고 있다.

하지만 IPT는 법에서 "필요한 경우 각 기능별 전문 인력을 통합 구성하여 단위사업별로 통합사업관리제를 시행하도록 하여야 한다"고 되어 있으며, 규정에서는 "모든 단위사업별로 통합사업관리팀을 구성 · 운영하는 통합사업관리제를 시행하여야 한다"고 의무화하도록 함으로써 실제로는 모든 사업팀이 각 기능별 전문 인력으로 통합 구성되어 있지 않음에도 불구하고 통합사업관리제를 적용하게 되는 괴리를 가지고 있다. 이에 따라 조직, 인력, 권한 및 책임 등에서 상호 부조화가 나타나고 있는 것으로 보인다.

〈표 5-7〉 통합사업관리제도 적용 근거

구분	방위사업법	방위사업관리규정
내용	제12조(통합사업관리제) ① 방위사업청장은 방위력개선사업의 효율적인 수행을 위하여 필요한 경우 단위사업별로 그 단위사업을 관리하는 자로 하여금 계획 수립 · 예산 편성 · 기종 결정 · 협상 · 계약관리 · 품질보증관리 및 기술관리 등 각 기능별 전문 인력을 통합 구성하여 그 단위사업의 모든 과정을 관리하게 하는 통합사업관리제를 시행하도록 하여야 한다.	제16조(통합사업관리 등) ① 방위력개선사업의 효율적인 수행을 위하여 법 제12조에 의하여 단위사업별로 통합사업관리팀을 구성 · 운영하는 통합사업관리제를 시행하여야 한다. ※ 통합사업관리팀의 임무(제25조): 16개 임무 부여

〈표 5-8〉 통합사업관리팀(IPT) 제도 취지와 현실 비교

구분	IPT 취지	현실
편성	사업별 팀 편성	1개 팀에서 수 개의 사업을 관리
보직 이동	사업에 따라 수시 이동	팀 정원 거의 변동 없으며, 사업에 따른 인원 이동도 거의 없음
조직	연구개발, 계약, 기술지원, 원가 등 같은 팀 내에 편성	연구개발, 계약, 기술지원, 원가 등 별도 조직에 편성
책임	사업 전반에 대해 책임	사업 전반에 대해 책임은 부여하였으나 여건 고려 시 책임이 과중하고 문제 발생 시 관련 기관 간 책임관계가 모호
의사결정	IPT장이 권한을 가지고 주요 의사결정	상급자에 보고 또는 위원회 상정, 결정

현재 모든 사업팀은 인력 구성과 관계없이 사업별로 IPT를 의무적으로 구성하는 것으로 되어 있어 담당자 1~2명과 팀장이 IPT를 구성하는 사례가 일반화되었다. 하지만 현재의 IPT 임무는 각 기능별 전문가로 IPT를 구성한 것을 전제로 하여 광범위하게 되어 있다. 이러한 괴리는 IPT 제도의 장점을 생각하면서 제도를 도입하였으나, 조직을 설계하면서는 현실적인 문제 등이 고려되어 기존과 크게 차이가 없이 설계한 결과로 사료된다.

사업관리시스템을 발전시키기 위해서는 먼저 모든 사업이 통합사업관리팀(IPT)이 되는 문제를 현실화하여야 한다. 즉 사업팀과 IPT로 구분하여야 한다. 사업팀은 사업별로 사업관리 관련 일정, 비용 및 개발 관리를 책임지고, 계약관리본부에서는 계약 분야를, ILS, 표준화, 목록화, 절충교역 등 지원조직은 지원한 업무에 대하여 책

임을 가지고 지원해야 할 것이다. 책임이 없는 지원은 원칙론만 주장할 수 있어 오히려 사업관리에 어려움을 가중시킬 수도 있기 때문이다. 그리고 IPT로의 편성은 사업별로 다수의 인력이 있어 각 직책별로 임무를 부여할 수 있는 경우에만 편성하여 사업관리를 하여야 한다.

둘째, 복수 인원으로 사업을 관리할 수 있도록 하여야 한다. 특히 중요 단계인 업체 선정 과정에서 계약까지의 단계는 더욱 그렇다. 1인이 관리하는 사업은 언제 무슨 문제가 발생할지 모른다. 모든 내용을 담당자 혼자 확인할 수 없고, 때로는 드러나지 않지만 부실하게 관리될 수도 있다. 따라서 어떤 형태로든 복수의 인원에 의해 사업이 관리되도록 기본 여건은 마련해 주어야 한다. 이를 위한 부족한 인력은 전문 기술자를 계약직 형태로라도 채용하는 방안을 적극 검토하여야 할 것이다.

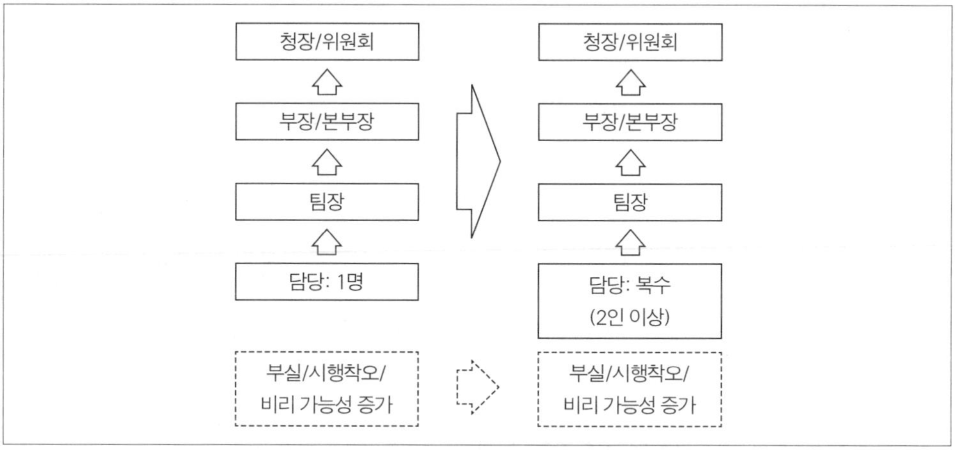

〈그림 5-6〉 사업별 복수 인원의 사업관리 필요성

셋째, 인력 운용 측면에서 현재는 신규 사업이 추가되거나 사업이 종료되어도 거의 인력 조정이 이루어지지 않고 있다. 따라서 매년 신규 사업과 종료되는 사업, 업무 강도 등을 고려하여 인력을 재배치하여야 한다. 그리고 공무원 조직은 통상 2~3년마다 보직을 이동하여 근무하게 되어 있다. 하지만 사업은 짧게는 2년, 길면 5년 이상이 필요한 경우도 많다. 자주 보직이 변경되는 인력 운용은 전문성과 책임성을 확보하는 데 어려움이 있다. 사업관리 인원은 현재보다 장기간 근무할 수 있도록 보직관리제도를 개선하여야 한다.

넷째, 민간 전문가의 적극 활용이다. 증가되는 사업 수와 업무량에 비하여 사업관리 인원은 매년 감소하고 있다. 앞으로 이러한 추세는 지속될 것으로 사료된다. 따라서 갈수록 사업관리 인원 부족으로 어려움을 겪을 것이다. 따라서 민간 전문가를 계약직으로라도 채용하여 활용하여야 한다. 장기적으로는 사업관리를 위한 별도의 '국방사업관리원'을 신설하고, 이후에는 민간 전문사업단을 만들어 사업관리를 위탁하는 방안도 적극 고려해 볼 필요가 있다.

〈표 5-9〉 사업관리제도 관련 개선 방안

구분	현재	개선
사업관리제도	모든 사업별로 의무적으로 IPT가 됨	사업팀과 IPT를 구분하여 역할과 책임 정립 * 사업팀으로 편성된 경우 지원부서는 해당 분야 책임
사업관리 인원	업체 선정~계약 등 중요 단계에서도 1인 관리 사업 다수	업체 선정~계약 등 중요 단계에 복수 인원 사업관리 보장
인력 운용 측면	각 팀마다 인원변동 거의 없음 중앙행정부처로 자주 보직이 변경됨	매년 사업고려 인력 탄력적 운용을 제도화 필요 사업기간 고려 보다 장기간 근무할 수 있는 제도 필요
민간 전문가 활용 / 사업관리 전문조직	방사청 사업팀	민간 전문가 채용 활용, 국방사업관리원 신설 또는 민간 전문기관에 위탁

4) 일반 물자 조달 기능 이관으로 방위력개선사업에 집중

방사청에서는 방위사업 조달 업무뿐만 아니라 일반 물자를 조달하는 업무도 수행하고 있다. 하지만 방위사업 업무도 제대로 수행하기 힘든 상황에서 다양한 업무를 수행하다 보니 방위사업에 대한 전문성도 떨어지는 문제가 있다.

최근 5년간 국방조달 규모(방위력개선사업, 전력운영사업)는 약 55조 7,950억 원으로 이 중 방위력개선사업은 36조 4,724억 원으로 65.1%를 차지하고 있으며, 전력운영사업은 19조 3,226억 원으로 34.9%를 차지하고 있다. 새 정부 들어 국방비 증가율이 상당히 높을 것으로 예측되기 때문에 예산 규모는 계속하여 증가할 것으로 예측되고 있다. 따라서 일반 물자 조달과 관련된 전력운영사업 집행은 현재도 유사한 기능을 수행하고 있는 조달청이나 국군재정관리단으로 과감히 이관하여야 한다. 그리고 방사청은 획득 전문기관으로서 새 출발을 할 수 있도록 무기체계 획득에 집중하여야 한다.

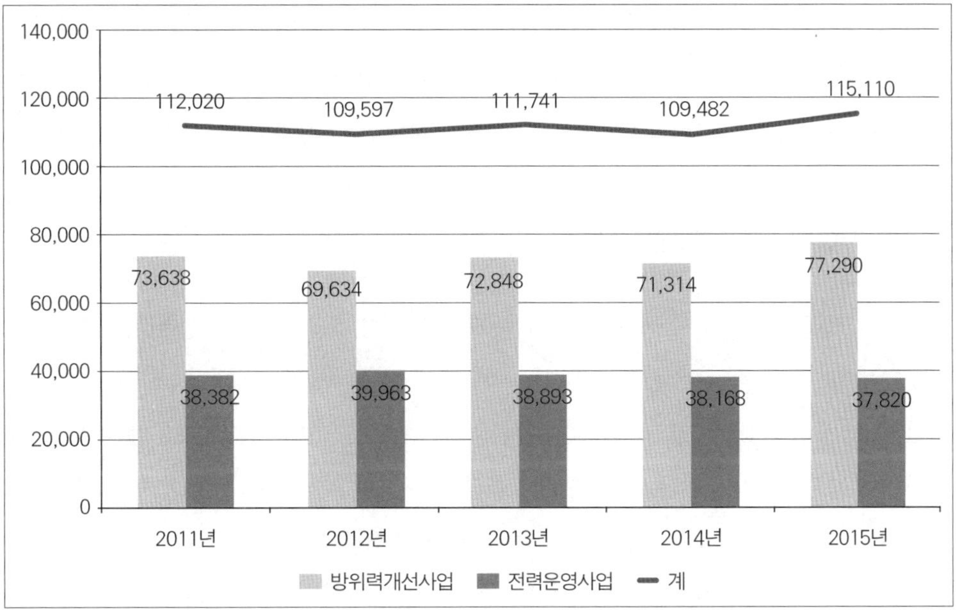

〈그림 5-7〉 최근 5년 국방조달 규모(단위: 억 원)

2. 과학적 소요창출 체계로 혁신

1) Top-down과 Bottom-up의 조화, 국방전력발전연구센터 신설

현재 소요기획 업무는 각 군에서 소요를 제기하면 합참에서 소요를 결정하는 절차로 업무가 이루어진다. 그러나 통상 결정되는 무기체계는 세계 최고 수준의 무기체계를 요구하게 되고 대부분 요구대로 결정이 된다. 최근에는 Top-down 형태로 전환하도록 제도가 개선되었다. 하지만 아직도 합참이나 국방부 차원에서 조정, 통제가 미흡한 측면이 있다.

따라서 Bottom-up 형태, 즉 전장기능별로 소요를 창출하고, 동시에 합참 및 국방부에서는 통합전투력 발휘, 전력 우선순위, 예산 등을 고려하여 소요가 창출되도록 실질적인 Top-down 형태도 추진되도록 하여야 한다. 또한 소요를 최종 결정할 경우나, 소요가 결정이 된 이후에 필요시 전력의 긴급성 등 우선순위, 수출 가능성, 그리고 무기체계 총수명주기 비용까지를 검토할 수 있도록 관련 민간 전문가 등이 참여하는 가칭 '국방전력발전연구센터'를 신설하여 종합적으로 검토하고 소요결정을 지원하도록 발전되어야 할 것이다. 이제는 최고 성능의 무기체계 개발에서 군별, 분야별, 기능별로 종합적으로 분석하여 최적의 무기체계를 개발하는 방향으로 전환하여야 한다.

2) 진화적 획득 체계로 발전

우리 군은 통상 세계 최고 수준의 무기를 조기에 획득하기를 원한다. 그에 따라 과도한 ROC가 요구되는 경향이 많다. 기술 수준이 부족한 상태에서 과도한 성능 요구로 개발에 실패할 수 있고 획득이 장기간 지연될 수도 있다. 또한 조기에 획득을 요구하기에 많은 경우 국외에서 구매하여 국내 방위산업은 취약해지는 문제도 있다.

미 국방부 훈령(Instruction 5000.02)에서는 '진화적 획득'을 "한정된 자원과 예산을 바탕으로 최신 기술이 적용된 무기체계를 신속히 전력화하여 사용할 수 있도록 무기체계 획득에 있어 최우선적으로 적용하도록 의무화한 제도"로 정의하고 있다. 진화적 획득에서는 무기체계가 필요한 시기와 무기체계 연구개발에 필요한 핵심기술들에 대한 기술성숙도(TRL: Technology Readiness Level), 기술 개발의 위험도 등을 고려하여 연구개발 기간을 나누어 각 단계적으로 최종 목표 성능을 충족하는 무기체계를 개발하고자 한다. 기존의 일괄 획득에 비해 진화적 획득은 변화하는 적 위협에 대한 신속한 대처가 가능하고, 장기간이 소요되는 무기체계 연구개발을 상대적으로 단기간에 나누어 추진함으로써 기술발전으로 인한 무기체계의 진부화 문제와 부품 단종 문제를 극복할 수 있다. 또한 군은 최신 기술이 적용된 무기체계를 최대한 빠른 시간 내에 공급받아 운용할 수 있다는 장점이 있다.

따라서 소요창출부터 진화적으로 획득할 수 있도록 단계화하여 성능을 요구하는 체계로 혁신되어야 한다. 예를 들면 목표가 100이라고 하면 1단계 사업에서는 90을 달성하여 운용하고 1단계 개발 및 운용에서 쌓은 기술 및 노하우를 기초로 다시

95, 다시 최종 목표 100을 달성하는 것이다. 또한 합참을 비롯한 소요군은 ROC 및 전력화 시기 수정에 대하여 좀 더 융통성 있는 사고를 하여야 하고 이를 시스템으로 뒷받침하여야 한다. ROC 중 하나만이라도 과도할 경우에 상당한 추가적인 비용과 기간이 소요되고, 나아가서는 사업 전체가 실패할 수도 있기 때문이다. 그리고 최신형 신규 무기체계도 확보해야 하지만 기존 무기체계를 성능 개량하여 같이 운용하는 High-low Mix 형태로 운용될 수 있도록 하여 효율성을 극대화하여야 한다.

〈표 5-10〉 일괄 획득과 진화적 획득의 주요 특성 비교

구분	일괄 획득	진화적 획득
요구 성능	사업 착수 전에 확정	사업 착수 전에 미확정 가능하며 사업 도중에 지속적으로 변화
체계 설계	사업 초기에 세부 설계 완료	사업 초기에 설계가 이루어지지만 세부 설계는 사업 도중에 완료
체계 배치	단일 배치	단계적 배치
획득 비용	사업 착수 시 결정	사업 착수 시 예측되지만 사업 도중에 변화

3) 신속획득제도 도입

최근에 새로운 위협에 신속히 대응하기 위한 무기·장비 소요가 많아지고 있다. 그러나 신속하게 획득할 수 있는 시스템이 미흡하여 그러한 요구에 부응하지 못하고 있고, 문제없이 정상적으로 추진한다고 하더라도 최소 3~4년이 소요되어야 전력화가 가능한 실정이다.

미국은 'JCIDS Manual'[1]에 따라 긴급전력의 경우 해당 소요가 긴급전력에 맞는지에 대한 평가를 실시한 후 별도의 소요결정 절차를 진행하며, 소요결정 이후 신속하게 획득 절차가 진행될 수 있도록 긴급획득 절차와 연계하여 추진한다. 미군은 긴급소요를 'Urgent Requirement'라고 표현하고, "충족되지 않으면 병력을 심각한 위험에 빠뜨리게 되고 현재 진행 중이거나 또는 곧 진행될 작전에서 상당한 위협이 발생

1 JCIDS Manual for the Operation of the JCIDS, 19 January 2012, p. E-1.

하게 되는 전력"으로 정의하고 있다.[2] 즉 미국은 신속하게 획득하기 위한 별도의 소요결정 시스템과 별도의 예산도 확보하여 신속하게 획득할 수 있는 시스템을 가지고 있다. 따라서 우리도 별도의 소요결정 체계와 획득 체계가 연계된 신속획득 시스템의 도입이 필요하고, 이를 위한 총액 개념의 별도 예산도 확보가 필요하다.

3. 연구개발 프로세스 개선

1) 연구개발 개념 확대

2012년부터 본격 양산 전에 전력화평가 제도를 도입하여 추진하고 있지만 개발완료 및 규격화 시점에 있어서는 변함이 없어 이에 대한 개선이 필요하다. 규격화 시점은 개발 완료를 의미하는 것으로 전력화평가까지를 개발 과정으로 보아서 규격화는 전력화평가를 실시하고 이를 보완한 후에 하는 것이 필요하다. ○○사업은 1999년부터 2007년까지 9년간 905억 원을 투자하여 국과연 연구원 190여 명이 참여하여 개발하였으나 규격화 이후에 처리해야 할 사항은 매우 많았다. 사실 규격화가 되어 개발이 완료되었다면 바로 전력화할 수 있는 수준이 되어야 한다. 그러나 〈표 5-11〉 ○○사업 규격화 이후 사업팀 조치사항에서 보는 것처럼 규격화 이후에 조치하여야 할 사항은 대단히 많은 것을 확인할 수 있다.

규격화 시점(개발 완료)의 중요성은 규격화가 완료되면 개발이 완료되는 것이므로 이에 따라서 개발조직은 해체된다. 책임 문제와 관련해서는 국과연 주관 개발인 경우 규격화 이후에는 사업관리 책임이 사업팀으로 이관되나, 국과연 및 업체의 개발조직이 해체되거나 일부만 남게 되는 상황에서 사업팀에서 소수(약 1명)가 사업을 관리하는 것은 무리가 있다. 따라서 전력화평가를 실시하여 미흡한 사항을 보완하고 규격화를 하는 것이 타당하다. 즉 전력화평가까지는 연구개발의 과정으로 보아야 하며 관련 규정도 발전되어야 한다.

---

2 US ASMC, "Department of Navy Urgent Needs in a Constrained Fiscal Environment", May 2012.

〈표 5-11〉 ○○사업 규격화 이후 사업팀 조치사항

① 운용시험평가 보완 요구사항 처리 및 기술변경: 480여 건
② 불완전한 상태에서 규격화로 규격화 이후 기술변경 과다: 도면 약 9,600매 중 약 75~80% 수정, 전력화 이후 소급 적용 과다, 비용 상승
③ 전력화평가 후속조치(총 37개 과제): '13년에도 조치 필요

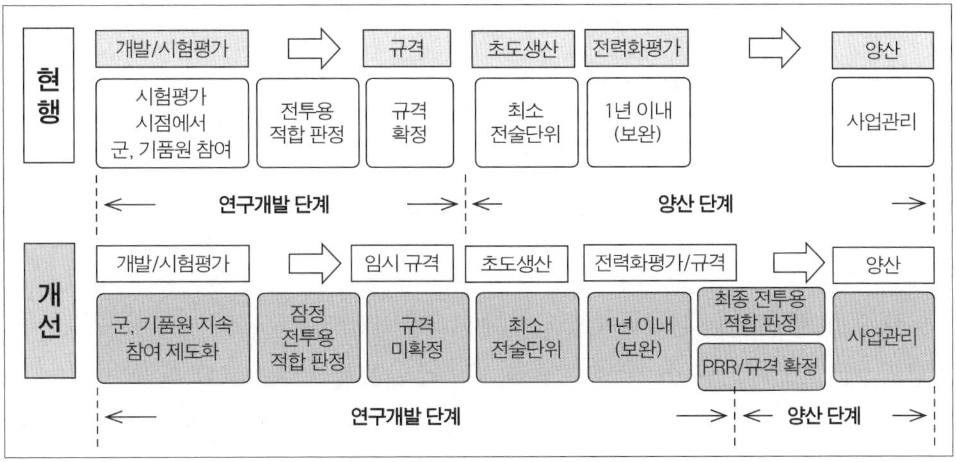

〈그림 5-8〉 연구개발 개념 확대

2) 시험평가 개념 확대 및 충실한 시험평가 실시

시험평가에 각 분야의 전문가가 참여하는 개방형 시험평가로 발전되어야 한다. 다양한 분야의 전문가가 참여한다면 미처 예측하지 못한 내용도 평가에 반영하게 될 것으로 기대되기 때문이다. 개발자가 개발시험평가를 주관하는 문제를 해결하고, 보다 객관적이고 과학적인 시험평가를 위해 다양한 시험을 통해 검증할 전문성, 책임성을 갖춘 제3의 시험평가 전문기관 설치를 검토할 필요가 있다.

또한 〈그림 5-9〉에서 보는 바와 같이 시험평가 개념을 현재의 개발시험평가와 운용시험평가의 2단계에서 개발시험평가, 운용시험평가, 그리고 전력화평가를 포함하여 3단계로 확대하는 방안이 필요하다. 즉 야전에서 1년 정도 소수의 장비로 운용하고 그 결과를 반영하여 미비점을 보완한 이후에 야전에 전력화시키는 개념으로 시험평가를 발전시켜야 한다.

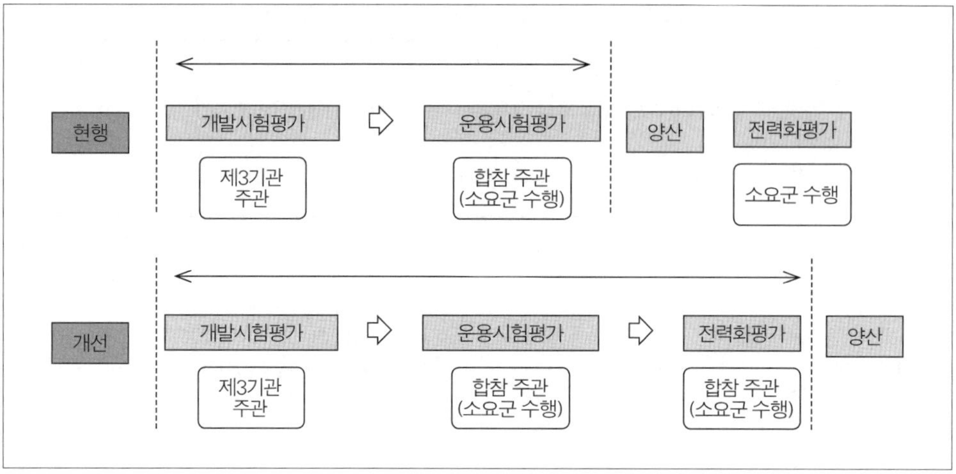

〈그림 5-9〉 시험평가 개념 확대

또한 시험평가에 대해 중요성을 인식하고 충실한 시험평가를 실시하여야 한다. 기본적으로 시험평가는 ROC 및 기술적 부수적 성능을 충족하여야 한다. 그리고 동시에 안정성 등을 충족하는지 아닌지를 평가할 수 있도록 시험평가 평가 항목을 신중히 선정하여야 한다. 흔히 ROC 및 기술적·부수적 성능 등 명확하게 요구되는 사항 위주로 시험평가를 실시하는 경향이 있다. 기타 당연하게 충족하여야 할 안정성 등은 항목을 식별하기 어렵고 측정 기준도 설정하기에 어려움이 있어 평가에서 누락될 수 있다. 따라서 사전에 각종 안정성에 대한 평가 항목을 유사 장비의 항목을 참고하여 적극적으로 발굴하여 충실한 시험평가를 실시하여야 한다.

물론 제한된 예산과 기간으로 무작정 다양한 상황에서 많은 시험평가를 할 수 있는 것은 아니다. 따라서 적절한 수준에서 최적의 시험평가 방법을 개발하여 적용하여야 한다. 〈그림 5-10〉에서 보는 바와 같이 시험평가 횟수와 기간은 늘리면 늘릴수록 문제 발생은 줄어들겠지만 비용과 기간은 증가하기 때문에 최적의 시험평가 횟수 및 기간을 선정하여 적용해야 하고, 모델링 및 시뮬레이션 등 경제적이고 효율적인 시험평가 방안도 적극 강구하여야 할 것이다.

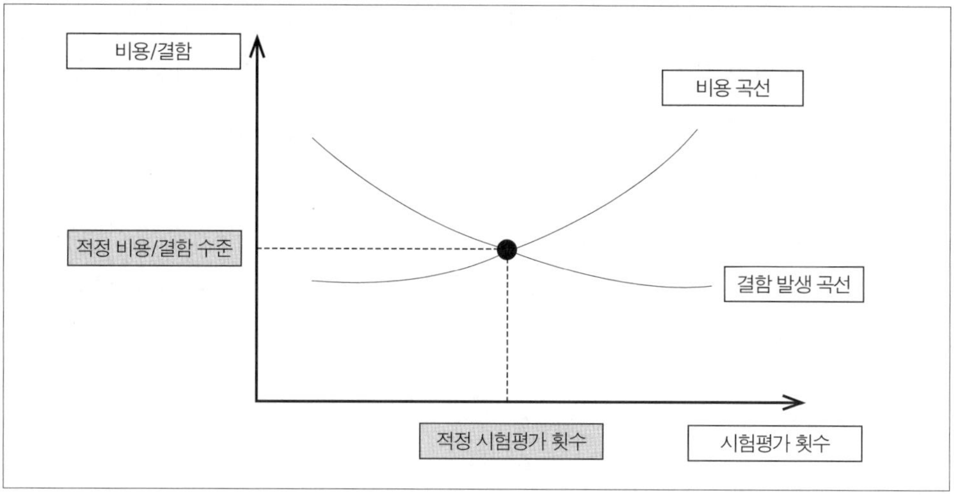

〈그림 5-10〉 적절한 시험평가 횟수

3) 형상관리 체계 개선

형상관리란 전력화 이후에 야전에서 장비를 운용하면서 발생하는 운용성 개선, 장비의 성능 개선, 부품의 정비성, 신뢰성 향상 등을 위한 기술변경 등을 말한다. 이러한 형상관리는 장비를 운용하고 유지하는 데 매우 중요한 역할을 수행하게 된다. 그러나 현재의 시스템은 일부 미흡한 측면이 있다. 무엇보다도 형상관리에 대한 책임을 명확히 하는 것이 필요하다. 〈그림 5-11〉에서 보는 바와 같이 현재는 1급 기술변경은 IPT에서, 2급 기술변경은 기품원에서 승인하고, 그 결과를 군수조달실무위원회에서 최종 심의한 후 기품원으로 하여금 관리하게 하도록 되어 있다. 그러나 관련 기관 간에 책임관계가 명확하지 않다는 문제가 있다.

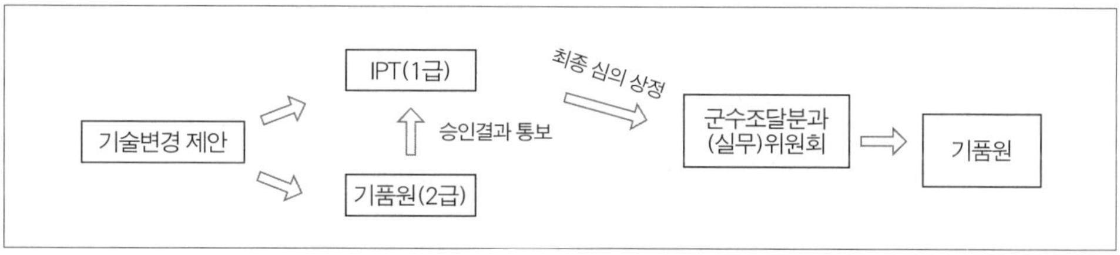

〈그림 5-11〉 현재 형상관리 절차

형상관리에 대한 책임관계를 명확히 하기 위해 〈그림 5-12〉에서 보는 바와 같이 군수조달실무위원회 심의 상정은 규격 제정 시로 한정하고, 규격이 제정된 이후 규격을 개정할 경우 현재는 규격 제정 시와 동일하게 군수조달실무위원회에서 최종 결정하도록 되어 있으나, 이는 형식적인 절차에 불과하고 실질적으로는 팀장이 주관하는 형상통제심의회를 통과하면 효력이 발휘되는 점을 고려하여, 규격 개정 시에는 1급의 경우에는 IPT가, 2급의 경우에는 기품원이 책임을 가지고 업무를 수행하여야 한다. 즉 별도의 행정처리 단계인 군수조달실무위원회의 심의는 생략하는 것이다.

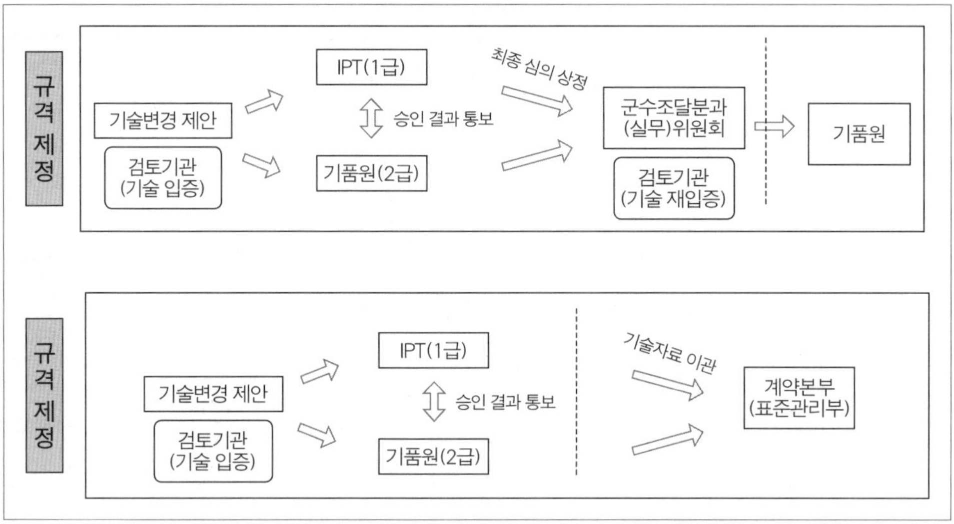

〈그림 5-12〉 형상관리 제도 개선

또한, 기술변경 완료 후 기술자료 관리 책임을 구체화하여야 한다. IPT 및 기품원은 형상자료를 관리하고, 계약관리본부는 형상자료 관련 기술자료인 도면, 자료 목록 등을 관리하는 것이다. 그리고 최종 규격화 자료는 기품원에서 종합적으로 관리하도록 하여야 한다. 그리고 국방규격도 기술발전 추세가 빠른 전자, 통신 등 IT 분야에 대해서는 상세형에서 수요자 중심의 성능형으로 발전되어야 한다.

4. 관련 기관의 책임성 강화

1) 주관기관의 책임 강화

방위사업관리규정에 의하면 국과연 주관 연구개발과 업체 주관 연구개발은 명확하게 구분되어 있으면서 동시에 IPT가 사업을 공히 관리하도록 되어 있다. 즉 개발에 대한 책임은 국과연 또는 업체에 있으면서도 이에 대한 조정, 통제 및 관리 책임이 IPT에 있어 최종적으로는 IPT로 책임이 귀결되게 되어 있다. 즉 IPT의 사업관리에 대한 범위 및 책임에 대하여 명확하게 정립되어 있지 않은 상태에서 사업관리 업무를 수행하고 있다.

A 사업은 국과연 주관 연구개발사업에 대한 책임 및 권한이 불분명한 좋은 사례이다. A 사업은 국과연 주관 연구개발사업으로 업체 선정 관련 업무를 IPT에서 주관하게 되었다. 국과연 주관 연구개발이기에 제안요청서 작성은 국과연에서 하였고, 이를 IPT에서 확인하였다. 그러나 IPT에서는 연구개발 전문기관인 국과연에서 작성하였기에 이를 충분히 검토하지 않았고 결국에는 "○○○○" 증빙서류로 문제가 발생하였다. 즉 업체가 유효기간이 지난 "○○○○" 증빙서류를 제출하였으나 국과연, IPT, 평가위원 누구도 이를 식별하지 못했고 유효기간이 지난 "○○○○" 증빙서류로 평가한 것이다. 이에 따라 국회 및 언론 대응 등에서 이슈가 되었고 사업도 수년간 지연되었다.

따라서 국과연 주관 연구개발사업은 국과연이 개발에 대한 책임과 권한을 가지고 있으므로 개발 관련 주요 의사결정도 국과연 주도로 하고, IPT는 요구사항을 군과 협의하여 구체화하여 개발 중 요구하고 최종적으로 관련 기관이 개발 성공 여부를 평가하도록 발전되어야 한다. 시제업체 선정도 국과연에서 실시하고 기타 위원회 상정도 국과연에서 실시하는 방안도 검토가 필요하다.

또한 업체 주관 연구개발사업은 정부에서 예산을 투자하고 업체는 투자한 예산을 가지고 무기체계를 개발하는 것으로 개발에 대한 책임은 업체에 있으므로, 개발 관련 의사결정은 가능한 업체에서 주도하도록 하고 주요한 사항에 대해서는 IPT에서 확인하는 시스템으로 발전되어야 한다. 즉 글자 그대로 국과연 주관은 국과연이, 업체 주관은 업체가 최대한 권한을 가지고 개발하고 책임도 지는 방향으로 개선이 필요하다.

2) 설계에 대한 업체의 책임 강화

설계 책임에 대한 개념을 재정립하여야 한다. 국과연 주관 연구개발 또는 업체 주관 연구개발은 공히 정부에서 예산을 업체에 투자하여 업체로 하여금 생산하게 하는 것이다. 이때 업체는 실질적으로 도면 및 기술자료를 직접 작성하는 기관임에도 불구하고 설계 문제로 문제가 발생할 시에는 업체는 책임이 없는 것으로 인식하고 있다. 그 이유는 국과연 주관은 국과연이 설계자로 승인하고, 업체 주관은 IPT에서 설계를 승인하고, 다시 계약본부에서 위원회가 승인하는 절차로 이루어지기 때문이다. 그러나 여기에서 승인이라는 것은 기본적인 형식이나 기본적인 내용을 확인하고, 설계도 및 자료에 문제가 없다는 전제로 확인해 주는 행위인 것이지, 설계오류 등 문제가 있는 것을 책임지겠다는 것은 아니다. 물론 관리에 대한 책임은 있지만 책임 당사자는 아닌 것이다.

현실적으로 수천 매 되는 도면(예: ○○사업 도면 9,600여 매) 하나하나를 정부에서 확인할 수 없고 특히 IPT의 경우 1~2명의 사업담당자가 기본적인 사업을 관리하기에도 어려운 상황에서 모든 도면이 정확한지, 문제가 없는 것인지를 확인하는 것은 불가능하기 때문이다. 따라서 사업을 통해 경제적 혜택을 보고, 직접 설계도를 작성하는 업체에게 설계에 대한 책임을 지도록 하여야 한다. 예를 들면 양산 중에 설계도 미흡으로 문제가 발생하면 업체에서 책임을 지고 조치하도록 해야 한다. 이렇게 발전시키는 것이 업체에서 책임감을 가지고 개발하도록 하여 문제를 최소화시키는 방안이라 믿는다.

3) 국방기술품질원의 형상관리 책임 강화

기품원은 품질 문제를 책임지도록 방위사업청 개청과 함께 개원되었다. 그러한 품질 문제를 실질적으로 수행하는 방법이 바로 형상관리 업무이다. 방위사업청이 개청하기 이전까지는 모든 기술변경 업무를 기품원에서 처리하여 형상관리 업무와 품질 문제가 연계되도록 되어 있었다. 그에 따라 단순한 사항은 현장에서 즉시 처리할 수 있었다. 그러나 방위사업청 개청 이후에는 1급은 방사청이, 2급은 기품원이 수행하는 체계로 이원화되어 운용되고 있다. 그런데 대부분은 1급으로 분류되어 있으며, 더구나 IPT는 제한된 공무원으로 구성되어 있어 그러한 기술변경 업무를 수행하기에는 어려움이 많다.

기술변경은 그 내용에 따라 기술변경 제안자가 1급과 2급으로 분류하여 제안하게 되어 있으며, 2급 사항은 〈표 5-12〉에서 보는 것처럼 품질에 영향을 미치지 않는 오기, 오류 등으로 매우 제한적이다. 기품원이 품질을 관리하는 기관으로서 품질에 영향을 미치는 정도는 처리할 수 있어야 한다. 따라서 단기적으로는 2급 기술변경 범위를 확대하여 기품원에서 수행하고, 향후 1급도 기품원에서 수행하는 방안도 적극적으로 검토가 필요하다.

〈표 5-12〉 현재의 기술변경 등급 분류

구분	내용
Ⅰ급	• 장비의 주요 부품 성능에 영향을 미치는 사항 • 신뢰성, 정비성, 호환성, 안전, 운용, 교육 등에 영향을 미치는 사항 • 전력화 일정에 지장을 초래하거나 비용 증가가 예상되는 사항
Ⅱ급	• 품질에 영향을 미치지 않는 인용 자료의 연계 수정, 자구 수정, 목록 변경사항 • 소프트웨어의 변경(변수 값 제외) 등 경미한 사항 • 명백한 설계상의 오류 정정 및 오기 수정 • 주기 또는 도면, 소프트웨어 기술자료의 명백화 • 대체재료 사용 등

4) 지원부서의 책임 강화

사업관리에 관련하여 지원부서는 품질관리, 예산, 계약, ILS, S/W, 기술 분야 등으로 나뉘어 있다. 그러나 현재 IPT를 지원하지만 해당 분야에 대한 책임이 없으므로 심도 있거나 깊이 있는 검토 및 지원이 어렵다. 책임이 없기 때문에 때로는 현실을 무시하고 원론적인 입장만 고집하여 사업 진행에 차질을 줄 우려도 있다.

지원부서도 많은 인력이 편성되어 업무를 수행하기 때문에 해당 분야에 대해서는 책임을 가지고 업무를 수행하여야 한다. 그렇지 않다면 그렇게 많은 조직과 인원이 편성되어 업무를 수행할 필요가 없을 것이다. 계약 관련 부서는 그래도 책임을 가지고 계약 행위를 수행하고 원가산정 업무도 수행한다. 유사하게 기타 지원부서도 해당 분야에 대해서는 책임을 지고 필요한 사항은 주도적으로 결정하는 시스템으로 발전되어야 한다.

5. 사업관리 전문성 강화

1) 전문성의 중요성

사업관리에 있어서 전문성에 대한 중요성은 아무리 강조해도 지나치지 않을 것이다. 사업관리가 부실하거나 문제가 생기면 군 전력 증강에 문제가 생길 수 있으며, 때에 따라서는 많은 예산이 낭비될 수 있고, 국민에 대한 불신 및 행정 낭비 등 그 피해는 대단히 크기 때문이다.

방사청 근무 인원은 매년 지속적으로 감소 추세에 있으며, 특히 사업관리 인원은 2006년 731명에서 618명으로 15%가 감소하였으나, 반대로 사업 수는 2006년 272개에서 2016년 445개로 63%가 증가하였다. 더구나 새로운 사업은 단순 무기체계가 아니라 첨단 복합무기체계로 더욱 복잡하여 사업관리에 어려움으로 작용하고 있다. 특히 사업관리 인원의 감소는 부실을 방지하고 전문성을 강화하는 데에도 문제가 있다. 또한 현역군인은 현재 650명 수준에서 2018년 500명 수준으로 감소하게 되어 있다. 이에 따른 전문성을 확보하기 위한 노력이 더욱 필요하다. 더구나 현역군인은 계급별 정년으로 인해 군인으로서 실무 경험을 통해 쌓은 고도의 전문성을 충분히 활용하지 못하고 있으며 직업의 안정성이 취약한 측면도 있다.

어떤 무기체계 연구개발사업이 성공하느냐 실패하느냐는 기본적으로 국과연이나 업체가 보유하고 있는 기술에 달려 있다고 할 수 있다. 그러나 사업관리자가 해당 사업에 대한 깊은 전문성을 가지고, 이해 당사자들과의 원활한 의사소통을 통해 조정해 나가지 않으면 효율적으로 사업을 관리할 수 없다. 위험을 사전에 예측하여 이를 식별하고 적절하게 해결하지 못하면 최종 개발 완료 단계에서 문제가 발견되게 되는 것이다. 우리의 국방기술이 그동안 향상되기는 하였지만 최근의 무기체계는 고도의 기술을 요구하여 매우 복잡하기 때문에 이전보다 더욱 성공을 보장할 수 없는 것이 현실이다. 특히 복잡한 무기체계 개발 사업에서는 사업관리자가 고도의 전문성을 확보하여야 한다.

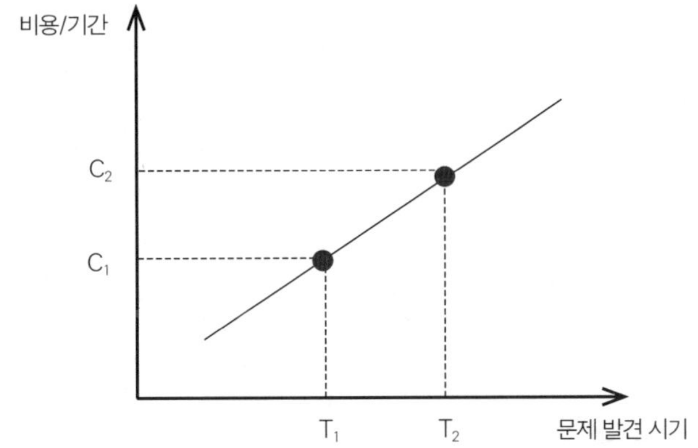

〈그림 5-13〉 문제발견 시기와 소요되는 비용/기간

향후 업체 주관 연구개발이 더욱더 확대되기 때문에 사업관리자의 전문성은 더욱 중요시되고 있다. 〈그림 5-13〉에서 보는 바와 같이 문제를 조기에 발견하면 비용 및 기간을 최소화시켜 조치할 수 있다. 즉 T_1 시기에 문제를 발견하면 C_1 만큼의 비용과 기간이 소요되나, 상대적으로 늦은 T_2에서 발견할 시에는 비용과 기간은 C_2로 증가되게 된다. 더구나 야전부대에 전력화된 상태에서 문제가 발견되면 전투력 유지에 문제가 생기며 대외 신인도 하락으로 수출에도 악영향을 끼치는 문제가 생기게 된다. 그러나 이러한 문제의 발견은 전문성이 있어야만 조기에 발견할 수 있는 것이다. 개발 완료 이후 운용 중에 문제가 발생하게 되면 문제는 더욱 확대되고 복합적이게 되며 비용은 증가하게 된다.

사업관리자의 전문성 및 능력은 담당자마다 다름에도 불구하고 식별이 쉽지는 않다. 그 이유는 사업 절차는 유사하지만 각 사업이 처한 상황은 모두 다르기 때문이다. 예를 들면 동일한 연구개발이라고 하더라도 관련 업체가 다르고 이슈, 그리고 이슈와 관련된 이해당사자 등도 다르기 때문이다. 이러한 환경에서 위험을 사전에 식별하여 조치함으로써 문제를 해결하면 이슈가 되지 않고 정상적으로 사업이 진행된다. 그러나 그러한 위험관리를 하지 못해 나중에 문제로 대두되는 경우도 많은 것이다.

〈표 5-13〉 사업관리자의 능력 수준

구분	능력 수준
위험 관리 능력	• 잠재하고 있는 위험을 사전에 찾아 해결하여 문제 발생을 차단 • 잠재하고 있는 위험이 없는 사업을 정상적으로 관리 • 잠재하고 있는 위험이 없는 사업을 잘못 관리하여 문제 발생을 유발
문제 해결 능력	• 문제의 근본 원인을 찾아 완벽하게 해결 • 임시적인 문제 해결로 문제는 잠재 • 문제를 해결하지 못하여 문제가 지속 유지 • 문제도 해결하지 못하고 더 복잡하게 하거나 새로운 문제를 유발

2) 교육 및 보직자격제 강화

사업관리 전문성을 강화하기 위해서는 먼저 교육을 강화하여야 한다. 선 교육 후 보직이라는 일반적인 원칙을 준수하는 것이다. 특히 신규 직원을 중요 사업에 바로 투입하는 것은 매우 위험한 것이다. 따라서 교육을 먼저 시키고 일정 기간 부담이 적은 업무를 수행한 다음 단계적으로 감당할 만한 업무를 부여하는 것이 필요하다. 이를 위해서는 가칭 '국방획득교육원'을 설립하여 체계적이고 조직적으로 전문성을 강화시킬 수 있어야 한다.

사업관리자의 전문성 강화는 개인적인 노력으로는 한계가 있다. 미국의 경우에는 방위사업대학(DAU: Defense Acquisition University)에서 직책별로 다양한 프로그램을 운영하고 있다. 방위사업대학은 1990년 11월 발효된 DAWIA(방위사업인력 역량강화법)에 따라 획득 전문가 양성을 위한 전문교육기관으로 실무 전문가를 통한 직무교육과정을 운영하는 기관이다. 미국은 방위사업대학을 통해 사업관리에 적용하고 있는 보직자격제를 교육으로 지원하고 있다. 우리의 경우에도 국방부 및 방사청에서 관련 과정을 개설하여 교육을 실시하고 있지만 직책별, 업무 수행 내용별, 개인별 수준 등을 고려하여 좀 더 체계적인 교육 프로그램을 개발하여 중·장기적으로 운용하여야 한다.

3) 인센티브 부여 및 전문 인력 최대 활용

사업관리 인원에 대한 인센티브 부여로써 사업관리 수당을 지급하는 것이다. 사업관리는 정신적·경제적으로 매우 리스크가 큰 업무이며, 민원성 업무이기도 하고, 기술이 필요한 업무이기도 하다. 따라서 이러한 업무 성격을 반영하는 사업관리 수당을 지급하는 방안을 적극 검토하여야 할 것이다. 특히 요즘은 각종 감사 등이 강화되면서 사업관리를 매우 꺼려하고 있다. 이러한 문제를 조금이라도 해소하고 유능한 인력이 근무할 수 있도록 적극적으로 노력하여야 할 것이다.

또한 획득 전문 현역군인의 장기 활용이다. 현역군인은 대부분 40대에서 50대 중반에 전역을 해야 한다. 이에 따라서 오랫동안 쌓아 온 전문성을 충분히 활용하지 못하는 측면이 있다. 방위사업 관련 업무는 오케스트라의 지휘자 역할과 같아서 군사적 식견은 물론, 사업관리를 위한 기술, 이를 경제적이고 효율적으로 추진하기 위한 경영 마인드, 예산을 확보하기 위한 논리, 언론에 대한 이해 등 다방면에 대한 지식과 이해가 필요하다. 따라서 획득 전문 현역군인에 대해서는 공무원과 같이 정년을 연장해 주는 것을 적극적으로 검토할 필요가 있다. 시행착오와 부실을 방지하고 비리를 예방하는 가장 근본적이고 효과 있는 조치도 바로 정년 연장이라고 믿는다. 매년 신규 획득 전문 인력은 20여 명으로 소수 인원이기 때문에 이를 추진하는 데에도 큰 문제가 없을 것이다.

〈표 5-14〉 사업관리 전문성 강화 방안

구분	내용
사업관리 중요성 인식	전력 증강, 비용절감. 사업성패 등에 중요
교육 및 보직자격제 강화	가칭 '국방획득교육원' 설립 先 교육/단순 실무, 이후 책임 있는 보직에 부여
인센티브 부여	사업관리(위험+민원+기술+가격조사) 수당 지급
현역 전문성 최대 활용	획득 전문 인력 정년 공무원과 동일하게 연장 또는 정년 전역자 채용 활용

제5절 결론

방위사업은 군사력건설의 기본 요소로 필히 정부에서 보호 및 육성해야 하는 특수성이 있음에도 불구하고 오히려 부정적인 선입견 때문에 그 특수성을 인정받지 못해 어려움을 겪는 경우가 많다. 이러한 영향 등으로 개인은 관련된 업무 수행을 꺼려하고 있고, 업체는 보다 안정적인 다른 분야로 떠나고 있다. 최근 K-9 자주포 및 장갑차 등을 생산하는 업체는 방위사업 분야를 포기하였다. 방위사업에 대한 국내외적 인식도 좋지 않고 실적도 좋지 않기 때문에 포기했을 것이다.

이번 글을 통해 무기체계 연구개발시스템 혁신 방안으로 ① 조직·기능 혁신, ② 소요창출 체계 혁신, ③ 연구개발 프로세스 개선, ④ 관련 기관의 책임성 강화, 그리고 ⑤ 사업관리 전문성 강화 등을 제시하였다. 모두 쉽지는 않겠지만 그래도 끊임없이 문제의 근원을 해결하기 위한 노력은 지속되어야 한다.

이러한 시스템 개선을 통해 전문성 및 효율성이 향상되고, 이를 통해 비용은 절감하면서 품질은 향상시킬 수 있으며, 군 전투력은 증강되고 국제 경쟁력이 향상되어 방산 수출이 증가될 수 있다. 그리고 다시 투자를 확대하고 교육은 강화할 수 있게 되어 결국에는 방위사업역량이 증가하는 선순환 구조로 발전할 수 있는 것이다.

방위사업은 안보에 중대한 영향을 미치므로 많은 국민들이 지대한 관심을 가지고 있으며 그 중요성도 더욱 증대되고 있다. 따라서 매우 투명하고 효율적으로 관련 업무를 추진하여 예산 낭비를 방지하면서 방위력개선을 성과 있게 추진하여야 할 것이다. 하지만 관련 업무는 매우 어렵고 어느 한 기관이 마음대로 할 수 없는 구조로 되어 있다. 따라서 성공적인 방위사업 추진을 위해서는 관련 기관 상호 간 소통을 강화하여야 하고 적극적인 협업도 필요하다. 동시에 협업 수준을 벗어난 문제에 대해서는 적극적으로 제도 개선을 통해 여건을 보장해 주어야 할 것이다. 지금도 각종 감사와 민원에도 불구하고 적기에 군에서 요구하는 성능의 무기를 전력화하기 위해 고생하는 많은 분들의 노고가 있음을 잊어서는 안 될 것이다. 이제 다시 국민의 신뢰를 회복하고 국민들로부터 사랑받는 방위사업이 되도록 새롭게 출발하여야 할 것이다.

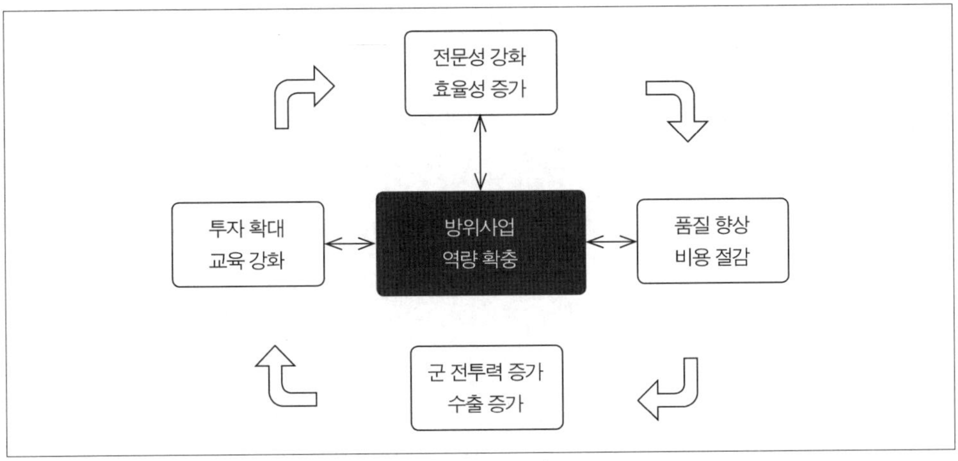

〈그림 5-14〉 사업관리 시스템 개선을 통한 선순환 구조

제6장

국방연구개발 업체 선정 평가제도 발전 방안

방위사업에서 사업의 성공 여부는 평가를 통해 선정된 업체의 능력에 달려 있다고 해도 과언이 아닐 것이다. 따라서 기술력이 우수한 업체의 선정이 매우 중요하다. 무기체계 개발은 단순히 시장에서 이미 만들어진 상품을 구매하는 것과는 완전히 다르기 때문이다. 국방연구개발은 통상 국내에서 처음으로 최고 수준의 무기체계를 개발하는 것이므로 기술 중심의 업체 선정, 단기적인 비용보다는 총수명주기 비용을 고려한 업체 선정이 필요하며, 적절한 경쟁을 유도하여 결국에는 국방연구개발의 선순환 구조로 발전시키는 동력으로 작용하도록 하여야 한다.

제1절 서론

2006년 1월 방위사업청이 개청되면서 무기체계 연구개발사업 업체 선정 평가를 방위사업청에서 주관하게 되었다. 2006년부터 2007년 4월 이전까지는 기획재정부의 '협상에 의한 계약 체결 기준'을 그대로 적용하여 평가하였다. 그러나 실제 평가를 하면서 무기체계 연구개발사업의 특수성으로 인하여 그대로 적용하기에는 어려움이 있었고 일부 문제도 제기되었다. 결국 2007년 4월부터 '무기체계 연구개발사업 제안서 평가 및 협상 지침'을 제정하여 적용하고 있다.

특히 2009년 논란 속에 비용평가 시 적용했던 '협상에 의한 계약 체결 기준'의 비용평가 산식을 평가 기준가 대비 제안가격이 60% 이하에서 최고 점수를 받게 되어 있던 것에서 80% 이하에서 최고 점수를 받도록 변경하였다. 이로 인해 평가 기준가 대비 제안가격을 80%로 제안하면 비용평가 점수에서 최고 점수를 획득할 수 있기 때문에 업체 입장에서는 최소한 80%로 제안할 수 있게 되었다.

이렇게 기준을 높인 배경은 적절한 연구개발비를 보장하여 연구개발 결과에 대한 품질을 제고시키고 동시에 연구개발에 대한 투자 및 경쟁 활성화 분위기를 조성하기 위한 것이었다. 그러나 당시 일부에서는 정부 예산이 낭비될 것이라고 문제를 제기하면서 반대도 있었다. 그러나 업체 간 경쟁을 촉진시키면서 오히려 예산 대비 평균 계약 금액은 줄어드는 효과를 거둔 것을 확인할 수 있었다.

본 연구에서는 업체 선정 평가와 관련하여 그동안 투명성·공정성 등을 제고시키기 위해 개선한 내용과 비용평가 산식 변경에 따라 어떤 변화가 있는지를 분석해 보고, 업체 선정 평가제도 발전 방안도 제시하고자 한다.

제2절 업체 선정 평가제도 일반

1. 업체 선정 평가 절차

무기체계 연구개발 단계에서 업체 선정 평가는 가장 중요한 절차 중에 하나이다. 업체 선정에 따라 연구개발 성패는 물론 품질 수준이 좌우되고 업체 입장에서는 때로는 업체의 사활이 달린 문제일 수도 있기 때문이다. 업체 선정 단계는 곧 계약으로 이어지게 되어 정부와 업체 간 책임관계를 정립하는 과정의 시작이며, 정부 입장에서는 주도권을 가지고 정부정책을 구현하는 수단으로 활용할 수 있는 기회이기도 하다.

방위사업청의 무기체계 연구개발사업 제안서 평가 및 협상 지침에 의하면 업체 선정 절차는 〈표 6-1〉에서 보는 것처럼 평가 항목 및 항목별 가중치, 기술능력평가 및 비용평가 배점 등이 포함된 제안요청서를 작성하여 공고한 후 관심 있는 업체를 대상으로 설명회를 실시한다. 그리고 업체로부터 제안서를 접수하여 제안서를 평가하며 그 결과를 위원회에 상정하여 협상 우선순위를 결정하고 그 순위에 따라 협상 후 계약하는 절차를 거치게 된다.

〈표 6-1〉 무기체계 연구개발사업 업체 선정 절차

단계	내용
제안요청서 작성	• 기술능력평가 및 비용평가 배점 결정 • 평가 항목 및 평가 항목별 배점 결정 • 제안요청서 검토위원회 개최
제안요청서 공고/설명회	• 입찰 공고: 40일 이상 • 입찰 공고 후 참여 희망 업체를 대상으로 설명회 개최
제안서 평가위원 선정/ 제안서평가	• 방위사업청, 국과연, 기품원, 소요군, 민간 연구소/대학 등 전문가 2배수 이상 추천, 선정 • 제안서평가팀장 책임하 평가 실시
방추위/분과위 상정	• IPT 팀장 위원회에 보고(협상 대상 업체/우선순위 결정)
평가 결과 통보	• 업체에 협상 순위, 평가 결과, 협상 일정 등 통보
협상/계약	• 업체와 가격 및 조건 협상, 계약 체결

〈표 6-2〉 연구개발사업 업체 선정 평가 배점

구분	합계	기술능력평가	비용평가	중소 · 중견기업 참여 가점	기타
점수	102점	80±10점	20±10점	2점 이내	가 · 감점

〈표 6-3〉 제안서 평가위원 자격조건

① 유사 무기체계 운용 경험이 3년 이상인 자 ② 유사 사업관리 경력이 2년 이상인 자 ③ 방위력개선 분야 연구개발 경력이 3년 이상인 자 ④ 대학의 관련 분야 전임강사 이상인 자 ⑤ 해당 분야 업무 담당자 ⑥ 국과연, 기품원, 국방연구원 등 연구원으로서 관련 분야 근무 경력이 5년 이상인 자

배점은 〈표 6-2〉에서 보는 것처럼 기술능력평가 80점, 비용평가 20점, 그리고 중소·중견기업 참여에 따른 가점 등으로 구성된다. 그리고 기술능력평가와 비용평가 배점은 10점 내에서 조정이 가능하다. 예를 들면 기술이 중요시되는 사업은 기술능력평가 배점이 90점이 되고 비용평가 점수는 10점이 된다.

또한 제안서 평가위원은 〈표 6-3〉에서 보는 것처럼 군 전문가뿐만 아니라 민간 관련 전문가를 포함하여 구성되도록 하였으며 복수로 추천하여 선정하고 있다.

2. 그동안 개선한 주요 내용

2007년부터 방위사업청에서는 무기체계 연구개발사업 업체 선정 시 '무기체계 연구개발사업 제안서 평가 및 협상 지침'을 제정하여 적용하면서 투명성, 전문성 등을 향상시키기 위해 많은 노력을 하였다. 그중에서 주요한 내용을 설명하면 다음과 같다. 첫째, 2008년 12월 전문화·계열화가 폐지됨에 따라 중소기업의 방산 참여를 확대하여 일자리를 창출하고 국가 경제난 극복에 기여하도록 2009년 1월부터 업체 선정 평가 시 참여하는 중소기업 수와 참여 규모를 고려하여 2점 범위 내에서 가점을 부여하고 있다. 이때 가점 산정 기준은 중소기업별 제안가격이 전체 제안가격의 0.5% 이상인 업체를 대상으로 하고 있다. 2012년 3월부터는 산업발전법 제10조의 2(중견기업에 대한 지원) 신설에 따라 중견기업도 이에 포함하여 적용하고 있다.

세부적인 중소기업 참여에 따른 가점 산식은 〈표 6-4〉에서 보는 바와 같다. 최초 적용 시에는 업체 간 상대평가를 통해 가점을 부여하였으나, 지나친 경쟁으로 우수한 기술력을 가진 중소기업을 보호·육성하고자 하는 취지와는 다르게 높은 점수를 받기 위해 능력이 되지 않는 중소기업을 참여시켜 오히려 개발 중 부담으로 작용하는 문제가 있었다. 이에 따라 사업 규모에 따라 중소기업 수를 정하여 가점을 부여하는 절대평가를 병행하도록 개선하였다.

〈표 6-4〉 중소기업 참여 가점 산식

① 업체 수 가점(1점) = 사업예산 규모에 따라 기준 제시
- 3,000억 이상 사업: 25개 업체 이상 참여 시
- 1,000억 이상 3,000억 미만 사업: 20개 업체 이상 참여 시
- 500억 이상 1,000억 미만 사업: 15개 업체 이상 참여 시 등

② 만점 기준 미만 업체 참여 시

$$점수 = \frac{당해\ 제안자에\ 포함된\ 중소기업\ 참여\ 수 + 중견기업\ 참여\ 수}{만점\ 기준\ 업체\ 수}$$

※ 단, 중견기업 참여 수는 중소기업 참여 수의 최대 25%로 산정

③ 참여 규모 가점(1점) = 중소기업 '병'의 공급가액 합 / '을'의 제안가격

$$점수 = \frac{중소기업의\ 공급가액의\ 합 + 중견기업의\ 공급가액의\ 합}{‘을’의\ 제안가격}$$

※ 단, 중견기업의 공급가액의 합은 중소기업의 공급가액의 합의 최대 25%로 산정

둘째, 사업예산 공개이다. 2009년 8월 이전까지는 비용평가 시에 기준이 되고 있는 평가 기준가는 공개하지 않았다. 그러다 보니 업체는 평가 기준가를 알기 위하여 다양한 노력을 할 수밖에 없었다. 이에 따라 정보력이 부족한 업체에게는 불리한 상황이었다.

이러한 상황에서도 평가 기준가를 공개하는 것에 대하여 반대 의견이 많았다. 이

유는 이를 공개할 경우에는 업체 자체적으로 원가 등 비용을 분석하지 않고 공개된 예산에 비용을 맞춰 제안하게 되고, IPT에서는 이미 평가 기준가를 업체에서 알고 있기 때문에 협상 시 불리하게 된다는 것이다. 하지만 보다 공정한 경쟁을 위해서는 어느 정도는 공개하는 것이 타당하다고 판단하였다. 그러나 어느 정도를 공개하느냐가 문제였다. 평가 기준가 자체를 공개할 경우에는 제안가격에 있어 원가에 관계없이 제시된 평가 기준가에 맞춰 비용을 제안하는 문제가 우려되었다. 최종적으로는 평가 기준가 자체는 공개하지 않고 간접비 등이 포함된 사업예산을 공개하도록 결정하였다. 즉 개략적으로 평가 기준가를 추정할 수 있는 수준을 공개함으로써 업체에서도 제안가 결정 시 참고하도록 하였다. 그리하여 평가 기준가를 알기 위한 로비를 사전에 차단하는 효과도 얻을 수 있었다.

셋째, 기술능력 중심의 업체 선정이다. 먼저 협상 대상 업체 선정 기준 강화로, 기술능력 점수와 비용평가 점수가 70% 이상인 경우에 선정하던 기준에서, 기술능력평가 점수를 해당 배점의 85% 이상 획득한 업체를 선정하도록 하였다. 또한 기술능력평가의 변별력을 향상시키기 위해 등급 간 점수 차를 3%에서 5%로 상향 조정하였다. 이렇게 개정한 이유는 2007년에서 2008년 사이에 평가한 15개 사업 중에서 4개 사업이 기술능력평가에서는 점수가 높았으나 비용평가 점수에 의해 업체 순위가 바뀐 사례가 있었는데 이것이 고려된 것이다.

국방연구개발은 단순 비용보다는 기술력이 중요하다. 기술력이 없으면 개발이 어렵게 되고 품질은 떨어지며 운영유지비용은 증가하여 결국 총수명주기 비용은 증가하는 결과를 초래할 수 있다. 그리고 다음에 언급할 비용평가 산식을 변경하여 비용평가의 영향력을 감소시켜 기술력 중심의 업체 선정이 이루어지도록 하였다. 그 이후로는 대부분 기술능력평가 점수에 의해 업체가 선정되는 성과가 있었으며 업체에게는 기술력 확보를 위해 노력하는 동기를 주었다고 생각한다.

넷째, 2012년 3월부터는 평가 항목 및 가중치를 표준화하여 적용하고 있다. 기존에는 3개의 대분류 항목별로 독립된 상태로 평가를 실시하였으나, 분과별 상호 연계성 있는 평가가 어렵다는 문제가 제기되었다. 또한 AHP 설문을 통해 가중치를 결정하였는데, 평가 항목별 가중치 차이가 과다하여 한 항목이 업체의 당락을 결정하는 요소로 작용할 우려가 있었다.

〈표 6-5〉 평가 항목 및 세부분류 항목 가중치(예)

대분류	중분류	세부분류 평가 항목 ※ 사업 특성 고려 조정 가능	가중치
개발 계획	무기체계/구성품 및 소프트웨어 개발 계획	- 개발 목표 및 추진전략	4.5
		- 체계통합 및 구성품 설계/제작 방안	5.0
		- 요구성능 충족도 등	3.5

〈표 6-6〉 세부분류 평가 항목 평가 내용(예)

중분류	세부분류 평가 항목	평가 내용
무기체계/구성품 및 소프트웨어 개발 계획	개발목표 및 추진전략	- 개발 무기체계에 대한 요구조건(작전운용 성능, 기술적 · 부수적 성능, 군 운용 적합성 등)을 정확히 분석하여 연구개발에 대한 개발 목표를 명확히 제시하고, 개발 목표를 구현하기 위한 추진 전략에 대해 창의성, 혁신성, 타당성 측면에서 적절성 등 평가

이를 개선하기 위해 2012년 3월부터 3개의 대분류를 2개의 대분류로 통합하고 평가도 1개로 통합하여 평가위원 전체가 모든 평가 항목을 평가하도록 하여 객관성을 제고시키도록 하였다. 그리고 IPT마다 사업의 특성을 반영하여 평가 기준을 설정하고 평가 항목에 대한 구체적인 평가 내용을 공개하지 않았던 것을, 〈표 6-5〉에서 보는 것처럼 표준화된 대분류, 중분류, 세부분류 평가 항목과 세부분류 평가 항목별 가중치를 입찰공고 시에 공개하도록 하였다.

그리고 〈표 6-6〉에서 보는 것처럼 세부분류 평가 항목별 평가 내용을 모두 공개하여 업체에서도 이에 따라 준비할 수 있도록 개선하였다. 물론 사업에 따라 조정은 할 수는 있지만, 대부분 공개한 표준안을 적용하여 평가가 이루어지고 있다.

다섯째, 기타 사항으로 먼저 업체의 보안감사 결과를 2009년 8월부터 평가에 반영하고 있다. 보안의 중요성은 누구나 강조할 수 있으나 보안감사 결과를 제안서 평가 항목에 반영하는 문제는 쉽지 않았다. 하지만 무기체계 개발에 대한 보안의 중요성을 확신하고 이를 반영하기 위해 고민하였는데, 결국 업체에 대한 보안감사 결과를 기존의 기술유출 방지대책에 포함하여 평가하도록 반영하였다. 2012년 3월부터는 업체의 보안사고에 대한 제재 수단이 미흡한 것을 개선하기 위해 기술유출 방지대책 배점의 30%에 보안사고 발생 여부를 반영하도록 하였다.

또한 시험장비 확보와 관련하여 업체의 시험장비 보유 여부를 평가토록 되어 있어 업체로 하여금 이를 확보하도록 유도함으로써 중복 투자의 우려가 있었다. 이를 개선하여 2012년 3월부터는 공인기관의 시험 장비 및 시설 활용 계획 등으로 평가하고 있으며, 품질에 대한 관심을 제고시켜 품질 향상을 위해 업체의 국방품질인증 및 민간품질인증 보유 여부를 평가에 반영하도록 하였다.

제3절 비용평가 제도 분석

1. 기존 비용평가 산식

2009년 8월 이전까지 비용평가 시 적용했던 비용평가 산식은 〈표 6-7〉에서 보는 것처럼 기획재정부 회계예규 '협상에 의한 계약 체결 기준'이었다. 이 산식에 의하면 비용평가 시 기준이 되는 평가 기준가 대비 60% 이하로 업체가 제안하면 최고 점수를 받게 되어 있다. 예를 들면 평가 기준가 대비 50%, 60%, 70%, 그리고 80%로 각각 제안하였다면 50%와 60%로 제안한 업체는 동일하게 최고 점수를 받게 되고, 이어서 70% 업체가 높은 점수를, 그리고 80%로 제안한 업체가 가장 낮은 점수를 받게 되어 있다. 따라서 업체에서는 사업자로 선정되기 위해 60% 이하로 제안하여 최고 점수를 받기를 원했다.

그러나 60%로 제안하여 개발업체로 선정이 된다고 하더라도 예산이 부족하여 양질의 재료를 사용하지 않거나 수준 낮은 기술자를 고용하는 등으로 결국 고품질의 무기체계 개발에는 매우 부정적으로 작용할 것으로 판단하였다.

하지만 이러한 산식은 협상을 통해 계약을 체결하는 경우에는 국내에서 공통적으로 적용하는 산식이다. 그리고 업체에서는 당연히 이러한 비용평가 방식에 대하여 기준을 높여 줄 것을 요구하고 있었다.

〈표 6-7〉 기존 비용평가 산식(회계예규)

① 제안가격을 평가 기준가의 100분의 80 이상으로 제안한 자에 대한 평가

$$\bullet\ \text{평점} = \text{비용평가 배점 한도} \times \left(\frac{\text{최저 제안가격}}{\text{당해 제안가격}} \right)$$

* 최저 제안가격: 유효한 제안자 중 최저 제안가격
* 당해 제안가격: 당해 평가 대상자의 제안가격

② 제안가격을 평가 기준가의 100분의 80 미만으로 제안한 자에 대한 평가

$$\bullet\ \text{평점} = \text{비용평가 배점 한도} \times \left(\frac{\text{최저 제안가격}}{\text{평가 기준가의 80\% 상당 가격}} \right) + \left[2\times \left(\frac{\text{평가 기준가의 80\% 상당 가격} - \text{당해 제안가격}}{\text{평가 기준의 80\% 상당 가격} - \text{평가 기준가의 60\% 상당 가격}} \right) \right]$$

* 최저 제안가격: 유효한 제안자 중 최저 제안가격
* 당해 제안가격: 당해 평가 대상자의 제안가격으로 하되, 제안가격이 평가 기준가의 100분의 60 미만일 경우에는 100분의 60으로 계산

2. 비용평가 산식 변경

2009년 당시에 비용평가 산식을 개정하여 적절한 연구개발비를 보장해 주어야 한다는 원론적인 의견도 있었지만 대부분은 반대하는 입장이었다. 반대 이유는 무엇보다도 정부 입장에서는 비용상승을 가져온다는 것이었다. 즉 이전에는 60% 이하로 제시하면 최고 점수를 받게 되기 때문에 경쟁이 치열할 경우 당연히 60% 이하로 제안했겠지만, 〈표 6-8〉에서 보는 것처럼 변경할 시에는 80% 이하로 제안 시 최고 점수를 받게 되므로 업체에서는 80% 이하로 제안하게 되어 상당히 많은 비용이 증가된

다는 것이다. 그리고 당시까지 기존의 산식으로 평가 했지만 어떤 사업도 비용이 문제가 되어 사업이 진행되지 못했던 사례가 없었다는 것이다.

〈표 6-8〉 변경한 비용평가 산식

① 제안가격을 평가 기준가의 100분의 90 이상으로 제안한 자에 대한 평가

$$\bullet\ \text{평점} = \text{비용평가 배점 한도} \times \left(\frac{\text{최저 제안가격}}{\text{당해 제안가격}}\right)$$

* 최저 제안가격: 유효한 입찰자 중 최저제안가격
* 당해 제안가격: 당해 평가 대상자의 제안가격

② 제안가격을 평가 기준가의 100분의 90 미만으로 제안한 자에 대한 평가

$$\bullet\ \text{평점} = \text{비용평가 배점 한도} \times \left(\frac{\text{최저 제안가격}}{\text{평가 기준가의 90\% 상당 가격}}\right) + \left[(\text{비용평가 배점} \times 0.1) \times \left(\frac{\text{평가 기준가의 90\% 상당 가격} - \text{당해 제안가격}}{\text{평가 기준가의 90\% 상당 가격} - \text{평가 기준가의 80\% 상당 가격}}\right)\right]$$

* 최저 제안가격: 유효한 입찰자 중 최저 제안가격
* 당해 제안가격: 당해 평가 대상자의 제안가격으로 하되, 제안가격이 평가 기준가의 100분의 80 미만일 경우에는 100분의 80으로 계산

이러한 상황에서 국가에서 공통적으로 적용하고 있는 '협상에 의한 계약 체결 기준'의 비용평가 산식을 과연 당위성만으로 변경할 수 있을까? 아무리 당위성이 있다고 하더라도 막대한 비용이 추가될지 모르는 산식을 변경하는 것은 쉬운 일이 아니었다. 자칫 예산 낭비로 감사를 받거나 문제가 될 수도 있는 상황에서 왜 추진하려고 하느냐면서 주변에서 만류도 많았다.

그러나 방위산업의 발전을 위해서는 적절한 연구개발비를 보장해 주어야 한다는 신념에는 변함이 없었다. 특히 경쟁을 하는 경우에는 60% 이하로, 경쟁을 하지 않은 경우에는 100%로 제안하여 그 수준에서 계약을 체결하는 것은 불합리하다고 여겨졌다. 즉 어느 정도는 사업별로 균형을 맞출 필요가 있고 기술력 중심의 평가를 통해 업체가 기술력 확보에 주력하도록 유도할 필요가 있다고 믿었다. 그래서 비용평가 산식 변경을 연구하였으며, 결국 다양한 시뮬레이션을 통하여 비용평가 산식에서 최

고 점수 기준을 어느 정도 높이면 경쟁이 활성화되어 오히려 비용이 증가되지 않을 수도 있다고 판단하였다. 그리하여 비용평가 산식을 변경하게 되었다.

3. 경쟁 측면 분석

비용평가 산식을 평가 기준가 대비 80% 이하에서 최고 점수를 받도록 변경한 이후 업체 간 경쟁은 매우 활성화된 것을 확인할 수 있다. 〈표 6-9〉에서 보는 것처럼 비용평가 산식 변경 전·후 경쟁 현황을 살펴보면 변경 전에는 2006년 5월부터 2009년 9월까지 확인한 44개 사업 중에서 20개 사업, 즉 45%에 해당하는 사업에서 복수 업체가 제안하여 경쟁을 하였지만, 변경 이후에는 2009년 10월부터 2011년 9월까지 확인한 66개 사업 중에서 52개 사업, 즉 79%에 해당하는 사업에서 복수 업체가 제안하여 경쟁을 했다. 비용평가 산식을 변경한 이후에 무려 34%나 복수 업체가 더 제안하여 경쟁이 활성화된 것이다.

〈표 6-9〉 비용평가 산식 변경 전 · 후 경쟁 현황

구분	평가 산식 변경 이전			평가 산식 변경 이후		
	계	단수 업체	복수 업체	계	단수 업체	복수 업체
사업 수(개)	44	24	20	66	14	52
비율(%)	100	55	45	100	21	79

그 이유는 무엇일까? 비용평가 산식을 변경한 이후에는 자금력이 조금 어려운 업체라도 80% 수준으로 입찰하여 개발업체로 선정되면 연구개발비는 보장받아 손해는 보지 않는다고 판단하기 때문에 많은 업체가 입찰에 참여하게 된 것으로 판단한다. 〈표 6-10〉에서 보는 것처럼 제안가는 70% 이하가 27%에서 2%로 줄었고, 70%~80%사이는 4%에서 39%로 대폭 증가하였다. 그리고 100% 이상은 35%에서 15%로 감소하였다. 대체적으로 80% 수준에서 가장 많이 제안을 하였고 70% 이하로

제안하는 업체는 단지 1개 업체, 2%였다. 이는 아마 업체에서 평가 기준가를 잘못 인식한 것이 아닌가 생각한다.

〈표 6-10〉 비용평가 산식 변경 전 · 후 평가 기준가 대비 제안가 분포

구분	평가 산식 변경 이전	평가 산식 변경 이후
총계	48개 사업(100%)	54개 사업(100%)
70% 이하	13개 사업(27%)	1개 사업(2%)
70 ~ 80%	2개 사업(4%)	21개 사업(39%)
80 ~ 90%	9개 사업(19%)	9개 사업(16%)
90 ~ 100%	7개 사업(15%)	15개 사업(28%)
100% 이상	17개 사업(35%)	8개 사업(15%)

이러한 결과는 고무적인 성과라고 생각한다. 기존에는 기술력은 있어서 사업에 참여하고 싶어도 비용에 부담을 느껴 입찰을 포기하는 경우가 많았을 것으로 판단할 수 있으나, 이제는 기술력이 더욱 중요한 요인으로 업체 선정에 작용하게 됨으로써 업체로 하여금 연구개발에 투자하여 기술력을 향상시키도록 분위기를 조정하는 데 크게 기여한 것이다.

참고로 참여하는 중소기업 수는 단수 업체일 경우에는 30개 사업에서 평균 3.5개였으나 복수 업체가 제안한 경우에는 44개 사업에서 평균 17개로, 복수 업체가 제안할 시 참여하는 중소기업 수가 대폭적으로 증가되는 것을 알 수 있었다. 결국 비용평가 산식을 변경함으로써 경쟁이 활성화되어 복수 업체가 많이 제안하게 되었고 참여하는 중소기업 수도 대폭적으로 증가하게 되었다.

4. 비용 측면 분석

비용평가 산식을 변경한 이후에 과연 비용은 증가되었을까? 아니면 감소되었을까? 변경 전의 상황과 변경 후의 상황이 동일하지 않아 정확하게 분석하기에 한계는

있지만, 평가 기준가 대비 업체 제안가와 계약가가 비용평가 산식 변경 후에 어떻게 변했는지의 확인을 통해 충분히 추정할 수 있을 것이다. 〈표 6-11〉 비용평가 평점 산식 변경 전·후 제안가 비율에서 보는 것처럼 비용평가 산식 변경 전에는 확인한 48개 사업에서 총 1조 97억 원의 평가 기준가에 대해 9,166억 원을 제안하여 평가 기준가 대비 업체의 제안가 비율은 90.8%였다. 그러나 비용평가 산식을 변경한 이후에는 확인한 54개 사업에서 총 1조 4,607억 원의 평가 기준가에 대해 총 1조 2,526억 원을 제안하여 평균 85.7%였다.

따라서 업체의 제안가가 평균 5.1% 감소한 것을 확인할 수 있었다. 이를 비용평가 산식 변경 후의 평가 기준가를 기준으로 환산하면 변경 후에는 744억 원이 낮게 제안된 것이다. 이는 약 2년간의 사업을 대상으로 하였기 때문에 연간으로는 약 372억 원이 낮게 제안된 것이다.

〈표 6-11〉 비용평가 산식 변경 전·후 제안가 비율

구분	평가 산식 변경 이전	평가 산식 변경 이후
평가 기준가	1조 97억 원	1조 4,607억 원
업체 제안가	9,166억 원	1조 2,526억 원
평가 기준가 대비 제안가 비율	90.8%	85.7%
비고	-	제안가 비율 90.8% 대비 5.1% 감소, 제안가 744억 원 감소

좀 더 정확하게 비용 증가 여부를 분석하기 위해 실제 계약가를 분석해 보았다. 〈표 6-12〉 비용평가 산식 변경 전·후 계약가 비율에서 보는 것처럼 비용평가 산식 변경 이전에는 평가 기준가 대비 계약가 비율이 87.5%였다. 그러나 변경 이후에는 84%로 3.5%가 낮아졌다. 이를 비용평가 산식 변경 이후의 평가 기준가 대비 계약가 감소 정도로 환산하면 511억 원이다. 이는 약 2년간 사업에 대한 분석으로 연간으로 하면 255억 원을 절감하게 되는데 이러한 현상은 매년 지속되므로 예산절감 효과는 대단히 큰 것이다.

이러한 결과는 비용평가 시 최고 점수를 받는 기준을 높임으로써 업체 간 경쟁이 활성화되어, 단수 업체로 입찰하여 100% 이상을 제안하여 계약하는 경우가 대폭적으로 줄어들었고 80% 수준으로 제안하여 계약하는 경우가 많아졌기 때문이다. 반면 이전에는 기술력이 있어도 비용이 부담되어 60%로는 개발이 어렵기 때문에 많은 업체가 포기했을 것이다. 결국 단수 업체만 제안하여 100% 수준에서 계약되는 사례가 많았던 것이다. 결과적으로 비용평가 산식 변경으로 평가 기준가 대비 최고 점수를 받는 제안가격 비율을 60%에서 80%까지 대폭적으로 높였음에도 불구하고 업체 간 경쟁이 활성화되어 비용을 크게 절감하는 성과를 거두게 되었다.

〈표 6-12〉 비용평가 산식 변경 전 · 후 계약가 비율

구분	평가 산식 변경 이전	평가 산식 변경 이후
평가 기준가	1조 97억 원	1조 4,607억 원
계약가	8,838억 원	1조 2,275억 원
평가 기준가 대비 계약가 비율	87.5%	84%
비고	-	계약과 비율 87.5% 대비 3.5% 감소, 계약가 511억 감소

제4절 업체 선정 평가제도 발전 방안

1. 연구개발 선순환에 기여

업체 선정 평가는 단순히 개발업체를 선정하는 행정적인 절차가 아니다. 이를 통해 개발하고자 하는 무기체계를 경제적으로 획득하고 정부의 정책을 추진하는 하나의 강력한 수단으로 활용하여야 한다. 이러한 차원에서 업체 선정 평가는 국방연구개발 선순환 구조로의 발전에 기여하도록 추진하여야 한다.

〈그림 6-1〉 업체 선정 평가와 연구개발 선순환 구조에서 보는 것처럼 기술력 중심의 업체 선정 평가를 통해 업체가 연구개발에 투자를 확대하여 기술력을 확보하게 하고, 이를 통해 연구개발 성공은 물론 고품질의 무기체계 개발을 보장하도록 하여야 한다. 결국 총수명주기 비용은 절감되고 방산수출 경쟁력이 제고되어 수출이 증가되고 다시 연구개발에 투자하는 선순환 구조로 발전하는 데 기여하여야 한다. 그 중요한 출발점이 바로 업체 선정 평가 단계인 것이다.

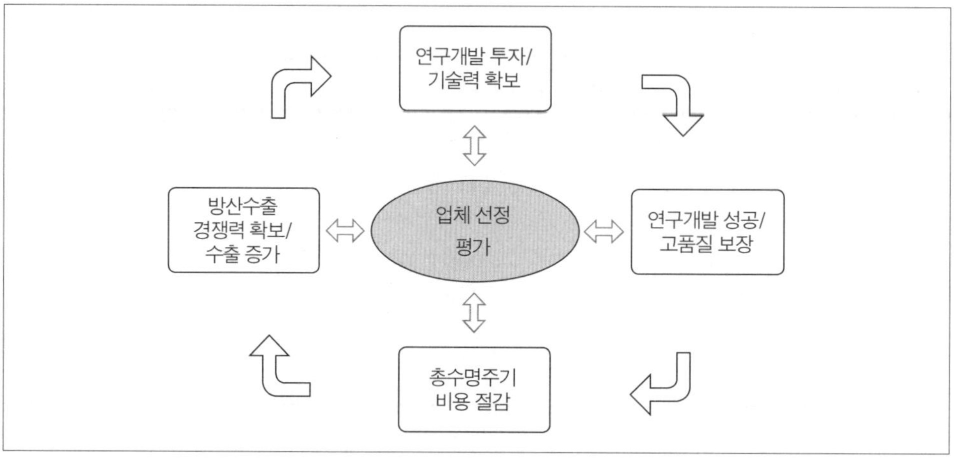

〈그림 6-1〉 업체 선정 평가와 연구개발 선순환 구조

2. 기술 중심의 업체 선정 평가

현재까지도 기술 중심의 업체 선정 평가를 위해 많은 제도 개선을 추진하였다. 하지만 현재 기본적으로 기술평가 배점이 80점, 비용평가 배점이 20점으로 되어 있는 것은 변동이 없다. 따라서 특별한 경우가 아니면 대부분 그러한 배점으로 평가를 하여 업체를 선정하고 있다. 결국 기술 중심의 평가를 한다고 하고 있지만 근본적인 변화는 없는 것으로 보인다.

따라서 이러한 업체 선정 평가 배점을 조정하는 것이 필요하다. 즉 기술평가 배점을 높이고 비용평가 배점은 줄이는 것이다. 따라서 기술평가 배점은 90점, 비용평가 배점은 10점을 기본으로 하도록 하여야 한다. 그래야 비용, 즉 가격 점수 비중이 줄어들고 기술평가 배점이 확대되어 실질적으로 기술 중심의 업체 선정 평가가 되기 때문이다.

〈표 6-13〉 업체 선정 평가 배점 조정

구분	현재	조정
기술능력평가	80점	90점
비용평가	20점	10점

3. 업체 성실도 평가 반영

이제는 업체 선정 시 기본적인 기술능력 및 비용 평가에 추가하여 업체의 과거의 성실도를 반영하여야 한다. 특히 품질 문제에 대하여 최근에 많은 문제가 발생하고 있는데 이러한 품질 문제를 다시 업체 선정 평가에 반영하여야 한다. 예를 들면 물품 적격심사 기준에서 적용하고 있는 품질하자 발생 정도, 납품 지연에 따른 지체상금 납부 여부, 부정당업자 제재 여부 등이다. 그리고 개발 중 IPT의 사업관리에 얼마나 협조하면서 성실하게 개발을 수행했는지, 야전에 배치된 후 장비에 문제가 발생했을 시 적극적인 자세로 조기에 처리했는지 등 사용자의 만족도를 업체 선정 평가에 반영하여야 한다.

이와 같이 업체의 성실도를 평가에 반영하여, 개발업체로 선정된 이후에도 성실하게 책임감을 가지고 개발하고 야전에 전력화된 이후에도 최선을 다하여 A/S를 실시하고 장비 운용의 불편함을 조기에 해소하도록 유도하는 환경을 조성하여야 한다. 〈그림 6-2〉에서 업체 선정 평가 피드백(feedback) 시스템 개념을 제안하였다. 이를 통해 업체의 연구개발 및 운용유지 중에 보여 준 모든 사항이 다시 업체 선정 평가에 반영되도록 하여야 한다. 이를 위해서는 관련 자료를 체계적으로 수집, 관리하고 평가 시에 제공하여 반영하도록 하여야 한다.

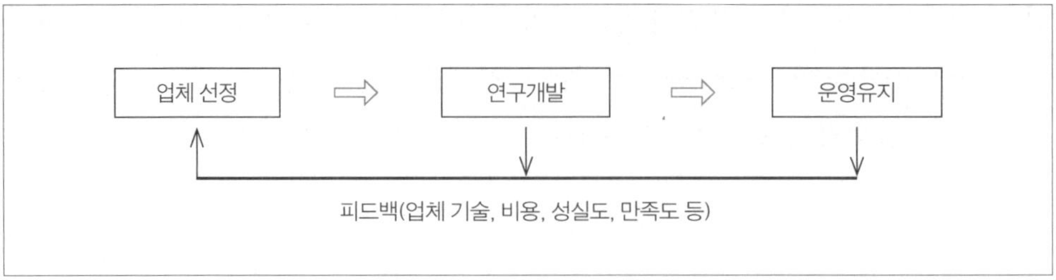

〈그림 6-2〉 업체 선정 평가 피드백 시스템

4. 복수 업체 연구개발 활성화

건전한 경쟁 유도와 양산비용 절감을 위해 선택적으로 복수 업체를 선정하여 연구개발을 추진하여야 한다. 특히 연구개발 비용은 적지만 소요량이 많아 양산비용이 큰 사업에 대해서는 적극 추진을 검토하여야 한다. 복수 업체를 통해 연구개발을 할 경우에는 최초 연구개발비는 추가로 소요되나, 복수 업체 연구개발을 통해 양산단가 및 품질을 최종적으로 평가하여 결정하므로 결국 비용을 줄일 수 있기 때문이다. 예를 들면 〈표 6-14〉에서 보는 바와 같이 연구개발비가 10억이고, 양산비용은 대당 1억 원, 소요는 1,000대라고 할 경우, 양산비용은 1,000억 원으로 총비용은 1,010억 원이다. 그러나 2개 업체에게 연구개발을 시킬 경우에는 연구개발비는 20억이 소요되나, 양산비용은 경쟁을 통해 대당 0.9억 원으로 결정되었을 경우에 총비용이 920억 원이 되며, 대당 0.8억 원일 경우에는 총비용이 820억 원이다. 또한 품질도 단일 업체보다 복수 업체를 통해 경쟁하도록 하여 개발할 시에 우수하게 될 것으로 충분히 예측할 수 있다. 이렇게 되면 개발된 무기체계의 성능은 우수할 것이고 비용은 절약하는 효과가 있을 것이다.

〈표 6-14〉 복수 업체 선정 개발 시 효과(예)

구분	1개 업체 선정	2개 업체 선정
개발비	10억	20억 원
소요량	1,000대	1,000대
양산비용	1,000억 원(대당 1억 원)	900억 원(대당 0.9억 원) 800억 원(대당 0.8억 원)
총비용	1,010억 원	920억 원(대당 0.9억 원) 820억 원(대당 0.8억 원)

5. 협력업체 선정 평가

현재 방위사업청에서는 체계업체와 계약을 체결하고 있으며 체계업체와 협력업체 사이의 계약 관계는 관여하지 않고 있다. 일반적으로 중소기업은 약자로서 대기업의 여러 가지 요구에 따르지 않을 수 없는 상황에 있다. 다양한 중소기업 육성정책으로 노력을 하고 있지만, 근본적으로 대기업과 중소기업 간 상생의 협력관계를 유지하지 못한다면 악순환은 계속될 것이다. 따라서 정부에서는 체계업체도 그들의 협력업체를 선정할 경우에 공정하고 투명하게 선정하도록 감독하여야 할 것이다. 즉 체계업체가 주요한 협력업체를 선정할 경우에 정상적인 평가 절차를 거쳐 선정하도록 통제하여야 한다. 이를 통해 원가부정 등의 문제를 사전에 차단하고 대기업과 중소기업 간 상생의 협력관계 속에서 연구개발이 이루어지도록 하여야 한다. 방위사업청이 체계업체를 선정할 때 투명한 절차에 의해 전문가에 의해 평가를 거쳐 업체를 선정하는 것과 유사한 방법으로 협력업체를 선정하도록 추진하여야 한다.

체계업체가 협력업체를 선정하는 것을 업체 당사자들의 문제라고 할 수도 있으나, 정부에서 투자하는 사업에서는 중소기업을 보호, 육성하는 차원에서 협력업체 선정에도 적극 개입하여야 한다. 공정한 사회를 구현하기 위해 적어도 국가에서 추진하는 사업에라도 이러한 제도를 정착시키고 전체 사회로 확산시켜 나가야 할 것이다. 이렇게 하는 것이 부정을 차단하여 비용을 절감하고, 기술력이 있는 중소기업이 참여하도록 관리하여 업체 스스로 기술력을 중시하여 투자하도록 유도할 수 있기 때문이다.

6. 제안서 평가위원 자동 추천 시스템 도입

현재 제안서 평가위원 선정 절차는 사업팀이 아닌 전담팀에서 자격조건이 되는 전문가를 대상으로 2배수 이상을 추천하면 무작위로 추천하는 시스템으로 선정되어 사업팀이 관여하지 못하도록 하여 투명성을 향상시켰다. 그러나 2배수를 추천하는 과정이나 최종 선정하는 과정에서 얼마든지 문제가 될 수도 있다. 즉 한정된 전문가와 추천하는 부서 등에 의해 문제가 될 우려가 있다. 근본적으로 완전하게 인위적 요인을 배제할 수는 없지만 최대한 인위적 요인을 배제시킬 수 있도록 하여야 한다.

이를 위하여 전문가 인력 풀을 만들고 시스템에서 무작위로 선정되도록 하여야 한다. 업무를 수행하는 담당자가 아무리 투명하고 공정하게 하려고 해도 평가위원 선정은 관련 이해당사자에게는 매우 중요한 관심사항이므로 오해를 불러일으킬 수도 있기 때문이다. 그리고 적극적으로 평가에 참여할 수 있도록 유인하기 위해 평가위원들에게 충분한 보상을 해 주어야 할 것이다. 제안서 평가위원으로 참여하는 것은 자칫 문제가 될 수도 있어 매우 부담스럽게 생각된다. 충분한 보상이 주어져야 많은 유능한 전문가들이 기꺼이 참여하여 능력 있는 업체를 선정할 수 있고 투명성도 향상될 것이다.

제5절 결론

무기체계 연구개발사업 업체 선정 시 적용하고 있는 평가제도에 대해 그동안 개선한 비용평가 제도, 중소기업 가점 부여, 평가위원 선정, 평가 항목 및 보안 관련 사항 등을 분석하였다. 그중에서도 비용평가 산식 변경 이후에 어떤 변화가 나타나는지를 집중적으로 분석하였다.

분석 결과는 경쟁 측면에서는 복수 업체가 제안하는 사업이 45%에서 79%로 대폭적으로 증가되어 경쟁이 활성화되었음을 확인하였다. 또한 비용 측면에서는 평가 기준가 대비 계약가 비율이 3.5% 낮아져 연간 약 255억 원을 절감하는 큰 성과가 있었음을 역시 확인하였다. 참여하는 중소기업 수도 사업당 단수 업체가 제안한 경우 3.5개에서 복수 업체가 제안하는 경우 17개로 대폭적으로 증가되었다. 결론적으로 비용평가 산식을 변경함으로써 업체 간 경쟁을 활성화시키면서 비용은 절감하고, 중소기업 참여를 확대하는 성과를 거둔 것이다.

당시 비용평가 산식 변경을 추진한 담당자로서 많은 사람들이 예산이 낭비되어 감사를 받게 된다고 반대했음에도 불구하고 산식을 변경하였는데, 기대 이상으로 성과를 거둔 것으로 확인되어 큰 보람을 느낀다. 그동안 업체에서는 비용평가 방식의 개선을 수년 동안 지속적으로 요구하였으나 예산 증가를 우려해 추진하지 못했다. 그러나 비용평가 산식을 적절하게 변경함으로써 업체의 요구를 수용하면서도 정부에서는 많은 예산을 절감하는 매우 큰 성과를 거두게 되었다. 정부에서는 지금도 많은 제도 개선을 추진하고 있다. 그러나 근본적인 개선은 미흡하다고 생각한다. 따라서 보다 근본적인 제도 개선을 추진하여야 한다. 그리고 각종 제도 개선에 대하여 주기적인 평가를 통해 제도 개선의 취지를 달성하고 있는지를 검토하고 필요시에는 능동적으로 개선하는 노력이 지속되어야 한다.

업체 선정 평가제도는 단순히 소극적인 업체를 선정하는 개념에서 벗어나 정부 정책을 실현하는 강력한 수단으로서 활용하여야 한다. 이를 연구개발 활성화, 기술개발 투자 확대, 성실한 계약 이행 및 품질 보장 등을 달성하는 수단으로 활용하고, 이를 체계적으로 추진할 수 있는 업체 선정 평가 Feed Back 시스템을 조기에 구축하여야 할 것이다.

제7장

국방연구개발 국산화 정책 발전 방안

방위사업에서 국방연구개발, 이와 연계된 국산화 정책은 매우 중요하다. 국산화 정책에 따라서 연구개발 성공과 활성화 여부가 달려 있기 때문이다. 그러나 현재는 국방연구개발에서 국산화 정책이 차지하는 비중이 미미하다. 그 이유는 국산화 정책을 연구개발 이후에 추진하는 부품 국산화에 한정하는 경향이 있기 때문이다.

따라서 국산화 정책은 연구개발 이전부터 연구개발 과정, 그리고 운용유지까지 획득 전 과정이 종합적으로 연계되도록 제도를 발전시켜야 한다.

제1절 서론

경제적이고 효율적으로 무기체계를 개발하고 장비 가동률을 높이며 운영유지비용을 절감하기 위해서는 개발하고자 하는 무기체계에 대한 면밀한 기술 분석과 분석을 기초로 한 핵심부품 개발과 이에 대한 관리가 필요하다. 그동안 우리는 국산화 장려 정책을 지속적으로 추진하였고 그러한 영향은 방산수출에도 많은 성장을 이루는 기초가 되었다. 방위사업 관리규정에서는 '국산화'를 "무기체계 · 전력지원체계 획득과 관련하여 외국으로부터 도입했거나 도입하고 있는 장비 · 부품 및 물자 등을 연구개발 또는 기술협력, 절충교역 등의 방법으로 확보한 기술과 국내외 인력 및 설비를 사용하여 개발 · 생산하려는 제반 과정"으로 정의하고 있다.

최근 국산화한 장비에서 문제가 발생하면서 이에 대한 후속조치를 추진하고 있다. 1,500마력 파워팩을 개발하여 K2 전차에 장착하기로 하였으나 개발이 지연되어 K2 전차의 전력화가 지연되는 문제가 발생하였고, K11 복합형 소총은 야전에서 운용성 시험 중 탄이 폭발하여 역시 원인 분석 및 장비 개선에 전력화가 지연되는 등 문제가 되고 있다. 정부에서는 이러한 문제를 최소화하기 위해 필드테스트 제도를 도입하여 추진하고 있다. 그러한 조치는 문제의 일부를 예방하는 데 도움이 될 것이라고 생각하지만 근본적인 해결 방안은 아닐 것이다. 이러한 문제는 국산화 정책과 관련이 있으며, 국산화 정책의 발전을 통해 보다 근본적으로 문제를 해결하는 데 기여하고자 한다.

국산화는 여러 가지 측면에서 중요한 역할을 한다. 첫째, 군수지원 측면에서 운영유지 단계에서 해외 도입 부품의 가격 폭등, 부품 단종, 대량 구매 강요 등의 문제의 영향을 최소화할 수 있다. 둘째, 기술 파급효과로 타 무기체계 개발 시 국산화 개발 부품의 적용성 및 호환성을 강화시킬 수 있다. 셋째, 경제성 측면에서 총수명주기 비용을 절감함은 물론, 수입대체 효과와 국내 조달원 확대를 통해 일자리를 확대할 수 있다. 그러나 그러한 중요성에 비하여 아직은 방위사업 정책의 주 관심사로 인식되지 못하고 있다.

본 연구에서는 현재의 국산화 정책에 대한 분석을 통해 발전 방안을 제시하고 제시한 발전 방안에 대하여 AHP 기법을 적용하여 우선순위 및 중요도를 도출하여 향후 국산화 정책 발전에 기여하고자 한다.

제2절 국산화 정책 일반

1. 국산화 관련 법, 규정

방위사업법 제11조(방위력개선사업 수행의 기본원칙)에 의하면 "국방과학기술발전을 통한 자주국방의 달성을 위한 무기체계의 연구개발 및 국산화 추진"이라 하여 무기체계의 연구개발과 더불어 국산화를 강조하고 있으며, 시행규칙 제10조(연구개발의 절차 등)에서는 "방위사업청장은 제1항에 따른 무기체계의 연구개발 단계를 수행함에 있어서는 당해 무기체계의 부품 국산화가 최대한 확보될 수 있도록 하여야 한다"라고 하여 부품 국산화 추진을 장려하고 있다.

한편 국방전력발전업무훈령에는 방위사업청장이 개발 또는 양산 단계에 있는 무기체계의 국산화 목표, 범위, 대상 등 방침을 설정하고, 단계적인 국산화 계획을 수립도록 반영되어 있다. 그리고 운영 중인 군수품의 부품 국산화는 국방부(군수관리관실)에서 수행하도록 되어 있다. 부품 국산화와 관련된 기관 및 업무는 〈표 7-1〉에서 보는 바와 같으며 국방부, 방사청, 기품원 및 국과연 등 많은 기관 및 부서가 관련되어 있다.

방위사업관리규정에는 부품 국산화의 일반 원칙과 체계부품 국산화 제반사항에 관하여 규정하고 있다. 이 규정에 기초하여 다음과 같이 3개의 지침으로 구분하여 적용하고 있다. ① 무기체계 양산 단계의 부품 국산화 지침에서는 양산 단계 일반부품 국산화 제반 사항 및 개발 절차를 반영하여 적용하고 있으며, ② 무기체계 핵심부품 국산화 개발지원 사업 운영규정에서는 양산 단계에서 예산지원을 통한 핵심부품 국산화 업무 절차를 규정하고 있다. 그리고 ③ 구매조건부 신제품 개발사업의 부품 국산화 개발지침에서는 중소기업청에서 주관하는 구매조건부 신제품 개발사업을 효율적으로 관리하는 데 필요한 사항을 규정하고 있다.

〈표 7-1〉 부품 국산화 관련 기관 및 업무

구분		업무
국방부 (군수관리관실)		운영유지 단계의 부품 국산화 정책 수립, 대상 품목 승인
방사청	방산 진흥국	• 국산화 정책 수립 및 부품 국산화 종합계획의 수립 • 부품 국산화 관련 법령, 규정 등 제 · 개정 • 부품 국산화 개발 승인 및 취소 • 기품원의 국산화 업무 조정 · 통제
	IPT	• 개발주관기관이 제출한 국산화 추진계획의 검토 · 수정 및 승인 • 국산화 대상 품목의 발굴 및 체계개발 단계 국산화개발 관리 • 일반부품 국산화 개발에 대한 타당성 검토
기품원		• 양산 단계 부품 국산화에 대한 개발 신청 접수 및 개발관리, 규격화 및 목록화 주관 • 일반부품 국산화 인증심사 및 연구개발 확인서 발급 • 국산화 자료의 관리, 국산화 정보체계의 운영 및 관리
국과연		• 국산화 개발관리기관의 요구에 따른 기술 검토 • 개발소요 제기 품목의 타당성 검토 지원 • 국과연 주관 연구개발사업의 수입 부품 목록 및 관련 자료 지원
합참		운용시험평가 실시(운용시험평가 대상 부품)
각 군		운영유지 단계 부품 국산화 개발관리

2. 부품 국산화 구분

획득단계별 국산화 승인 및 관리 기관은 〈표 7-2〉에서 보는 것처럼 체계개발 단계와 양산 단계에서의 양산계획에 반영하여 부품 국산화를 추진하는 경우에는 IPT에서 주관하여 개발하며, 양산 단계의 추가 소요에 대해서는 방산진흥국이 승인하고 기품원에서 관리하고 있다, 그리고 운영유지 단계는 국방부(군수관리관실)에서 승인하고 기품원 또는 각 군이 관리하고 있다.

〈표 7-2〉 획득단계별 국산화 승인 및 관리 기관

구분		승인기관	승인부서	관리기관
체계개발 단계		방위사업청	IPT	IPT
양산 단계	계획 반영	방위사업청	IPT	IPT
	추가 소요	방위사업청	방산진흥국	기품원
운영유지 단계		국방부	군수관리관실	기품원, 군수사

3. 양산 단계 추가 소요 부품 국산화

양산 단계 추가 소요에 대한 부품 국산화는 방산진흥국이 주관하는 일반부품 국산화와 핵심부품 국산화로 구분되며, 중소기업청이 주관하는 구매조건부 신제품 개발사업으로 구분하여 추진하고 있다. 〈표 7-3〉에서 양산 단계 부품 국산화의 대상, 기간 및 예산지원 내용을 보여 주고 있다.

양산 단계에 추가 소요되는 부품의 국산화 개발 절차는 다음과 같다. ① 소요 접수/대상 품목 선정 단계로, 기품원이 업체 등으로부터 접수하여 관련 기관의 개발 타당성을 검토한 후 검토 의견을 방산진흥국에 제출하면 방산진흥국에서 개발 대상 품목을 선정한 후 관련 기관에 통보한다. ② 인터넷 공고 및 개발 계획 신청 단계로 기품원은 인터넷에 공고하고 참여 희망 업체는 분기 단위로 개발 계획서 및 관련 서류를 제출한다. ③ 개발 품목 및 업체 선정, 결과 통보 단계로 기품원에서 심사하여 부품

〈표 7-3〉 양산 단계 추가 소요 부품 국산화 구분

구분	대상	기간	예산지원
일반부품 국산화	수입대체효과, 기술파급효과, 부품 단종 예상되는 품목 등	36개월 * 최대 2년 연장 가능	없음
핵심부품 국산화	중소기업 대상, 국외도입 핵심부품, 핵심기술 시제품 등	협약서 명시 기간 * 최대 2년 연장 가능	최대 10억 원 * 개발자금의 75% 이내 지원
구매조건부 신제품사업	중소기업 대상, 향후 5년간 매년 1억 원 이상 조달 소요가 있는 품목	1~3년	* 개발자금의 75% 이내 지원

〈표 7-4〉 부품 국산화 인증 기준

① 개발 승인 당시 국외조달실적 가격(단, 물가상승률 및 환율 변동 고려) 대비 원가절감 비율이 20% 이상이고, 부품 국산화율 50% 이상 달성 ② 기술파급효과가 큰 핵심부품 연구개발의 경우 부품 국산화율 50% 이상 달성 ③ 위의 각 호에 해당하지 않은 품목의 경우 부품 국산화율 70% 이상 달성

국산화 인증 심의회에 상정, 품목 및 업체를 선정한다. ④ 마지막으로 기품원과 업체 간 개발협약을 체결하고 부품을 개발한다.

일단 개발이 완료된 후 시험평가를 실시하는데 그 내용과 절차는 다음과 같다. ① 업체에서 자체 평가를 실시한다. 즉 외관, 성능, 환경시험 및 신뢰성 입증시험을 한다. ② 개발시험평가를 실시하며 기품원은 기술용역 계약을 체결하여 시험평가를 지원한다. ③ 부착시험평가를 실시하는데 실장비에 부착하여 시험하며, 부착시험이 필요하지 않다고 판단되는 경우에는 관련 기관과 협의하여 시험평가 생략이 가능하다. 그리고 ④ IPT에서 운용시험평가(2011년 8월 반영)가 필요하다고 판단될 경우에 분석시험평가국에 운용시험평가를 요구하여 실시할 수 있다. 국산화 개발이 완료되면 부품 국산화 인증심사를 하게 된다. 이때 국산화 인증 기준은 〈표 7-4〉와 같으며, 국산화율 개산 방식은 아래 수식에서 보는 바와 같다. 이때 부품을 수입하여 단순 조립하였거나 수입한 부품을 구매하였을 경우에는 그 부품은 국내 제조품으로 보지 않고 있다. 그리고 부품 국산화율 70% 이상을 달성한 경우에는 기품원에서 승인하고 기타의 경우에는 방산진흥국에서 부품 국산화 인증 심의회 운영을 통해 승인한다.

$$\text{국산화율} = \frac{\Sigma \text{국내 제조(자체 제조 · 구매) 단위부품 단가} + \text{조립비용}}{\Sigma \text{국내 제조(자체 제조 · 구매)단위부품 단가} + \text{조립비용} + \Sigma \text{수입 단위부품 단가}} \times 100$$

최근 5년간 양산 단계에서 부품 국산화 추진은 〈표 7-5〉 최근 부품 국산화 완료 현황에서 보는 것처럼 기품원에서 71%, 육군이 11%, 해군이 12%, 공군이 6%를 차지하고 있다. 따라서 가장 많은 비중을 차지하는 기품원의 역할이 다른 기관보다 중요하다. 그러나 그러한 역할은 이미 선정된 부품에 대한 관리 업무를 수행하는 것을 기준으로 한 숫자이다.

<표 7-5> 최근 부품 국산화 완료 현황

(단위: 개)

구분	계	기품원	육군	해군	공군
계	1,703	1,208	190	210	95
비중(%)	100	71	11	12	6

제3절 국산화 정책 분석

1. 국산화 업무 수행 체계

먼저 관련 규정 및 지침이 분산되어 있다. 방위사업관리규정, 무기체계 양산 단계의 부품 국산화 지침, 무기체계 핵심부품 국산화 개발지원 사업 운영 규정 및 구매조건부 신제품 개발사업의 부품 국산화 개발 지침 등 별도로 규정과 지침을 운용하기 때문에, 관련 기관 및 관심 업체가 용이하게 접근하여 활용하기에 어려움이 있고 특히 양산 단계의 지침은 3개로 분리되어 있어 부품 국산화 관련 규정과 지침을 종합적으로 검토하여 통합하는 것이 필요하다.

또한 관련 조직이 분산되어 운영되고 있다. 즉 부품 국산화는 국방부(군수관리관실, 각군), 방위사업청(IPT, 방진국), 국과연, 기품원 등이 분산되어 업무를 추진하고 있으나, 이는 무기체계 개발 및 운영유지 기관 등 현실이 반영된 것으로 법 개정 등을 통해 일원화시키는 것은 현실적으로 어려울 것으로 판단한다. 그리고 방위사업청 내에서 양산 단계 일반부품 국산화를 IPT에서 추진하는 방안을 검토할 수 있으나, IPT에서 추진할 경우에는 소극적으로 추진하여 결국 부품 국산화 추진 목적을 달성하기에 제한이 되므로 별도의 조직에서 이를 강력하게 추진할 수 있도록 검토하여야 한다.

연구개발 중 IPT는 일정, 성능을 최우선하여 개발하는 조직으로 관련 부품에 대한 종합적인 지식 및 정보가 제한되어 부품 국산화를 주도적으로 추진하기에는 한계가 있다. 현재는 업체에서 제시하는 품목을 승인 및 관리하는 수준으로 추진하고 있다. 고도의 기술이 필요하고 경제성이 있는 핵심부품은 무기체계 개발 및 양산 중에 추진하기에는 개발 위험이 크기 때문에 추진이 어려운 것이 현실이다. 예를 들면 K2 전차에 적용한 1,500마력 파워팩 개발 지연이나, 경구난차량(K21)의 경우 윈치 국산화가 실패하여 전력화 시기가 지연되는 사례가 발생하였다.

방산진흥국의 입장은 체계개발 단계에서 주요 부품 국산화(50~80%)가 이루어지고, 나머지에 대하여 양산 단계에서 부분적으로 부품 국산화를 추진하고 있으므로 크게 영향을 미치지 못한다고 할 수 있다. 양산 단계에서 부품 국산화 품목을 선정할 시 주로 업체로부터 소요를 접수받아 이를 검토하여 승인하고 있다. 즉 업체 중심의 품목 선정 등 소극적인 부품 국산화 추진을 무기체계별 핵심기술 개발과 연계하여 체계적으로 추진하여야 한다.

2. 국산화 부품 신뢰성 문제

체계개발 단계에서는 개발 이후에 개발시험평가와 내구도시험을 포함하여 운용시험평가를 거쳐 최종 시험평가 합격 여부를 판단하여 규격화를 실시한다. 필요시 시험평가 보완사항으로 조치하고, 이를 보완하여 규격서에 의해 기품원이 주관하여 평가한 후에 전력화를 추진하고 있다.

양산 단계에서는 업체 자체적으로 평가한 후에 기품원이 업체와 용역계약을 체결하여 개발시험평가, 부착시험 등을 실시하고, 평가에 합격하고 국산화율을 충족하면 연구개발확인서를 발급해 주고 있다. 그러나 체계개발 단계보다는 불충분한 시험을 실시하여 부품의 신뢰성 및 내구성에 문제가 제기되고 있으며, 적용 시기도 부품 국산화가 완료되면 수시로 장비에 적용하고 있는 실정이다. 그리고 필요시 분석시험평가국에서 운용시험평가를 실시할 수 있도록 지침에는 반영되어 있으나 구체적인 절차가 미흡하고 실제 적용 사례는 아직 없다. 따라서 주기적으로 야전에서의 통합평가 실시 및 운용시험평가 방안에 대한 구체화가 필요하다.

3. 국산화 인프라 문제

국산화를 성공적으로 추진하기 위해서는 소요가 결정된 무기체계별로 기술분석을 기초로 국산화 계획을 체계적으로 수립하여 추진하여야 한다. 특히 핵심기술에 대한 체계적인 분석과 투자가 이루어져야 한다. 하지만 아직도 연구자 중심의 핵심기술 소요가 결정되어 연구되는 경향이 있다.

기품원에서 국산화 정보체계를 2008년 11월부터 운용 중이나 무기체계별 전체의 부품 국산화 계획, 완료/진행/예정 현황 및 가격정보 등 종합적인 정보 제공이 제한되고 있다. 현재는 개발 완료, 진행, 취소 등 현황과 관련 양식 등이 제공되고 있다. 그리고 유관 기관 정보체계와 정보 공유가 제한된다.

부품 국산화와 관련이 있다고 판단되는 각종 정보체계를 〈표 7-6〉에 제시하였는데, 국산화정보체계, 통합사업관리정보체계, 국방표준종합정보체계, 국방통합원가시스템 등이 상호 연동되어야 관련 정보의 용이한 활용이 가능하다. 따라서 관련 정보체계를 통해 누구나 쉽게 활용할 수 있도록 개선이 필요하다. 또한 체계업체 입장에서는 부품의 국산화를 추진할 시 사업 리스크가 커지고 기존의 협력업체가 변경해야 하는 경우도 있기 때문에 부품 국산화에 소극적으로 임하고 있다.

〈표 7-6〉 국산화 관련 정보체계

정보체계	관련 정보
국산화정보체계(기품원)	부품 국산화 완료, 진행 현황, 각종 양식 등
통합사업관리정보체계(사업본부)	해당 사업의 부품 국산화 계획/실적
국방표준종합정보체계(계약본부)	부품 단종 정보, 규격 및 목록 정보
국방통합원가시스템(계약본부)	국산화율 산정 관련 실적 가격
형상관리정보체계(기품원)	도면 등 형상관리정보

제4절 국산화 정책 발전 방안

국산화 정책 발전 방안 도출 과정은 다음과 같다. 먼저 연구자가 선행연구를 통해 발전 방안을 검토하였고, 이를 국산화에 관련된 업무를 수행하는 방위사업청, 기품원 및 업체 등 전문가와의 인터뷰를 통해 보완하여 선정하였다. 이를 통해 내용에 대한 타당성과 활용성을 높이고자 하였다.

1. 국산화 업무 수행 체계 발전

1) 국산화 관련 규정 통합

국산화 관련 규정 및 지침을 효율적으로 통합하여 사용자가 이해하기 쉽고 편리하게 사용하도록 하여야 한다. 규정에는 개념, 목적, 기관 업무 및 부품 국산화 정책의 일반적인 사항을 반영하고 3개의 지침을 하나로 통합하는 방안이 필요하다고 판단한다. 〈표 7-7〉에서 규정 및 지침 통합 방안을 제시하였다.

〈표 7-7〉 규정 및 지침 통합 방안

<table>
<tr><th>구분</th><th>규정(~에서)</th><th>통합(~으로)</th></tr>
<tr><td>체계부품 국산화</td><td>방위사업관리 규정</td><td>방위사업 관리규정
• 개념, 목적, 기관 업무 등
• 각 부품 국산화 정책의 일반적인 사항</td></tr>
<tr><td>일반부품 국산화</td><td>무기체계 양산 단계의 부품 국산화 지침</td><td rowspan="3">부품 국산화 업무 운영규정
• 총칙
• 체계부품 국산화
• 일반부품 국산화
• 핵심부품 국산화
• 구매조건부 신제품 개발</td></tr>
<tr><td>핵심부품 국산화</td><td>무기체계 핵심부품 국산화 개발 지원 사업 운영규정</td></tr>
<tr><td>구매조건부 신제품 개발</td><td>구매조건부 신제품 개발사업의 부품 국산화 개발지침</td></tr>
</table>

2) 국산화 관련 조직 보강

현재는 국산화를 체계적으로 추진할 수 있는 조직이 미흡하다. 관련 조직은 국방부, 방사청, 각 군, 국과연 등에서 추진하고 있지만 이를 통합하여 전체적으로 조정, 통제하여 국산화 부품의 활용성을 증대시키고 이를 전반적으로 지원할 조직의 보강이 필요하다. 예를 들면 국방부 및 방사청에서 정책을, 기품원에서 개발관리와 정보시스템을 관리하고 있는데 정책과 관리기관의 사이에서 실질적으로 이를 지원할 수 있는 부품 국산화 추진 조직이 필요하다. 이러한 조직의 보강은 향후 투입될 예산, 인력에 비하여 그 이상의 성과를 낼 수 있을 것으로 판단한다. 국방기술센터에 우선 인력을 보강하여 추진하는 방안을 검토할 수 있을 것이다.

3) 체계적인 품목 도출, 추진

무기체계 소요가 결정되면 우선 무기체계 개발과 연계한 핵심기술을 분석하고 이를 체계적으로 개발하여야 한다. 즉 핵심기술 개발에는 체계에 필요하고 경제적 가치가 있는 고도의 기술이 요구되는 기술의 선정이 필요하고, 가능한 체계개발 이전에 개발을 완료하고 부득이 체계개발과 병행할 시에는 개발이 지연될 경우와 실패할 시에 대한 대비책을 사전에 강구하여야 한다.

선행연구 시에 국산화 관련 내용을 포함하여 연구하도록 하여 국산화 대상 부품을 분석하여 제시하게 하고, 업체 선정 평가 시 부품 국산화 관련 평가를 강화하여야 한다. 〈표 7-8〉에서 보는 것처럼 연구단계별로 국산화 목표와 품목을 계획에 반영하여 추진하고 주기적으로 이를 검토하고 보완하여야 한다.

〈표 7-8〉 국산화 추진 계획(예)

구분	핵심기술	체계개발	양산 단계	운영유지	불가능/불필요
국산화 목표	5%	75%	15%	5%	5%
대상 품목	각 단계별 대상 품목 관리				

4) 업체 자체 투자개발 유도

국산화 정책의 성과를 극대화하기 위해서는 소요가 결정된 무기체계의 성능을 최대한 조기에 공개하여 업체에서 미리 투자하여 핵심부품을 개발하도록 유도하는 것이 필요하다. 모든 것을 비밀로 하여 제안요청서가 공고될 때까지 공개하지 않고 단기간 내에 개발하기에는 많은 어려움이 있기 때문이다. 이렇게 하는 것이 개발에 대한 위험을 줄이고 부품에 대한 신뢰성도 높일 수 있으며 연구개발을 활성화시키는 데에도 크게 기여할 것이다.

2. 국산화 부품 신뢰성 증대

1) 업체 자체 시험평가 강화

무엇보다도 부품을 개발하는 업체가 스스로 책임감을 가지고 부품에 대한 신뢰성 및 내구성을 입증시켜야 한다. 현재는 자체평가 및 부착시험 등이 이루어지고 있지만 부품 결함이 많이 발생하고 있다는 것을 고려하여야 한다. 사실 장비에 장착된 이후에 야전부대에서 결함이 생기면 이를 해결하기 위한 비용은 증가하고 야전부대는 전투 준비를 충실히 하지 못하는 문제가 발생하게 된다. 따라서 업체 스스로 신뢰성 있는 부품을 개발하는 데 관심을 가져야 하고 스스로 판단하여 필요시 검사도 추가하여야 할 것이다.

야전에서 운용하다 보면 환경이 열악하기 때문에 생각하지도 못하는 문제가 발생할 수 있다. 따라서 그러한 환경을 고려하여 개발하고 시험하여야 한다. 이제는 단순히 개발에 성공했다고 좋아할 것이 아니라 야전에서 운용하는데 문제없는 부품을 개발하는 데 목표를 두어야 한다.

2) 운용시험평가 강화

주요 부품에 대해서는 시험평가 부서 주관으로 운용시험평가를 할 수 있도록 규정에는 반영되어 있으나, 아직까지 실시한 사례는 없고 이를 시행할 수 있도록 구체화가 되어 있지 않다. 즉 시험평가 시 전력화가 중단되는 문제, 비용, 판정 기준 등에 대한 대책이 필요하다. 또한 산발적으로 개별 부품 단위로 평가하여 수시로 장비에 적용하는 현재의 시스템을 주기적으로 통합하여 시험평가를 실시하고, 이를 반영하여 양산 등을 추진하는 방안에 대한 검토가 필요하다.

주요한 핵심기술은 가급적 사전에 개발하여 충분히 시험을 하도록 하여야 한다. 특히 시험평가 시 주로 체계성능 측면에서 평가를 하고 있으나, 핵심부품에 대해서는 성능뿐만 아니라 개별 부품에 대한 내구성 시험 등을 강화하여야 한다. 하지만 모든 핵심기술을 그렇게 개발하기 어려운 측면이 있기에 양산 중에 부품을 개발할 경우가 많이 발생하는데 이때에는 운용시험평가에 준하는 평가가 이루어지도록 하여야 한다. 부실한 평가를 통한 부품 결함을 최대한 방지하여야 하기 때문이다.

3) 기존 부품 최대 적용

신규로 개발하는 것은 많은 투자가 필요하고 개발 후에는 많은 시험을 통해 입증이 되어야 한다. 그러나 기존에 개발한 각종 기술 및 부품에 대한 정보 공유가 제한되고 관심이 부족하여 유사한 부품이나 동일한 성능의 부품을 이미 적용하고 있음에도 불구하고 새롭게 개발하는 경우가 많다. 따라서 부품을 개발하기에 앞서 유사한 부품이나 동일한 부품이 있는지를 면밀히 검토하여 가능한 한 이미 입증된 부품을 최대한 활용하는 것이 비용을 줄이고 부품의 신뢰성도 증가시키는 효율적인 방안이다.

3. 국산화 인프라 확충

1) 핵심기술 개발 강화

무기체계 소요가 결정되면 무기체계에 소요되는 핵심기술을 분석하여 가능한 한 사전에 핵심기술을 개발하는 접근이 필요하다. 중요한 핵심기술을 무기체계 개발과 동시에 함으로써 생기는 문제가 크기 때문이다. 예를 들면 1,500마력 파워팩을 장비와 병행하여 개발하였으나 개발이 지연되어 결국에 K2 전차의 전력화가 지연되는 결과를 초래하고 있다.

따라서 무기체계에 대한 기술분석을 통해 체계적으로 개발하는 전략이 필요하다. 무기체계는 수만 개의 부품이 성능이 발휘되어야 운용된다. 그중에서 하나만 문제가 있어도 전체 무기체계를 운용하지 못하는 결과를 초래한다. 따라서 치밀한 분석을 기초로 체계적인 접근을 통한 개발이 필요하다.

2) 국산화 지원제도 강화

2010년부터 핵심부품 국산화를 위해서 예산을 지원하고 있는데, 매년 10개정도의 핵심기술을 선정하여 지원해 주고 있다. 그러나 일반부품 국산화에 대해서는 정부에서 지원을 하지 않고 있다. 하지만 사소한 부품도 성능에 결정적인 영향을 미치는 경우가 많기 때문에 안정적인 부품 조달을 보장하기 위해서는 지원 방안을 적극 강구하여야 한다. 중소기업청과도 협의하여 구매조건부 신제품 개발사업에 대한 지원도 확대하여야 한다.

3) 체계업체 인센티브 부여

체계업체는 양산 중 부품 국산화를 추진하는 것에 부담을 느낀다. 국산화로 개발한 부품이 문제가 생기면 체계의 전력화에 문제가 생기기 때문이다. 그리고 개발 비용이 구입하는 경우보다 작아지면 오히려 이익이 감소하는 문제도 있기 때문이다. 따라서 체계업체는 부품을 국산화하는 것을 꺼리는 것이 현실이다. 그러나 부품 국산화를 위해서는 각종 시험지원 등 체계업체의 적극적인 참여가 필요하다. 이를 위해서는 시험평가비를 지원하고 적어도 부품 국산화를 통해 손해는 보지 않도록 이전의 이익은 보장해 주는 것이 필요하다.

4) 국산화 정보체계 보강

국산화 정보체계를 중심으로 한 유관 정보체계의 통합 및 연동을 통해 사용자가 쉽게 사용토록 조치가 필요하다. 무기체계별 전체 부품, 각 연구단계별 국산화된 부품, 개발 중인 부품, 예정 중인 부품, 계획하고 있지 않은 부품 등 현황 제시와 국산화된 부품에 대한 상세 내용(성능, 용도, 업체, 비용 등)을 관리하여 신규 품목을 선정하거나 무기체계 개발 시 중복 개발하지 않도록 하여야 한다.

제5절 국산화 정책 우선순위 도출

1. 우선순위 및 중요도 도출

국산화 정책에 대한 우선순위 및 중요도를 도출하는 이유는 제한된 예산 및 조직, 규정 문제 등으로 많은 제도를 동시에 발전시키기에 현실적으로 어려움이 있기 때문이다. 따라서 우선순위와 중요도를 고려하여 추진하는 것이 좀 더 현실적이라 생각한다. 본 연구에서는 우선순위를 AHP 기법을 적용하여 도출하였다. 설문은 국산화 관련 업무를 수행하는 전문가를 대상으로 실시하였으며, 일관성 비율(Consistency Ratio)은 0.1을 기준으로 하였다

2. 우선순위 및 중요도 도출 결과

전문가 설문을 통해 국산화 정책에 대한 우선순위를 도출한 결과는 〈표 7-9〉에서 보는 바와 같다. 정책요인에서는 국산화 업무 수행 체계 발전이 0.6271로 가장 높게 나왔으며, 다음은 국산화 부품 신뢰성 증대로 0.2589로 나왔고, 마지막은 국산화

인프라 확충으로 0.1140으로 가장 낮게 나왔다.

정책 발전 방안에서는 체계적인 국산화 품목 도출 및 개발이 0.1868로 가장 높았고 다음은 국산화 관련 규정 통합으로 0.1859였다. 국산화 부품 신뢰성 증대에서는 기존 부품 최대 적용이 가장 높았고, 국산화 인프라 구축에서는 핵심기술 개발 강화가 가장 높게 나왔다. 이러한 결과는 향후 국산화 정책을 수립하고 발전시키는 데 많은 도움이 되리라 믿는다.

〈표 7-9〉 국산화 정책 발전 방안별 가중치

정책요인	정책 발전 방안	정책요인 내 가중치	가중치
국산화 업무 수행 체계 발전 (0.6271)	국산화 관련 규정 통합	0.2965	0.1859
	국산화 관련 조직 보강	0.2134	0.1338
	체계적인 품목 도출, 추진	0.2978	0.1868
	업체 자체 투자개발 유도	0.1923	0.1206
국산화 부품 신뢰성 증대 (0.2589)	업체 자체 시험평가 강화	0.2136	0.0553
	운용시험평가 강화	0.3569	0.0924
	기존 부품 최대 적용	0.4295	0.1112
국산화 인프라 확충 (0.1140)	핵심기술 개발 강화	0.3999	0.0456
	국산화 지원제도 강화	0.1147	0.0131
	체계업체 인센티브 부여	0.1595	0.0182
	국산화 정보체계 보강	0.3259	0.0371

제6절 결론

경제적이고 효율적인 군사력 건설 및 운영유지를 위해서는 국산화에 대한 중요성의 인식과 이에 대한 관심이 필요하다. 그동안 국산화 정책을 통하여 많은 성과를 거둔 것은 사실이다. 이제 새로운 출발을 위해 국산화 정책에 대한 전반적인 분석을 통한 미래 대비가 필요하다.

본 연구를 통하여 국산화 업무 수행 체계 발전, 국산화 부품 신뢰성 증대 및 국산화 인프라 확충 등 3개 분야에서 체계적인 국산화 품목 도출 및 개발, 국산화 관련 규정 통합 등 11개의 발전 방안을 도출하였다. 그리고 발전 방안별 중요도 및 우선순위를 제시하였다.

국산화 정책에 대한 연구는 당시의 환경에 따라 지속적으로 연구하고 발전시켜야 한다. 이제는 국방연구개발에서 개발 성공은 물론 비용 절감, 품질 향상, 그리고 나아가서는 수출 경쟁력 확보를 요구하고 있다. 이러한 환경에서 핵심기술 국산화는 더욱 큰 역할을 하게 될 것이다. 핵심기술 국산화에 이러한 모든 것이 달려 있기 때문이다. 따라서 이에 대하여 더 많은 관심과 투자가 필요하다. 이러한 관심과 투자의 결과는 지금 당장 나타나지 않고 시간이 걸리지만 그러한 미래에 대한 투자 없이는 조만간 한계에 부딪치게 될 것이다.

우리는 현재 상당한 수준의 기술력을 바탕으로 무기체계 개발은 물론 방산수출에서도 많은 성과를 거두고 있다. 그러나 부가가치가 높은 많은 핵심부품은 아직도 선진국에 많이 의존하고 있는데, 이제는 우리가 이 부품을 개발할 수 있어야 한다. 그리고 국산화 업무 수행에는 많은 관련 기관이 있다. 따라서 중·장기적으로는 이를 조정하고 통제할 수 있는 조직을 보강하여 국산화 업무에 대한 컨트롤 타워 역할을 수행하게 하는 것이 필요하다.

제8장

국방연구개발 표준화 정책 발전 방안

효율적이고 경제적인 무기체계 개발을 위해서는 표준화가 절대적으로 필요하다. 그러나 현실은 표준화에 대한 중요성을 충분히 인식하지 못하고 있고, 관심과 노력도 미흡하며, 그에 따른 제도도 미흡하여 표준화를 통한 경제성과 효율성의 성과도 충분히 얻지 못하고 있다. 이제부터라도 표준화 업무를 획득의 부산물이 아니라 획득의 주체로서 인식하고, 연구개발 단계별로 표준화를 향상시킬 수 있는 시스템을 조기에 구축하고 적용하여야 한다.

제1절 서론

그동안 우리는 국방 기술력이 부족하여 무기체계 연구개발 목표를 부득이 군에서 요구하는 시기에 요구하는 성능을 충족하는 것에 두었다. 그러나 지난 40여 년간 연구개발을 통해 우리도 일부 분야에 대해서는 상당한 수준의 기술력을 보유하게 되어 이제는 시기와 성능 충족은 물론 비용 절감, 품질 향상 및 수출 증진을 목표로 요구하고 있다. 그렇다면 그러한 목표를 효율적으로 달성하는 방안은 무엇일까? 그중에 하나가 바로 이미 성능이 입증되어 사용 중인 기존 부품을 최대한 활용하여 호환성을 확대하고 중복 투자를 방지하며 장비의 신뢰성을 높이는 것이라고 믿는다.

미국 등 선진국에서는 호환성을 확대하는 표준화를 비용 절감 등 효율적인 군사력 건설의 중요한 요소로 인식하고 적극적으로 추진하고 있다. 하지만 우리는 표준화를 연구개발 이후의 규격화, 품목지정 등 후속처리 중심으로 추진하고 있어 표준화 향상을 통해 달성 가능한 비용 절감 및 효율적인 군수지원의 기여는 미흡한 실정이다.

따라서 이제부터라도 표준화 업무를 획득의 부산물이 아니라 획득의 주체로서 인식하고 연구개발 단계별로 표준화를 향상시킬 수 있는 시스템을 구축하여 이를 적극 추진하여야 한다. 이러한 표준화 추진은 유사 또는 동일 부품의 중복 개발을 억제하면서 새로운 기술 개발을 유도하는 효과가 있다. 일단 새로운 기술을 적용하여 성능은 향상되면서 비용이 저렴해져 표준품목으로 인정을 받으면 그 이상의 성능과 비용을 절감하는 새로운 부품이 나오기 전까지는 상당 기간 적용을 보장받기 때문이다. 본 연구에서는 경제적으로 무기체계를 개발하고 총수명주기 비용을 절감하는 데 기여하고자 표준화 정책 발전 방안을 제안하였다.

제2절 해외 표준화 동향

1. 미국

표준화의 대표적인 사례로 포드 자동차 사례를 들 수 있다. 포드 자동차는 제품과 작업의 단순화(Simplification), 부품과 작업의 표준화(Standardization), 그리고 기계와 공구의 전문화(Specialization)를 통해 대량생산의 일반원칙으로 자리매김한 '3S'의 개념을 제공하였다. <표 8-1>에서 보는 것처럼 1908년에 연간 6,870대를 생산하였고, 차량가격은 2,000달러, 조립시간은 대당 12시간 30분이었다. 그러나 1923년에는 연간 2백만 대를 생산하게 되었고, 차량가격은 850달러로 대폭 낮아졌으며 조립시간은 1시간 30분으로 단축되었다. 즉 15년 사이에 연간 생산량은 291배로 상승하고, 차량가격은 1/2.4배로 하락하게 되었다.

<표 8-1> 미국의 포드 자동차 표준화 사례

• **생산 방식 표준화로 자동차 대중화 주도, T 모델 1,500만 대 생산 기록**

구분	생산 시작(1908)	1923
연간 생산량	6,870대	2백만 대 * 1927년 단종까지 총 1,500만 대 판매
조립시간(대당)	12시간 30분	1시간 30분
차량가격	2,000달러	1923년 850달러, 1925년 250달러

* 1908~1927년까지 T 모델만 생산, 대량생산과 최저 생산비 실현

• **부품 및 공정 표준화로 대량생산의 일반원칙으로 자리매김한 '3S 원칙' 실현**

* 제품과 작업의 단순화(Simplification), 부품과 작업의 표준화(Standardization), 기계와 공구의 전문화(Specialization)

그리고 1955년 미국의 레이 크록(Ray Kroc)이 설립한 맥도널드 햄버거는 제조공정 표준화 및 동일한 매뉴얼(양상추 크기, 씻는 방법, 요리법 등) 등을 통해 20대의 숙련되지 않은

사람도 근무가 가능하여 저임금으로 가격 경쟁력을 확보함으로써 현재까지도 세계 시장을 주도하고 있다.

한편 미 국방부에서는 군수품 표준화를 "군수품의 호환성, 상호운용성, 상호교환가능성, 공통성을 달성하기 위한 방법, 활동, 프로세스, 제품을 위하여 일관된 공학 기준을 개발하고 합의하는 프로세스"라고 정의하고 있다. 이러한 군수품 표준화는 1952년 제정한 '국방 목록화 및 표준화 법안(DCS: Defense Cataloging and Standardization Act)'을 근거로 체계적으로 수행되고 있다. 현재 획득차관 하위 부서인 국방군수국(DLA: Defense Logistics Agency)이 국방표준화 업무를 수행하고 있으며, 필요시 합동표준화위원회(JSB: Joint Standardization Board)를 운용토록 하고 있다. 현재 운용 중인 합동표준화위원회는 이동형 발전기(Mobile Electric Power Generating Systems), 전원 시스템(Power Source System), 신관 및 점화 시스템(Fuze/Initiation Systems), 포장수송장비(Intermodal Equipment) 등 9개 분야이다. 이 중 이동형 발전기 표준화 사례는 〈표 8-2〉에서 보는 것처럼 2,000여 개의 발전기를 69종으로 표준화하였고, 다시 성능형 규격으로 13종 41개 모델로 단순화시켜 관리하고 있다. 하지만 유사 발전기 개발은 통제하면서도 꼭 필요한 특수용 발전기는 개발하고 있다. 여기에서 성능형 규격이란 기존의 도면으로 규격을 제정하는 상세형 규격과는 다르게 성능으로 규격을 제정하는 방식으로, 도면을 관리하기 위한 행정소요가 줄어들고 업체는 자체적으로 성능을 충족하기 위해 설계 및 제작을 할 수 있다.

또한 경제적인 연구개발 및 운영유지비 절감을 위하여 모듈식 개방형시스템 접근 방식(MOSA)을 도입하여 민간 분야의 경제적인 표준품 및 상용품을 무기체계 분야에 적극적으로 적용하고 있다. MOSA(Modular Open Systems Approach)는 모듈식으로 설계하고, 주요 인터페이스로 널리 지원하며, 합의에 기반을 둔 개방형 표준을 사용하는 시스템으로 주요 인터페이스는 개방성을 보장하기 위해 확인과 검증 절차를 거치는 개발 방식이다.

이러한 사례는 프레데터 무인항공기(UAV) 사업으로 1994년 ACTD(Advanced Concept Technology Demonstration, 신개념 기술 시범) 방식으로 시작하였는데, EO(Electo-Optic), IR(InfraRed), SAR(Search and Rescue), 항법 시스템, 엔진 등에 모듈식 개방형 시스템 접근 방법을 적용함으로써 새로 개발하던 것에 비해 75% 예산을 절감하였으며 소프트웨어 재사용을 통해 상호운용성을 증대시키는 효과를 거두었다.

〈표 8-2〉 미국의 이동형 발전기 표준화 사례

배경	• 1960년대 베트남 전쟁 시 체계적으로 발전기 보급이 이루어지지 않았으며 상용 발전기를 포함하여 2,000여 종의 발전기를 사용 • 코소보, 소말리아전 등에서 무기체계 및 C4I 운용을 위한 고품질의 발전기가 필요
추진 내용	• 1979년 국방부에서 이동형 발전기(Mobile Electric Power Generating Systems) 표준화 위원회를 조직하여 발전기 표준화 업무 수행 • 소용량(2kw 이하), 중용량(2~60kw), 대용량(60kw 이상), 기타 분야로 구분하여 2,000여 종을 약 69종으로 표준화 실시, 다시 성능형 규격으로 13종 41개 모델로 표준화 실시 • 최근 전력소모 최소화, 경량화, 전자파 대책 등이 강구된 발전기를 운용하고 있으며, 50kw 미만 발전기는 차량 내장형으로 개발하여 야전 기동성 향상 추구 및 하이브리드형 발전기 시험 중
분석	• 국방부 차원에서 대부분의 장비에 공통으로 장착되는 발전기에 대하여 표준화를 추진하여 체계적으로 발전기를 사용하고 있으며 개발을 통제하고 있음.

※ 일반 발전기는 용량을 기준으로 단순화하고 특수용 발전기는 별도 개발

2. 기타 국가

NATO에서는 군수품 표준화를 "작전, 장비 및 행정 분야에서 상호운용성의 요구 수준을 달성하고 유지하기 위한 개념, 교리, 절차 및 계획을 개발하는 프로세스"라고 정의하고 있다. 동맹국 전반에 걸쳐 모든 표준화 활동을 조정, 통합 및 지원하기 위해 나토 표준화 조직(NSO: NATO Standardization Organization)을 운영하고 있다. NATO의 표준화 절차는 하향식과 상향식 절차를 병행하고 있는데, 하향식(Top-down) 절차는 국가 또는 NATO 사령부의 요구에 의해 표준화 협약을 제·개정하며, 상향식(Bottom-up) 절차는 하부 조직 내 기술 전문가들이 표준화 협약을 충족하기 위한 요구 사항을 결정하고 있다.

유럽연합(EU)은 국방 분야의 별도 조직을 구성하지 않고 민간표준을 담당하는 유럽 표준화위원회에서 국방 분야 표준화 업무를 동시에 수행하고 있다. 군수품 표준화 관련 사항으로는 미국의 합동표준화위원회(JSB)와 같이 중점 표준화 관리 대상을 식별하여 추진하고 있는데, 전지(Batteries), 전자적 인터페이스(Electrical Interface), 연료 및

윤활유(Fuels and Lubricants), 탄약(Ammunition), 장갑차량 기술(Armored Ground Vehicle Technologies), 휴대용 전원공급기(Portable Power Supply) 등이 있다.

제3절 국내 표준화 실태 분석

1. 민간 분야 표준화

국내 국가표준은 국가표준기본법을 근간으로 산업표준화법, 정보통신산업진흥법 등 관련법을 연계하여 법령체계가 구축되어 있다. 국가표준기본법은 국가표준의 최상위 법률로서 국가표준제도의 확립을 위한 기본적인 사항을 규정하고 있으며, 특히 국가표준제도의 확립 등을 위해 국가표준기본계획을 매 5년마다 수립하고, 매년 시행계획을 수립하여 추진하고 있다. 그리고 기본계획 및 부처 간 업무 조정 등의 사항을 심의하기 위해 국가표준심의회를 운영하고 하고 있다.

국가표준기본법에 의해 국가표준을 전담하는 기술표준원은 1883년 '분석시험소'로 출발하여 2008년 지식경제부 소속 기관으로 편입되었으며 국가표준의 컨트롤타워 역할을 수행하고 있다. 기술표준원이 수행하는 업무는 국가표준 정책 및 산업표준화 정책의 수립, 운영, 제품의 안전관리 및 품질관리, 산업표준, 산업기반기술 등에 관한 조사, 분석 및 제품 안전 관련 국가 간 또는 국제기구와의 협력 및 교류 등이다. 물품의 목록화와 목록제도 운영 등은 조달청이 수행하고 있으며, 조달청에서는 2011년부터 목록화 업무를 한국조달연구원 물품목록사업부에 외주로 수행하고 있으며 용역비용은 약 4.5억 원이었다.

2. 국방 분야 표준화

1) 표준화 사례 분석

(1) 군용 전지 및 발전기 표준화 검토

2010년 5월에 국방부에서 전지 및 발전기에 대하여 표준화를 검토하였다. 먼저 전지의 경우, 당시 군에서 운용 중이던 전지는 재고번호 기준으로 1,586종이었으며 조달실적 기준(2002~2009)으로는 300종 이상이었다. 그러나 표준화 개념이 미흡하고 전지 사용에 대한 관리가 체계적으로 이루어지지 못하여 목록화 자료를 통하여 정확한 현황을 파악하기도 쉽지 않은 실정이었다. 또한 군에서 사용하는 전지들은 대부분 그 형상 및 물리적, 화학적 특성이 상이하여 타 전지의 대체 사용이 어려운 경우가 대부분이었다. 따라서 군용전지를 표준화함에 있어서 현재 군에서 사용되고 있는 전지들에 대한 인위적인 통폐합은 상호 호환성을 가지는 일부 전지들을 제외하고는 불가능하기 때문에, 〈표 8-3〉에서 보는 것처럼 장기적인 계획을 수립하여 점차적으로 적용 장비들과 함께 도태시키거나 표준전지로 대체하는 방향으로 추진하여야 한다고 분석하였다.

〈표 8-3〉 군용전지 표준화 추진 방안

① 기존 사용 전지의 식별 및 목록화 자료 정리
② 우선 품목의 지정 및 관리
③ 군용전지 사용/개발 통제
④ 군용전지 표준화 업무 규정 제정 및 정책의 홍보

한편 발전기는 당시 재고번호를 기준으로 1,001종을 확인하였으며 이 중에서 중복이나 오류를 제외하면 70종 288개 모델, 그리고 10년간 조달 실적 기준으로는 23종 39개 모델이 파악되었다. 운용 중인 0.7~3,000kw 사이의 발전기를 용량별로 검토하여 18종과 소요군별 별도 사양에 의한 구매 요구 품목으로 표준화 방안을 제시하였다.

현시점에서 전지 및 발전기에 대한 표준화 향상 추진이 어려운 것은 무기체계 연구개발 중 소요 발생 시에 개별 무기별로 개발하였고 운용 중에도 주기적인 확인 및 단순화 추진, 도태 등을 실시하지 않았기 때문이다. 그러나 2010년 11월 국방부에서 성능과 형상을 고려하여 전지는 22종, 발전기는 13종을 우선 적용 품목으로 지정하였고 기타 미지정 품목(용량)은 도태 시까지 한시적으로 운용토록 한 것은 다행이라 생각한다.

(2) 궤도장비 표준화 검토

2011년 2월 국방부에서 전차 계열, 장갑차 계열 및 자주포 계열 상호 간에 부품의 호환성을 최대화하기 위해 궤도장비에 대한 표준화 관련 정책연구 용역을 실시하였다. 이때 지상장비 궤도형 무기체계(전차, 장갑차, 자주포)의 유사 구성품 및 부품을 식별하기 위하여 ROC에 크게 영향을 주지 않는 차체 분야의 WBS를 분석하여 〈표 8-4〉에서 보는 것처럼 표준화 가능성이 있는 10가지 장치를 선정하여 검토하였다. 그 결과 화재 진압용 하론 소화기는 표준화가 가능할 것으로 판단하였고, 클램프 및 전구류는 이미 표준화된 부품을 사용하고 있는 것으로 확인하였다. 조종수 계기판, 시동기, 발전기 등은 제한된 공간에 부품을 탑재하는 특수성과 적용 장비 간의 요구조건(성능, 형상, 차체 중량, 장착 구조) 및 사용 환경이 다양하므로 그 형상이 이미 결정된 상태에서 타 품목과 대체 사용이 제한되었다.

이와 같이 현용 장비에서 표준화를 적용하는 것은 많은 제약이 따르고 오히려 비용을 증가시켜 실효성이 적은 것으로 검토하였다. 그러나 이러한 장비들도 최초 개발 시부터 표준화 요소를 감안하여 개발하였다면 기존의 표준부품의 사용이 크게 확대되었을 것으로 분석하였다.

〈표 8-4〉 궤도장비 표준화 검토 대상

① 승무원 조종수 계기판	② 펌프	③ 보조발전기/시동기 등 모터류
④ 축전지	⑤ 여과기	⑥ 압력식 스위치
⑦ 냉각수용/호스용 클램프	⑧ 백열등/실내등 등 전구	⑨ 전조등(상/하/좌/우)
⑩ 자동 및 수동용/휴대용 소화기		

(3) 육군(군수사) 표준화 추진 사례

육군(군수사)에서 2009년과 2010년 2년에 걸쳐 연간 약 5~6개월간 TF를 편성하여 종합정비창 및 군지사 등 지원을 받아 하위 부품(볼트·너트, 베어링, 스프링·클램프 등)에 대한 호환성을 검토하여 유사 부품 통합으로 예산절감 및 효율적인 부품 조달을 추진하고자 하였다. 이렇게 추진하게 된 배경은 베어링의 경우 동일부품인데도 불구하고 이중 재고번호를 부여하여 관리하는 경우가 있었고 단가도 73,793원과 141,266원으로 크게 차이가 있었다. 또한 블록결합체는 동일부품이나 K-1전차용은 2,415,164원, K55 및 K9용은 763,746원으로 차이가 나는 현상이 있었다.

이러한 문제를 해결하기 위해 호환품목을 선정하여 부품을 단순화 하고자 하였다. 그러나 비용절감 효과는 일부 있었지만 이미 장비별로 상이하게 생산되어 적용하였기 때문에 호환품목 선정에 많은 노력을 투자한 것에 비하면 성과는 만족하다고 할 수 없을 것 같다. 〈표 8-5〉 호환 품목 검토결과에서 보는 것처럼 볼트·너트, 베어링 등은 24,376개를 검토하여 45건 99개를 선정하였고, 스프링, 클램프는 6,563개를 검토하여 1건 2개를 선정하게 되었다. 예산절감은 연간으로 볼트·너트 등은 16,938,693원 스프링, 클램프는 840,320원으로 생각보다 크지는 않았다.

〈표 8-5〉 호환품목 검토 결과

구분	볼트 · 너트, 베어링 등	스프링, 클램프	비고
취급 품목(개)	24,376	6,563	육군 취급 품목
대상 품목(개)	5,716	3,369	취급 품목 중 5년간 비수요, 현품 미보유는 제외
호환품목	45건 99개	1건 2개	동일 형상, 성능 및 장비 부착시험으로 호환품목 선정
비용절감 효과	16,938,693원	840,320원	연간

(4) 표준품목 적용 수준

표준품목 적용 수준은 사업마다 유사 무기체계가 다르고 새롭게 개발하여야 하는 분야도 다르기 때문에 일률적으로 기준을 정하여 추진하기에는 어려움이 있다. 그러나 개별 무기체계를 개발하면서 표준품목 적용 목표를 세워 추진하는 것이 바람직하다. 〈표 8-6〉 표준품목 적용 수준에서 보는 것처럼 유사 무기체계가 있는 궤도장비를 생산하는 A, B 사업은 약 50% 수준을 유지하고 있으며, 상대적으로 유사 무기체계가 적은 C 사업은 40%에 미치지 못하고 있다. 이러한 수준은 현재의 시스템에서 추진한 결과로서 만일 연구개발 중 표준화 향상에 관심을 가지고 추진한다면 표준품목 적용 수준을 상당히 높일 수 있을 것이며, 이를 통해 비용은 절감되고 장비의 신뢰도도 높아져 사용 중에 문제 발생도 줄어들게 될 것으로 예상한다.

〈표 8-6〉 표준품목 적용 수준

구분	총계	표준품목 (호환 가능)	전용품목	비고
A 사업	12,925(100%)	6,491(50.2%)	6,434(49.8%)	구성품/수리부속
B 사업	7,904(100%)	3,807(48.2%)	4,097(51.8%)	수리부속
C 사업	16,637(100%)	6,417(38.6%)	10,220(61.4%)	구성품/지원장비

〈표 8-7〉 유사장비의 시험장비를 활용한 비용 절감

구분		휴대용 정비보조 시험장비	전기/전자 통합 시험장비
개발비	D 사업	0.8억 원(예상)	4.0억 원(예상)
	E 사업	2.8억 원	7.3억 원
양산 단가	D 사업	0.2억 원(예상)	1억 원(예상)
	E 사업	0.9억 원	1.7억 원

참고로 〈표 8-7〉 유사장비의 시험장비를 활용한 비용 절감에서 보는 것처럼 D 사업 시험장비 개발 시 E 사업 시험장비를 활용함으로써 개발비 및 양산단가를 많이 절감할 것으로 예상되고 있다.

2) 표준화 미흡 원인 분석

(1) 표준화 개념 및 규정

방위사업청 표준화 업무 지침에 군수품 표준화(Standardization)를 "군수품의 조달·

관리 및 유지를 경제적 · 효율적으로 수행하기 위하여 표준을 설정하여, 이를 활용하는 조직적 행위와 기술적 요구사항을 결정하는 품목지정, 규격제정, 형상관리 등의 지정에 관한 제반 활동"으로 정의하고 있다. 즉 표준화를 품목지정, 규격제정, 형상관리 등 연구개발 이후 후속처리 위주 업무로 정의하고 있다. 한편 국방부 국방전력발전 업무훈령에 의하면 표준화를 '군수품의 조달 · 관리 및 유지를 경제적 · 효율적으로 수행하기 위하여 표준을 설정하여, 이를 활용하는 조직적 행위와 기술적 요구사항을 결정하는 품목지정, 규격제정, 목록화, 형상관리 등의 지정에 관한 제반 활동'으로 방위사업청과는 다르게 목록화를 포함하여 정의하고 있다. 한편 미국 등 선진국에서는 군수품 표준화를 단순한 국방규격의 작성 및 관리가 아니라, 군수품의 효율적인 획득, 장비의 호환성 및 상호운용성을 달성함으로써 일정을 단축하고 비용을 감소시키며 성능에 대한 위험 요소를 축소하는 것을 목표로 추진하고 있다.

표준화 관련 지침도 '표준화 업무지침', '군수품 목록화 업무지침', '국방규격의 서식 및 작성에 관한 지침', 그리고 'IPT 형상관리 업무지침'으로 분리되어 있다. 이에 따라서 사용자가 활용하기에 불편하다는 문제가 제기되고 있다.

(2) 표준화 추진 시스템

연구개발 중 표준화를 체계적으로 향상시킬 수 있는 시스템이 미흡하다. 현재 표준화 관련 시스템은 〈표 8-8〉 국방 관련 표준화 관련기관 및 임무와 〈표 8-9〉 현재 운영 중인 각종 표준화 위원회에서 보는 것처럼 규격화, 품목지정 및 형상관리 등 행정처리 위주의 업무를 처리하는 수준이며 표준화의 성과를 거둘 수 있는 연구개발 중 표준화 향상을 위한 업무 수행에는 어려운 실정이다. 즉 연구개발 초기부터 주기적으로 우선품목, 표준품목, 상용품목 적용 여부를 검토하고 이를 적용할 수 있는 시스템과, 양산 및 운용 중에도 유사 무기체계에 대한 부품 및 구성품에 대하여 주기적으로 단순화하는 등으로 표준화를 추진하는 시스템이 미흡하다. 그리고 야전부대에서의 부품 조달 사항 및 운용상의 경험이나 자료가 연구개발 중에 다시 피드백이 되지 않고 있다.

〈표 8-8〉 국방 관련 표준화 관련 기관 및 임무

구분		임무
국방부		군수품 표준화 정책 수립, 우선 적용 품목 지정 주관, 국방부 주관 대상 전력지원체계 국방규격 작성, 관리
방위사업청	획득기획국	표준화 제도 · 정책관리, 품목지정, 규격화(운영 · 전력지원체계), 형상관리(운영 · 전력지원체계), 목록화
	사업본부(IPT)	규격화(개발 · 양산), 품목지정 제안, 형상관리(개발 · 양산)
	방산기술지원 센터(ILS팀)	표준화는 ILS 11대 요소에 포함, 개발 중 IPT 지원
국과연		규격화 업무(국과연 주관, 핵심기술, 부품 국산화 개발), 형상관리(국과연 주관 연구개발)
기품원		형상관리(2급), 규격화 업무(부품 국산화), 형상자료정보체계 관리
각 군		품목지정 제안, 규격화 업무(각 군 주관 전력지원체계 · 부품 등)

〈표 8-9〉 현재 운영 중인 표준화 관련 위원회

명칭	주관 부서	위원장	주요 기능
군수품 표준화심의회	국방부 군수관리관실	군수관리관	• 군수품 표준화 기본계획 및 시행계획 승인 • 우선적용 품목 지정, 국방표준서 제 · 개정
군수조달 분과위원회	방위사업청 계약관리본부	계약관리 본부장	• 주요 국방규격의 제정에 관한 사항 – 총사업비 규모 3,000억 원 이상 장비 – 범부처 추진 사업, 민 · 군 겸용기술사업 등 • 전력지원체계 구매사업의 주요 품목 지정
군수조달 실무위원회 (표준화)	방위사업청 획득기획국	획득기획 국장	• 군수품 품목 지정, 품목 해제 및 전환 • 국방규격 제정, 폐지에 관한 사항 • 지정품명 표준화에 관한 사항
형상통제 심의회	형상관리 책임기관 (기관별)	형상관리 책임자	• 국방규격 개정 승인 및 제정, 폐지 건의 • 규격 완화 및 면제의 승인

또한 연구개발 중 표준화 업무를 수행하기 위해서는 유사 체계의 부품 및 구성품 단위까지에 대한 전문성이 필요하다. 하지만 현재 관계자(표준 관련 부서, IPT 및 ILS 등)는 1~3년 단위 보직 순환으로 전문성이 미흡하다. 그리고 연구개발을 수행하는 IPT에서는 개별 무기체계를 관리하므로 유사 무기체계에 대한 지식을 기초로 수행하여야

하는 표준화 향상을 추진하는 것은 어렵고, 표준화 향상을 추진하기 위해서는 검토가 많아지게 되므로 사업 일정이 지연될 수 있어 또한 IPT에서 적극적으로 추진하기는 더욱 어렵다. 〈표 8-10〉에서 보는 것처럼 IPT의 광범위한 임무를 수행하기에는 사업당 1.5명이 관리하는 현실에서 연구개발 중 표준화 향상을 위한 업무를 내실 있게 추진하기가 어려운 실정이다.

〈표 8-10〉 IPT 주요 임무

① 연구개발 및 구매사업의 추진을 위한 세부계획의 수립 및 시행 ② 해당 방위력개선사업 중기계획요구안 및 예산 편성 요구안 작성 ③ 연구개발 및 구매사업을 위한 입찰공고 업무 주관, 제안요청서 작성 및 제안서 평가지원 ④ 기술 및 계약특수조건 협상 수행, 가격 및 계약일반조건 협상 지원 ⑤ 협상 총괄 · 조정 및 계약 체결 관련 업무 지원 ⑥ 절충교역 적용 여부 결정, 협상 방안 수립 및 협상 지원 ⑦ 연구개발 또는 구매사업의 관리, 개발시험평가 관리 및 운용시험평가 협조 ⑧ 표준화 및 품질관리, 상호운용성 보장 및 전력화 지원 ⑨ 암호장비 연동 및 체계통합 등에 관한 검토, 사업예산 집행 및 결산에 관한 업무 지원 ⑩ 해당 사업의 총사업비 관리와 청본부 총사업비 관리 업무 지원

(3) 정보공유체계

방위사업청, 기품원, 국과연, 군 등 관련 기관 간에 자료의 공유 및 종합적인 정보제공이 제한되어 체계적인 표준화 분석 및 추진이 어렵고 중복개발 우려도 있다. 국방조달 정보체계 및 형상관리 정보체계를 통해 일부 정보 공유가 가능은 하지만, 이미 운용 중인 유사 무기체계와 개발하려고 하는 무기체계의 부품 및 구성품, 그리고 우선/표준품목 등에 대한 종합적인 정보 제공 제한으로 중복개발 우려 등 효율적인 표준화 향상 추진에 어려움이 있다.

그리고 신규 무기체계에 필요한 시험장비 · 공구들을 기존 또는 유사 무기체계의 재활용성이 증대, 호환성이 보장되도록 개발하는 것이 미흡하고, 무기체계별 전용 시험장비 및 공구를 별도로 개발하여 보급하여 타 무기체계와의 호환성 및 재활용성이 미흡하다. 〈표 8-11〉에서 보는 것처럼 표준화 관련 정보체계가 기관마다 분산되어 있어 실질적인 표준화 추진을 위한 정보 제공은 미흡하다.

〈표 8-11〉 표준화 관련 정보체계

정보체계명	관리기관	표준화 관련 정보
규격/목록 정보체계	계약본부	규격자료 및 목록정보
통합사업관리 정보체계	사업본부	해당 사업의 부품 국산화 계획/실적
국산화 정보체계	기품원	부품 국산화 완료/진행 현황, 각종 양식 등
형상관리 정보체계	기품원	규격서, 도면 등 형상관리 정보
장비정비 정보체계	육군	장비등록부터 도태 시까지 정비 업무 처리 (목록관리, 조달관리, 보급관리, 정비관리)

(4) 표준화 실태 분석 결과

앞에서 분석한 것을 종합하면 〈그림 8-1〉에서 보는 것처럼 표준화 성과는 단기간에 나타나지 않는 특성 등으로 표준화의 중요성에 대하여 인식이 부족하고 이를 향상시키기 위한 노력 또한 미흡한 것이 현실이다. 이에 따라 표준화와 관련된 제도 및 조직도 미흡하며 그 결과 품목지정, 형상관리 및 목록화 등 제한된 표준화 업무를 수행함으로써 운용되는 부품은 다양하게 되고 호환성 및 공통성은 저하되게 된다. 결국 총수명주기 비용은 상승하고 장비의 신뢰성에 결함이 발생하는 하나의 원인을 제공하게 되는 것이다.

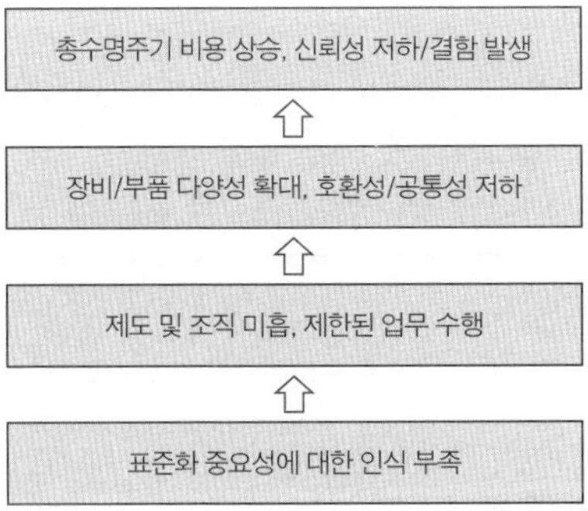

〈그림 8-1〉 표준화 실태 분석 결과

제4절 연구개발 표준화 정책 발전 방안

1. 개념 재정립 및 규정 정비

먼저 표준화 개념의 재정립이다. 표준화 개념을 연구개발 결과에 대한 후속처리 위주의 개념에서 군수품 총수명주기 중 지속적으로 이루어지는 개념으로 확대하여 재정립하는 것이 필요하다. 연구개발 단계에서의 표준화를 위한 품목 식별, 적용 및 목록화를 포함하되, 국방부 국방전력발전 업무훈령과도 통일이 필요하다. 표준화 관련 지침(4종)도 〈표 8-12〉 규정 통합(안)에서 보는 것처럼 표준화에 대한 개념, 목표 및 업무분장 등을 제시하면서 각각의 규격제정, 품목지정, 형상관리 및 목록화 등 업무를 구분하여 반영하는 것이 사용자가 쉽게 활용할 수 있을 것이다.

〈표 8-12〉 표준화 관련 규정 통합(안)

<table>
<tr><th>구분</th><th>규정(현)</th><th>통합(안)</th></tr>
<tr><td>표준화, 목록화
(품목 지정, 규격화, 목록화)</td><td>방위사업관리 규정</td><td>방위사업관리 규정
• 개념, 목적, 기관 업무 등
• 각 표준화 정책의 일반 사항</td></tr>
<tr><td>품목 지정, 규격화</td><td>표준화 업무지침</td><td rowspan="4">표준화 업무 운영규정
• 총칙
• 연구개발 단계별 표준화 추진
• 품목 지정
• 규격화
• 목록화
• 형상관리</td></tr>
<tr><td>목록화</td><td>군수품 목록화 업무지침</td></tr>
<tr><td>국방규격 작성</td><td>국방규격의 서식 및 작성에 관한 지침</td></tr>
<tr><td>형상관리</td><td>IPT 형상관리 지침</td></tr>
</table>

2. 표준화 향상 시스템 구축

표준화 향상을 위한 추진개념은 기존 유사 장비에서 개발한 품목을 최대한 적용하고 신규개발 품목은 최소화하면서 요구하는 성능의 무기체계를 개발하는 것이다. 이러한 개념으로 추진하면서 각각의 목표를 설정하여 지속적으로 최신화시켜야 한다. 이를 기초로 무기체계 획득 전 순기에 걸쳐 표준화를 향상시키기 위한 시스템을 구축하여 체계적으로 추진하여야 한다.

구분	표준품목	신규 개발	해외 도입 품목
전략	최대 적용	최소화 노력	적절한 수준
목표(예)	70%	20%	10%

⇒ 비용절감 / 품질 향상

성능 충족

〈그림 8-2〉 표준화 추진 개념

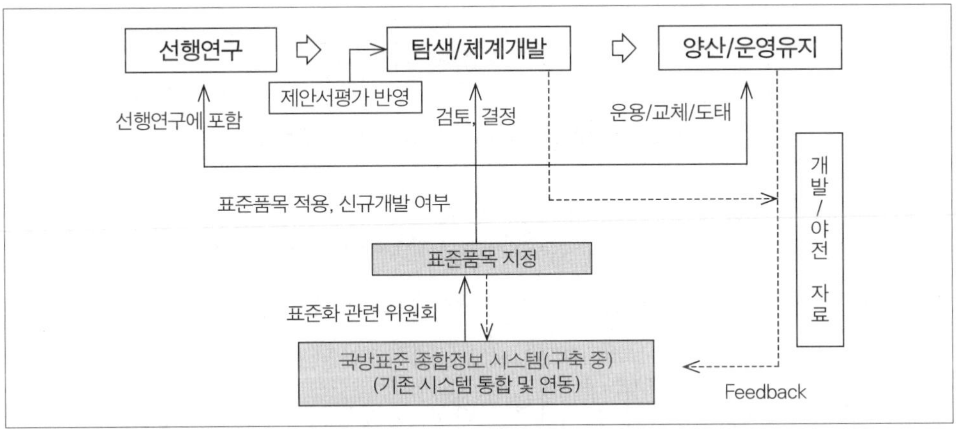

〈그림 8-3〉 표준화 향상 시스템 구축 개념

〈그림 8-3〉의 표준화 향상 시스템 구축 개념에서 보는 것처럼 선행연구부터 운영유지에 이르는 획득 전 순기에 대한 표준화 향상 시스템의 구축이 필요하고, 이를 지원할 조직 보강 및 정보 시스템 구축이 필요하다. 선행연구 단계에서는 소요 기술 분석과 연계하여 표준품목 및 상용품 적용 여부를 검토하고 개발 단계에서는 이를 결정하며 양산 및 운영유지 단계에서는 표준화된 품목으로 적용하면서 이슈가 되는 사

항을 검토하여 단순화 등을 추진하는 개념이다. 이러한 일련의 결과는 정보체계에 DB로 관리하여 쉽게 활용될 수 있도록 하여야 한다.

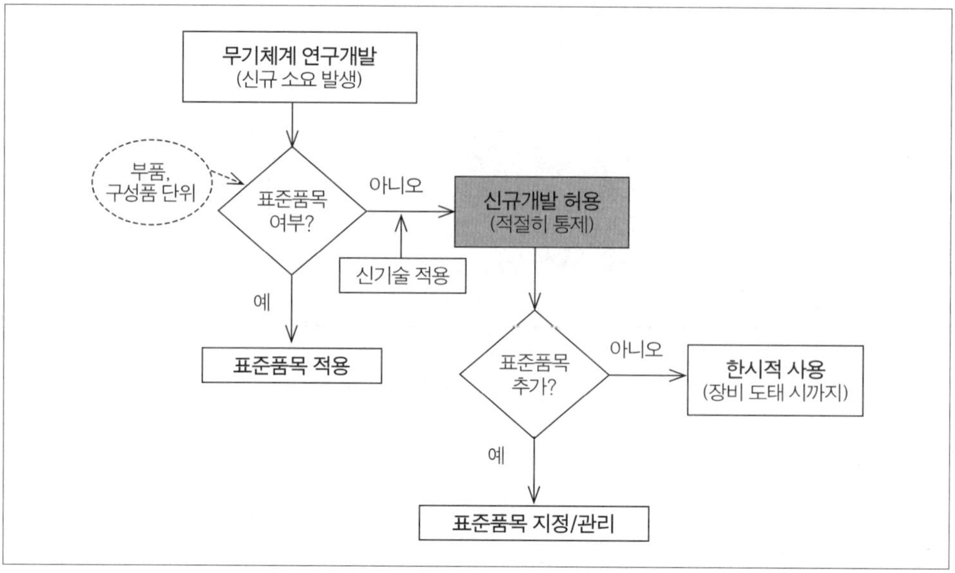

〈그림 8-4〉 기존 품목 적용 및 신규개발 여부 검토 절차

그리고 〈그림 8-4〉에서 기존 품목 적용 및 신규개발 여부 검토 절차를 제시하였다. 연구개발 단계별로 우선/상용/표준 품목을 최대한 적용하여 활용하고 활용이 어려울 경우에는 신규개발을 제한적으로 허용하여야 한다. 신규로 개발이 완료되면 우선 품목지정 여부를 판단하여 필요시 지정하고, 불필요하다고 판단되는 경우에는 한시적으로 사용하는 절차를 정립하여야 한다. 이러한 과정에서 유사 무기체계 및 장비를 직접 운용하면서 발생하는 문제를 반영하여야 하며 이를 위해 군 전문가를 참여시키는 것이 효율적으로 표준화를 향상시키는 방안이라 믿는다.

연구 단계별로 표준화 향상을 위한 사항을 포함하여 추진하여야 한다. 연구개발 단계별 표준화 추진 사항은 〈표 8-13〉에서 보는 것처럼 선행연구 시에는 소요 기술 분석과 연계하여 표준화 향상을 위한 대책을 포함하여 연구하도록 하고, 업체 선정 시에는 업체의 표준화 향상 대책을 평가에 반영하는 것이다. 개발 중에는 지속적으로 표준화 품목 적용 여부를 결정하며 양산 및 운용 중에도 주기적으로 표준화 실태를 확인하여 부품의 단순화 등을 추진하여야 한다.

〈표 8-13〉 연구개발 단계별 표준화 추진 사항

구분	내용
선행연구	소요 기술 분석과 연계하여 표준화 향상 대책을 선행연구에 포함 * 표준품목 검토 및 유사 품목 적용 여부 검토 * WBS 3단계까지 제시
업체 선정	선행연구 결과를 참고로 표준화 향상 계획을 평가에 반영 * 전체 소요 부품을 식별하고 이에 대한 확보 방안의 제시 요구 * 기존 표준품목(상용품, 군 표준품 등) 적용 방안 평가
탐색개발	표준품목 검토 및 유사 품목 재활용 검토, 결정 * WBS 3단계까지 검토, 결정
체계개발	표준품목 및 재활용 여부 결정, 개발 * PDR, CDR, DT/OT 등 단계별 표준화 품목 검토 및 결정 * 단계별로 WBS 5단계, 구성품 및 부품 단위 도면 관리, 확정 등
양산/운용	주기적인 표준화 관련 위원회 운영 강화 * 표준화 실태 확인, 표준품목 지정, 도태 및 개발 승인 등

3. 업무 수행 체계 정립, 조직 보강

현재의 IPT 인력으로는 연구개발 중 표준화 업무 수행이 매우 제한되므로 현재 표준화 업무를 주관하는 표준 관련 부서 및 ILS 부서에서 연구개발 중 표준화 업무(표준품목 적용 및 규격화 검토 등)를 주도적으로 수행하도록 하는 것이 필요하다. 표준 관련 부서 또는 ILS 부서에서 연구단계별 표준화 향상을 위한 추진 사항을 먼저 검토한 후에 IPT와 협의하는 방식으로 우선 추진하여야 한다.

표준화 향상을 위해서는 유사 장비에 대한 부품까지의 지식을 보유하고 있는 전문가에 의해 전체적인 관점에서 업무의 조정 및 통제를 할 수 있어야 하나, 현재는 1~3년 단위 보직 순환으로 전문성을 확보하기에 어려움이 있는 것이 현실이다. 그리고 현재의 조직으로는 내실 있는 표준화 업무를 수행하기에 한계가 있으므로 〈표

8-14〉에서 보는 것처럼 현재의 조직에서 추진할 수 있는 내용은 우선 추진하고, 중기에는 방산기술지원센터에 표준화팀을 편성하여 추진하고 장기적으로는 전문성을 보유한 인력으로 구성된 별도의 '국방표준센터' 등을 설립하여 표준화 업무에 대한 전반적인 업무를 수행하도록 하는 방안에 대한 검토가 필요하다.

동시에 한정된 인력으로 표준 관련 부서 및 ILS 부서에서 추가적으로 표준화 향상을 위한 업무를 내실 있게 수행하기에 어려움이 있을 것이므로 정부 차원의 업무에 부합하지 않는다고 생각되는 목록화 등 비교적 단순한 업무는 조달청처럼 민간기관이나 출연기관에 이관하는 방안을 검토하여야 할 것이다. 그렇게 함으로써 정부 차원에서의 업무를 내실 있게 추진할 수 있는 여건이 되는 것이다.

〈표 8-14〉 표준화 업무 발전 방안

구분	내용
단기 (현 조직)	• 청본부에서 표준화 정책, 제도 업무 수행 • 사업팀에서 연구개발 중 표준화 향상 추진 사항 적극 추진 • 방산기술지원센터에서 표준화 업무 지원(사업팀과 협의) • 표준 관련 부서는 표준품목 지정, 정보체계 구축 및 정보 제공 * 연구개발이 활성화된 분야부터 적극 추진
중기 (표준화팀 편성)	• 방산기술지원센터에서는 '표준화팀' 편성, 연구개발 중 사업팀 지원 * 연구개발이 활성화된 분야부터 적극 지원
장기 (표준센터 설립)	• 방위사업청 출연기관으로 '국방표준센터' 설립 * 장기근무 가능한 기술직 공무원, 현역, 연구원 등으로 편성

4. 통합정보공유체계 구축

주요 유사 무기체계에 대한 부품 및 구성품 등 각종 제원을 종합적으로 획득단계별로 제공하여 신규 무기체계 개발 시 용이하게 활용할 수 있도록 방위사업청(DPMS: Defense Procurement Management System) 및 국방기술품질원(DCMIS: Defense Configuration Management Information System) 등의 정보체계를 통합하여 보다 효율적으로 표준화 향상 업무를 추진할 수 있도록 정보체계를 구축하여야 한다. 정보체계는 무기체계별 소요 기술, 적용되는 부품 및 구성품, 각각의 형상, 성능, 제원, 업체, 단가, 조달 실적, 결함 내용 등을 쉽게 확인할 수 있어야 한다.

방위사업청에서는 이러한 필요성을 인식하고 현재 국방표준 종합정보 시스템(KDSIS: Korea Defense Standard Information System)을 개발하여(2011. 5.~2013. 3, 45억) 적용 중에 있다. KDSIS 개발 중 국방부, 방위사업청, 각 군, 국과연/기품원 및 업체 등을 적극 참여시켜 시스템 구축 후에 누구나 쉽게 활용할 수 있도록 개발하였다.

제5절 결론

효율적으로 무기체계를 개발하고 군수지원을 보장하기 위해서는 연구개발 중 기존의 표준품목을 최대한 적용하여야 한다. 선진국에서는 표준화를 연구개발 시 핵심적인 프로세스로 인식하고 있으며, 표준화를 통해 군수품의 호환성, 상호운용성, 재활용성 및 공통성을 추구하여 총수명주기 비용을 절감하고 장비의 운영유지를 보장하기 위한 수단으로 활용하고 있다. 하지만 우리 군은 아직 그 중요성에 대하여 인식하지 못하고 있으며, 표준화 업무를 연구개발 이후 제한된 기간에 추진하는 규격화, 형상관리 및 품목 지정 등 제한된 범위에서 수행하고 있다.

2017년 방위력개선비는 약 12조억 원이다. 이 중에서 연구개발비는 약 2조억 원이다. 표준화 향상을 통해 국방연구개발비의 1%만 절감한다 하더라도 연간 200억 원을 절감할 수 있다. 연구개발 중 표준화 향상을 통해 1% 비용 절감은 쉽게 달성할 수 있다고 믿는다. 이러한 비용은 운용유지비와 연결되어 예산 절감 효과는 대단히 클 것으로 예상된다.

이제는 표준화를 '획득의 전 순기에서 필히 추진해야 할 중요 사항'이라고 인식하고, 이를 위해 연구개발 단계별로 표준화 추진 계획을 수립하여 적극적으로 추진하여야 한다. 물론 표준화 추진이 새로운 기술발전을 저해하지 않도록 무기체계 개발에 필요한 핵심부품을 적극 개발하여 경쟁력을 키우는 노력은 지속하여야 한다. 동일한 성능의 구성품·부품이라도 연구개발 중 각 체계별로 생산하게 되면 양산 단계에서는 호환 사용 등 표준화 추진은 매우 제한되며 추진을 하더라도 효과는 미흡하므로 획득 초기 단계부터 표준화 향상을 위한 노력이 필요하다.

본 연구를 통해 표준화 개념 재정립 및 규정 정비, 표준화 추진 시스템 구축, 업무 수행 체계 정립 및 조직 보강, 그리고 통합정보체계 보강 등 표준화 정책 발전 방안을 제시하였다. 표준화의 성과는 하루아침에 나타나지는 않을 것이다. 따라서 중·장기적인 관점에서 표준화를 추진하여야 한다. 무엇보다도 표준화 향상을 위한 업무를 책임지고 수행하거나 지원하는 전담 부서를 지정하여 추진하고, 장기적으로는 전담 조직(가칭 '국방표준센터')을 설립하는 것이 필요하다고 믿는다. 표준화의 성과를 극대화하기 위해서는 국방부(군), 방위사업청, 방산기술지원센터 및 방산업체 등 관련 기관이 적극 참여하여야 하며, 특히 방위사업청 사업관리본부(IPT)에서는 관련 기관에게 협조 및 지원 등을 받아 연구개발 초기 단계부터 표준화 향상을 위해 적극 노력하여야 한다. 아무쪼록 본 연구에서 제시한 표준화 정책 발전 방안이 효율적인 무기체계 개발 및 운용유지에 기여하기를 기대한다.

제9장

방위사업 무기체계 구매 시스템 개선 방안

우리는 국내 연구개발 우선정책을 추진하고 있으나, 최근 높은 성능의 무기체계를 조기에 전력화를 추진하는 경우가 많아 국내외에서 구매로 단기간 내에 획득하는 무기체계가 점점 많아지고 있다. 그런데 구매와 관련된 각종 제도는 미흡한 측면이 많이 있다. 보다 효율적이고 투명하게 합리적으로 무기체계를 구매하기 위해서는 구매 시스템 개선이 필요하다. 성공적으로 구매사업을 추진하기 위해서는 리스크를 미리 예상하여 대비하고 조치를 하는 것이 최선의 방안이다. 이를 위해서는 제도 개선과 더불어 사업관리자는 고도의 전문성을 확보하여야 한다.

제1절 서론

정부는 군에서 필요로 하는 무기체계를 획득하는 데 방위산업 육성 차원에서 국내 연구개발 및 구매를 우선적으로 검토하여 추진하고는 있다. 그런데 최근의 북한 및 테러의 위협 증가, 시급한 전력화 시기, 기술 수준 및 획득기간 등에 따라 단기간에 필요한 무기체계를 구매로 획득해야 하는 경우가 많아지고 있다. 이러한 구매로 사업을 추진하는 데 관련된 규정은 복잡하고 개념적인 내용도 많아 때로는 어려움을 겪는 경우도 있다.

연구개발로 획득하는 경우에는 일정 기간 연구개발 기간이 필요하므로 비교적 장기간에 걸쳐 주로 기술과 관련된 문제가 많이 발생하지만, 구매의 경우에는 비교적 단기간에 많은 과정을 거쳐야 함으로써 기술 문제가 아닌 부실 및 시행착오 등으로 많은 문제가 발생하고 있다. 따라서 구매사업에 대한 규정은 연구개발 관련 규정보다 더 세밀하고 구체적으로 규정화되어 있어야 하나 현실은 그렇지 못하다. 특히 긴급전력으로 소요가 결정된 사업은 신속하게 획득할 수 있는 시스템이 구축되어 있어야 하나 그렇지 못하고, 선행연구도 사업 추진 방법을 결정하기 위한 목적으로 한정하고 있어 사업 추진에 충분한 근거를 제공하지 못하고 있으며, 군에서 실시하는 시험평가 및 수락검사도 시스템화되어 있지 않아 관련된 문제도 발생하고 있다.

이러한 문제는 어떤 기관, 개인의 노력이나 단지 관련 기관 간의 협업을 통해 업무 수행 중에 해결할 수 있는 것이 아니라, 시스템적으로 접근해야 근본적으로 해결할 수 있을 것이다. 그러한 측면에서 구매사업의 성공적 추진을 위한 시스템 개선 방안을 고민해 보는 것은 매우 의미 있는 일이라 생각한다. 이를 통해 보다 합리적이고 효율적으로 투명하게 사업을 성공적으로 추진하여 국민의 신뢰를 얻고, 군 전투력 증강 및 방위산업 발전에 기여하고자 한다.

제2절 구매사업에 관한 일반적 고찰

1. 구매사업 추진 시스템

구매사업 추진 절차는 먼저 군에서 소요를 결정하면 방사청이 주관이 되어 획득을 추진하게 된다. 사업 추진 방법을 결정하기 위해 선행연구를 하며 이를 통해 구매 또는 연구개발을 결정하고, 이를 기초로 사업 추진 기본전략을 수립하여 정책기획분과위원회에 상정하게 된다. 이 위원회에서 구매로 결정되면 사업 추진 기본전략을 기초로 구매계획을 작성하여 이를 관련 위원회에 상정하여 어떻게 구매할 것인가를 결정하게 된다.

〈표 9-1〉 무기체계 사업 추진 방법

구분	연구개발	구매
내용	무기체계 연구개발, 기술협력 생산	국내 구매, 국외 구매 (상업구매, FMS), 임차

구매를 위한 계약 방법에는 협상에 의한 계약과 2단계 경쟁계약이 있다. 협상에 의한 계약은 제안서평가를 실시하여 대상 장비를 선정하고 이를 대상으로 시험평가를 하여 최종적으로 구매하고자 하는 기종을 결정하게 된다. 반면 2단계 경쟁계약은 1단계 기술평가를 실시하고 합격한 장비를 대상으로 2단계 가격 평가를 실시하여 기종을 결정하는 절차를 따르게 된다.

협상에 의한 계약은 일반적으로 가장 많이 적용하는데 이를 구체적으로 알아보면 다음과 같다. 사업 추진 기본전략에 의해 구매로 결정되면, 구매계획을 작성하여 승인을 받고 다시 구매계획을 기초로 제안요청서를 작성하여 입찰 공고를 하게 된다. 이후 업체가 제안서를 제출하면 전문가로 구성된 제안서 평가팀을 구성하여 제안서를 평가하여 대상 장비를 선정하게 된다. 이 경우 일정 수준의 기준을 통과하면 복수의 대상 장비를 선정하게 되는데, 평가 항목별 배점에 의한 방법 또는 선택조건의 충족 비율에 의한 방법으로 대상 장비를 일정 수 이하로 선정할 수 있다.

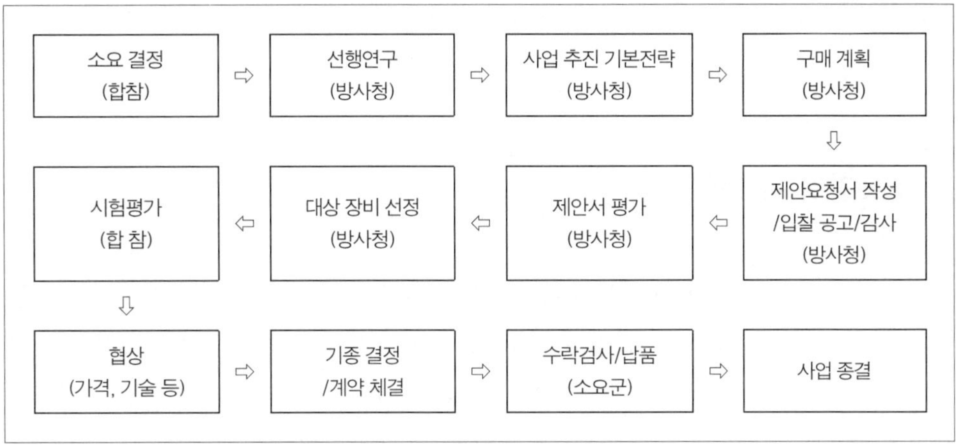

〈그림 9-1〉 협상에 의한 계약을 통한 구매 세부 절차

그리고 선정된 대상 장비에 대한 시험평가를 실시하고 가격 및 기술 협상 등을 거쳐 위원회를 통해 기종을 결정하게 된다. 기종을 결정하는 방법에는 '요구조건 충족 시 최저비용에 의한 방법'과 '종합평가에 의한 방법'이 있다. 일반적으로 요구조건 충족 시 최저비용에 의한 방법으로 기종을 결정한다. 이렇게 결정된 기종에 대하여 계약을 체결하고 업체에서 생산한 이후에 군에서 수락검사를 실시하고 군에 납품하는 절차를 거치게 된다.

〈표 9-2〉 대상 장비 선정 방법과 기종 결정 방법

구분	내용
대상 장비 선정 방법	• 제안서 평가 시 – 필수조건 항목은 모두 충족 필요 – 선택조건 항목은 ○○%(사업팀에서 결정) 이상 충족 필요 • 대상 장비를 일정 수 이하로 선정 가능 – 평가 항목별 배점에 의한 방법 – 선택조건의 충족비율에 의한 방법
기종 결정 방법	• 요구조건 충족 시 최저비용에 의한 방법 • 종합평가에 의한 방법

이러한 절차는 긴급전력[1]이라 하더라도 별도의 절차가 제도화되어 있지 않기 때문에 동일한 절차를 거쳐야 한다. 이에 따라 긴급전력이라는 취지에 부합되게 단기간에 획득하는 것은 매우 어려운 것이 현실이다.

2. 소요결정 시스템

무기체계 획득의 첫 번째 단계이면서 가장 중요한 단계는 소요결정 단계로 이는 군에서 어떤 성능의 무기체계가, 어느 시기에, 어느 정도 수량이 필요한지를 결정하는 것이다. 각 군에서 소요를 제기하면 합참에서 종합적으로 검토하여 필요한 진력을 결정하고, 이후에 방사청에서 관련 절차에 따라 무기체계를 획득하고 시험평가에 합격하면 군에 전력화를 하여 운용하게 된다.

합참에서 소요를 결정할 시 각 군에서 요청한 소요를 검토하여 합참 차원에서 합동작전 개념 등을 고려하게 된다. 이때 통합개념팀(ICT: Integrated Concept Team)[2]을 운용하여 관련 기관이 참여하여 심도 있는 검토를 거치게 되는데, 통합개념팀의 역할은 미래전장환경, 무기체계 발전 추세 등을 고려하여 합동개념 구현을 위한 무기체계 식별, 무기체계의 필요성, 편성 및 운영개념을 정립하는 것이다. 합동소요결정 단계는 각 군, 합참 부서, 합동부대의 소요제기서를 합참에서 구체화하여 소요서(안)를 작성하고 소요를 결정하는 단계이며 〈그림 9-2〉와 같다.

신규전력소요는 우선 장기전력소요로 결정하여 소요를 반영한 후 소정의 절차를 거쳐 중기전력소요로 반영함을 원칙으로 한다. 다만, 국가 안전보장 등과 관련하여 긴급하게 무기체계 등의 소요가 필요한 경우에는 중기신규 또는 긴급전력소요로 결정할 수 있으며, 이때 긴급전력소요는 중·장기전력 소요결정 절차를 준용하도록

---

1 전시·사변·해외파병 또는 테러, 국가 안전보장 등으로 인하여 특정 위협에 시급히 대응할 전력으로서, 소요결정 당해 회계연도 이후 2년 이내의 소요를 말한다.

2 합참에서 합동개념 구현과 과학적·계량적 분석에 의한 소요 창출을 위해 군사전략, 작전운용, 군 구조, 교리, 무기체계, 과학기술 분야 등 관련 전문가 집단을 구성하여 운용

되어 있다.

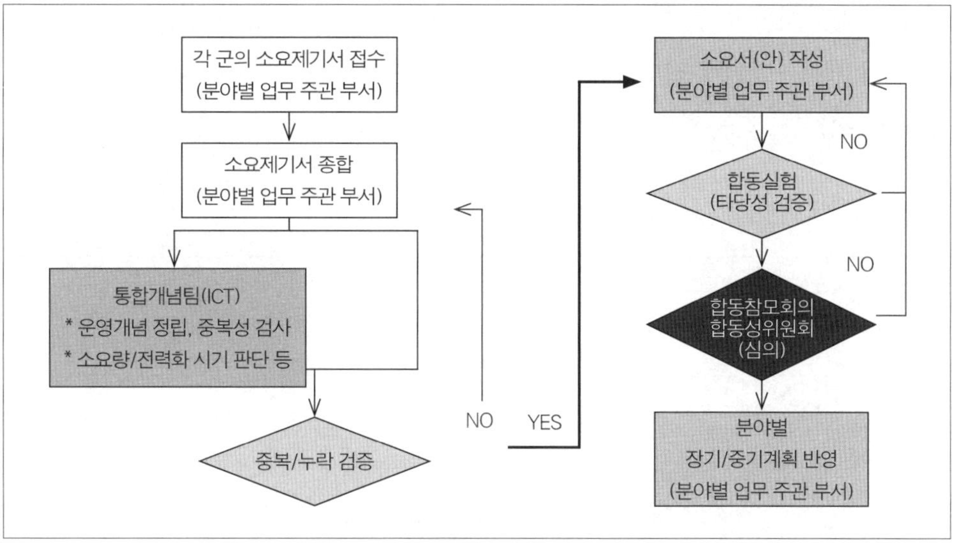

〈그림 9-2〉 합참의 소요결정 과정

3. 선행연구

합참에서 무기체계 소요를 결정하면 사업 추진 기본전략 수립을 위한 선행연구를 수행하게 된다. 2016년부터는 기품원이 선행연구 전문기관으로 결정되어 선행연구를 주관하게 된다. 기품원에서는 선행연구를 모두 직접 수행할 수 없는 여건이므로 일부는 다시 연구기관을 선정하여 연구를 수행하고 있다.

선행연구는 관련 기관과의 긴밀한 협력을 통해 수행하게 되는데, 주도적인 역할을 수행하는 부서는 초기 IPT이다. 초기 IPT는 선행연구 조사·분석 수행계획 검토·승인, 선행연구 조사·분석 수행과정 확인·감독, 그리고 성과평가위원장 업무 등의 역할을 수행하도록 되어 있다. 따라서 사업 추진에 필요한 내용 위주로 연구가 될 수 있도록 적극적으로 관리하여야 한다. 선행연구를 수행하는 세부 절차 및 관련 기관의 역할은 〈그림 9-3〉에서 보는 바와 같다.

방위사업 관리규정에 의하면 선행연구 시 포함해야 하는 내용은 연구개발의 가능성, 국방과학기술 수준 기술적 타당성 및 소요 시기 등 기술적 요소, 비용 대 효과 분석, 경제적 타당성 등 경제적 요소, 방위산업 육성 효과, 소요량 분석 등 정책적 요소, 그리고 획득방안별 사업관리 위험요소, 식별된 위험요소 관리 방안 등 사업관리 요소를 포함하도록 되어 있다.

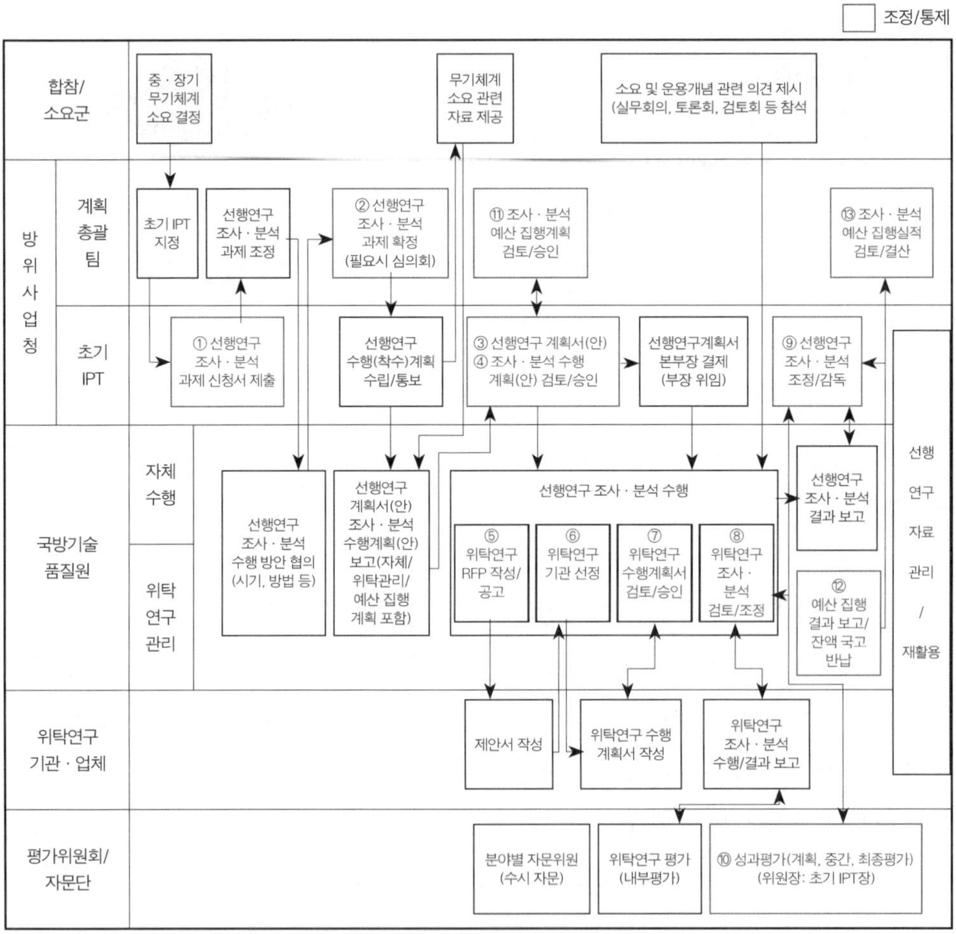

〈그림 9-3〉 선행연구 추진 절차 및 관련 기관의 역할

〈표 9-3〉 선행연구 시 연구 포함 사항

구분	포함 사항
기술적 요소	연구개발의 가능성, 국방과학기술 수준, 기술적 타당성 및 소요 시기
경제적 요소	비용 대 효과 분석, 경제적 타당성
정책적 요소	방위산업 육성 효과, 소요량 분석
사업관리 요소	획득 방안별 사업관리 위험요소, 식별된 위험요소 관리 방안

4. 제안요청서 작성 및 제안서 평가

사업팀은 제안요청서를 구매계획에 근거하여 구매하고자 하는 무기의 성능과 전력화 시기 및 수량, 그리고 평가 항목 등을 포함하여 작성한다. 이때 합참, 국방부, 각 군, 방사청 관련 부서가 참여하게 작성하게 되며 해당 부장이 주관하는 사업관리 실무위원회를 통해 최종 결정한다. 그 과정에서 투명성 제고를 위해 감사부서의 검증 과정도 거치게 된다.

구매사업에서 가장 중요한 절차는 제안요청서 작성 및 평가라고 해도 과언은 아닐 것이다. 이를 통해서 무기체계를 납품하는 업체와 기종이 선정되기 때문이다. 특히 제안요청서는 이후에 발생하는 문제를 해결할 수 있느냐 없느냐의 중요한 기준이 된다. 제안요청서에 구매하고자 하는 무기의 성능과 전력화 시기 및 수량, 그리고 평가 항목 등을 명확하게 반영하지 못하면 이후에 시험평가나 계약 과정 등에서 문제가 발생할 우려가 커지게 된다.

제안서평가에서 중요한 과정 중에 하나는 제안서 평가위원 선정인데, 사업운영평가팀장이 국방부, 합참, 방위사업청, 소요군, 국과연, 기품원 또는 산업통상자원부 등 정부기관, 학계, 연구소 등의 협조를 얻어 자격을 갖춘 자를 2배수 이상을 사업관리본부장에게 추천하면 사업관리본부장이 무작위로 평가위원을 선정한다. 제안서평가 항목은 필수조건 항목과 선택조건 항목으로 구분되며, 필수조건 항목은 모두 합격하여야 하고, 선택조건 항목은 일정 수준의 비율 이상을 합격하면 대상 장비로 선정

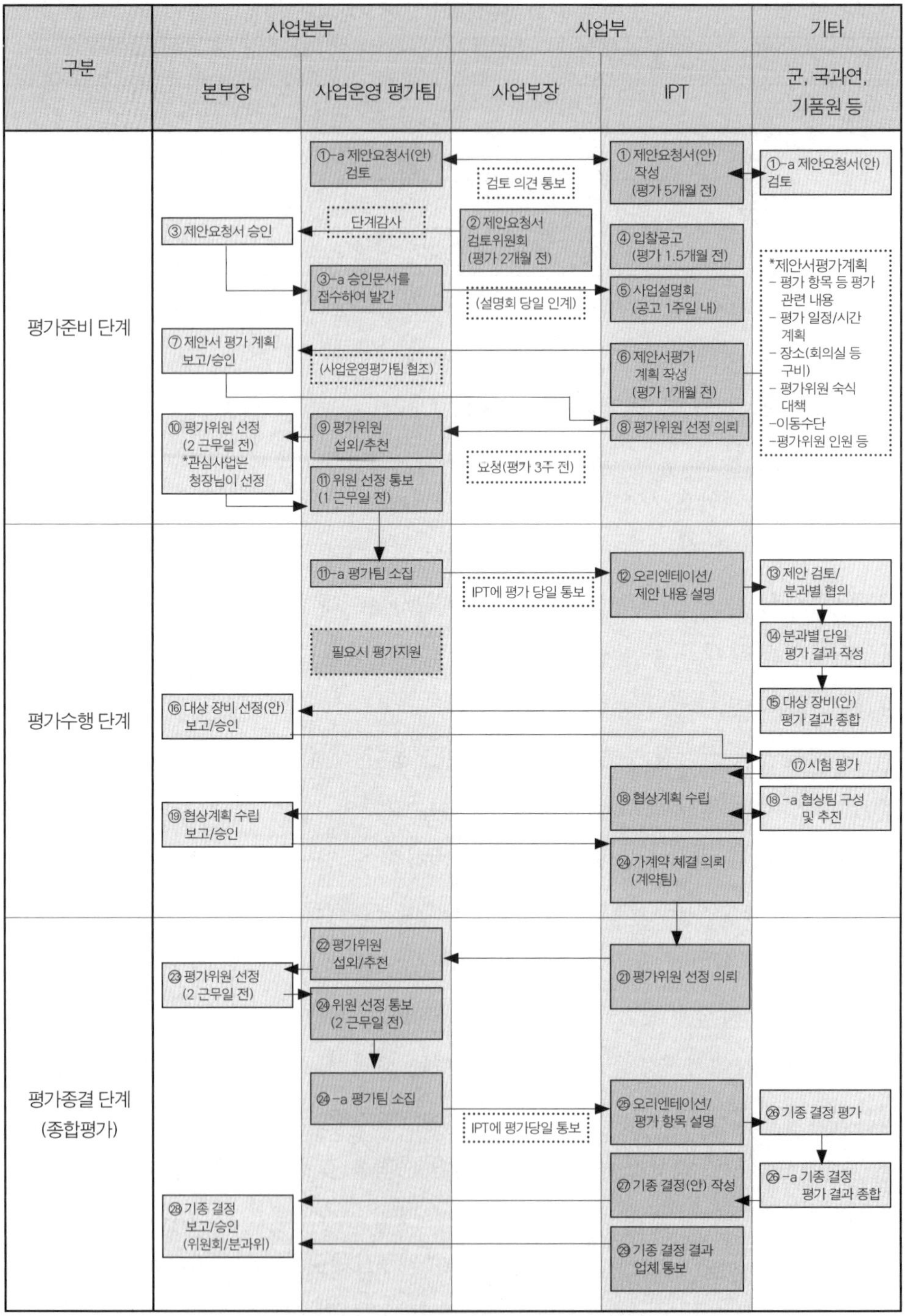

<그림 9-4> 제안서평가 절차 및 관련 기관의 역할

될 수 있다. 주로 필수조건 항목은 장비의 성능과 관련된 작전운용성능이나 기술적부수적 성능 등으로 이루어지고 선택조건 항목은 성능과 직접적 관련이 적은 전력화 지원요소 등이 포함되게 된다.

〈표 9-4〉 제안서평가 평가위원 자격

① 유사 무기체계 운용 경험이 3년 이상인 자 ② 유사 사업관리 경력 2년 이상인 자 ③ 방위력개선 분야 연구개발 경력 또는 구매사업 경력이 3년 이상인 자 ④ 대학의 관련 분야 전임강사 이상인 자 ⑤ 해당 기관의 업무 담당자 ⑥ 국과연, 기품원, 국방연구원 등 연구원으로서 관련 분야 근무 경력 5년 이상인 자 ⑦ 해당 분야 자격증 등 소지자

5. 시험평가

대상 장비가 선정이 되면 이를 대상으로 시험평가를 실시하게 된다. 시험평가는 합참에서 주관하게 되며, 시험평가의 실시는 각 군의 시험평가단에서 수행하게 된다. 통상 다양한 야전 환경에서 평가를 거쳐 전투용 적합 여부를 판단하기에 3계절 시험을 하게 된다. 이에 따라 정상적으로 시험평가를 실시하는 경우에는 기간이 많이 소요되는 것이 사실이다. 또한 시험평가를 실시하는 기관과 통제하는 기관, 그리고 최종 판정을 하는 기관이 다르기에 행정소요 기간도 많이 소요된다.

구매시험평가 계획을 확정하는 과정은 먼저 합참에서 구매시험평가 계획 작성지침을 소요군에 통보하면, 소요군에서는 구매시험평가 계획(안)을 작성하여 합참에 보고하고, 합참에서 구매 시험평가계획(안)을 검토하여 최종적으로 국방부에서 구매시험평가계획서를 확정하게 되며, 이에 따라 시험평가를 소요군에서 실시하게 된다. 이렇게 구매시험평가 계획을 확정하는 데에는 통상 대상 장비 선정 후 약 4개월이 소요되고 있다. 시험평가를 실시하는 기간은 3계절 시험을 하는 경우 9개월 정도가 소요된다. 시험평가를 실시한 이후 시험평가 결과를 판정하는 과정은 소요군에서 시험평가 결과를 합참에 보고하면 합참에서 위원회 검토를 거쳐 국방부에 요청하고 국방부에서 시험평가 결과를 판정하게 된다. 시험평가 결과를 판정하는 데에는 통상 시험평가 종료 후 2~3개월이 소요된다. 따라서 시험평가를 준비하고 결과가 나오기까지 대략 15개월이 소요되고 있다.

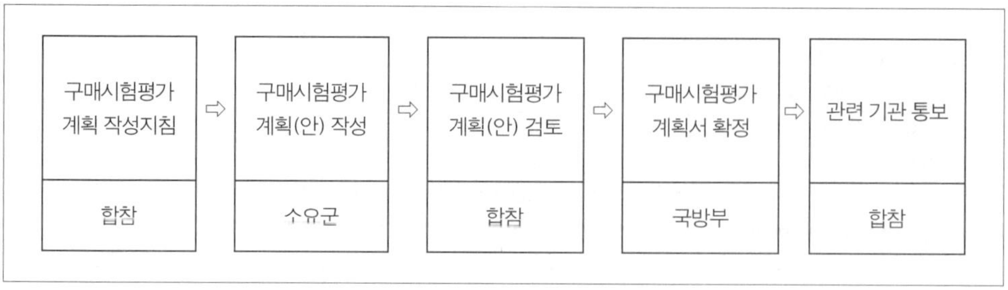

〈그림 9-5〉 시험평가 계획 수립 절차

제3절 현 실태 분석 및 문제점

1. 긴급전력 소요결정 및 획득 시스템

첫째, 긴급전력 결정 시스템에 대한 문제이다. 현재 긴급전력은 "전시·사변·해외파병 또는 테러, 국가안전보장 등으로 인하여 특정 위협에 시급히 대응할 전력으로서, 소요결정 당해 회계연도 이후 2년 이내의 소요를 말한다."라고 정의되어 있다. 하지만 그 개념을 구체화하여 실제로 이를 적용할 수 있는 근거는 취약하기 때문에 논란이 될 소지가 많다. 즉 개념만 정의되어 있고 긴급전력으로 결정할 수 있는 세부 기준이 없다는 것이다. 긴급전력으로 선정하기 위한 여러 고려요소를 반영하여 결정할 수 있도록 하여야 한다.

둘째, 긴급전력으로의 소요결정 이후 획득체계 문제이다. 긴급전력으로 결정되면 이후 별도의 절차가 있어야 단기간 안에 획득할 수 있으나 그렇지 못해 결국 정상전력 절차를 거쳐야 하기에 단기간에 획득하는 것에 문제가 생긴다. 특히 긴급전력으로 추진한 대부분의 사업은 획득하는 데 약 40개월이 소요되었다. 또한 긴급전력으로 급하게 추진하다 보니 오히려 시행착오나 부실 등으로 대부분의 사업이 문제가 되고 있다. 따라서 별도의 긴급전력 획득 절차가 마련되어야 하며, 동시에 단기간 내에 획득할 수 있도록 소요를 명확하게 결정해야 한다.

긴급전력으로 획득하는 무기체계는 선행조치가 미흡한 상태에서 소요가 결정되고 예산이 반영되기 때문에 예산이 반영되는 시기 이후부터는 오히려 정상전력으로 획득하는 무기체계보다 기간이 더 소요되고 있다. 즉 긴급전력으로 결정된 무기체계의 획득 절차는 '소요결정 → 예산 반영 → 선행연구 → 사업 추진 기본전략 수립 → 구매 계획 → 입찰 공고/제안서평가 → 대상 장비 선정 → 시험평가' 등 절차를 거치게 되어 있다. 한편 정상전력은 '중·장기 소요결정 → 선행연구 → 중기 전환 → 예산 반영 → 사업 추진 기본전략 수립 → 구매 계획 → 입찰 공고/제안서평가 → 대상 장비 선정 → 시험평가' 등의 절차를 거치게 된다. 이처럼 긴급전력이 예산반영 이후에는 오히려 선행연구 기간 등이 더 소요되게 된다.[3]

셋째, 국외 구매사업의 경우 1,000만 달러 이상인 경우에는 절충교역 대상 사업으로 되어 있으나, 사업을 추진하기 위한 소요 기간 및 절충교육의 장점 등을 고려하여 용이하게 그 적용 여부를 결정할 수 있도록 구체화되어 있어야 하는데 현실은 그렇지 못하다. 즉 절충교역을 적용하지 않을 경우는 국계법 시행령 26조 제1항에 "외국 정부와 계약을 체결하여 군수품을 구매하는 경우, 그 밖에 국가안보·경제적 효율성 등을 고려하여 위원회의 심의를 거친 경우" 등으로 되어 있어 추상적인 국가안보·경제적 효율성 등을 고려하여 적용 여부를 판단해야 하기에 어려움이 있다.

---

3 긴급전력이라고 하더라도 선행연구는 기본적으로 수행할 수밖에 없는데, 선행연구를 통해 사업 전반에 걸쳐 논란이 될 만한 사항을 사전에 연구하여 사업 추진 중 발생할 위험요소를 제거하는 기능을 수행하기 때문에 이는 효율적인 사업을 위해서도 필요한 절차이다.

2. 선행연구 개념 및 연구 범위

먼저 선행연구의 개념은 사업 추진 방법을 결정하기 위한 개념으로 한정되어 있다. 이에 따라 선행연구에 포함되는 연구 내용도 한정되고 있다. 선행연구는 사업팀에서 사업을 추진하기 위해 실시하는 각종 객관적인 근거를 마련하는 마지막 연구 과정이다. 따라서 논란이 되고 쟁점이 될 만한 사항은 모두 검토하여 사전에 위험을 식별하여 선제적으로 조치할 수 있는 기회로 삼아야 할 것이다. 그리고 연구에 불필요한 내용은 과감하게 생략할 수 있어야 한다. 사업 추진 방법을 결정하는 고려요소는 주로 요구 성능 충족, 전력화 시기 충족, 총사업비용 및 전력화 지원요소 확보 등을 고려하고 있다. 따라서 이러한 요소에 대하여 우선적으로 검토하고 구매로 판단한 이후에는 "구매를 구체적으로 어떻게 추진할 것인가?", "예상되는 위험이나 논란이 될 만한 사항은 무엇인가?" 등을 연구할 수 있어야 한다.

〈표 9-5〉 획득 방안 판단 비교(예)

구분	연구개발	국내 구매	국외 구매	비고
요구 성능 충족	○	×	○	대등
전력화 시기 충족	×	○	△	국내 구매 시 충족
총사업비용	△	○	△	국내 구매가 유리
전력화 지원요소 확보	○	○	○	국내 획득이 유리
종합	3	2	1	국외 구매가 유리

3. 시험평가

첫째, 시험평가 준비의 시기로 현재는 대상 장비 선정 이후에 시험평가를 준비하고 있다. 또한 시험평가계획을 수립하는 데 약 4개월이 소요되고 결과를 판정하는 데에도 2~3개월이 소요된다. 이에 따라 최소한 시험평가를 준비하고 판정하는 기간만 6개월 이상이 소요되고 있다. 물론 평가 항목이 많은 연구개발이나 3계절 시험을 해야 하는 경우에는 부득이한 측면이 있다고 생각은 한다. 하지만 비교적 단순한, 즉 이미 군에서 사용하고 있는 경우에는 기간을 줄이기 위한 제도 개선이 필요하다. 특히 관련 기관이 많다 보니 행정적인 처리를 하는 데 상당한 기간이 소요된다.

둘째, 시험평가 시 논란이 많이 발생하는데, 항목별로 어떻게 시험평가에 반영할 것인지를 사전에 정립하여야 한다. 예를 들어 제안요청서에는 없었으나 나중에 군에서 추가로 설정한 항목에서 미흡한 결과가 나온다면 이 항목에 대해서 어떻게 시험평가 결과에 반영할 것인지, 또는 요구 성능보다 높게 업체에서 제시하였으나 실제로 평가 시에 달성하지 못한 경우 어떻게 처리할 것인지가 정립되어 있어야 한다.

〈표 9-6〉 시험평가 관련 주요 논란 사례

사업명	논란 내용
A 사업	○○○피트에서 고공낙하 가능 * ○○○피트에서 실제로 시험평가가 제한되나 실제 시험평가를 해야 하는지에 대한 논란
B 사업	제안서에 a 장비를 제시, 시험평가 시에는 유사한 a'로 평가한 결과에 대해 시험평가 합격 여부
C 사업	추가한 군 운용 적합성 항목에서 충족하지 못할 경우 전투용 부적합으로 판정해야 하는지 여부

셋째, 현재는 모든 항목에 대하여 평가하는 것이 일반화되어 있다. 하지만 이미 유사한 장비가 운용 중인 경우 등 사업마다 여건이 매우 다르기에 시험평가 항목과 방법에 대해 상황별로 구분된 가이드라인이 필요하다. 즉 자료에 의한 평가를 할 것인지, 실물에 의한 평가를 할 것인지 등을 정립해야 한다. 매번 시험평가 계획을 수립하는 과정에서 논란과 기관 간 의견 차이로 많은 행정소요가 있는 경우도 있고, 때로는 그 결과를 판정하는 과정에서도 문제가 많이 발생하고 있다.

4. 수락검사

수락검사는 공장수락검사(FAT: Factory Acceptance Test)와 국내수락검사(SAT: Site Acceptance Test)가 있다. 공장수락검사는 제작업체가 주관이 되어 장비를 생산 완료한 후 소요군에게 인도하기 전에 자체적으로 성능검사를 하는 것이다. 이와 반면에 국내수락검사는 소요군이 주관이 되어 제품이 계약서상의 인도 조건에 따라 인도 장소에 도착한 후 실시한다. 이를 실시하는 방법은 육안으로 장비 또는 물품의 이상 유무를 점검하는 방법, 보조·지원장비 및 일반물품에 대하여 기능상의 이상 유무를 점검하는 방법, 차량 및 전차 등 별도의 성능 확인이 필요한 완성장비 형태의 주 장비에 대해 장비를 실제로 작동하여 성능을 확인하는 방법 등이 있다.

수락검사 판정은 계약서상의 내용에 대한 검사 결과 수락 또는 수락 불가로 판정하고, 계약조건 이외의 보완이 요구되는 부분에 대한 내용은 수락 여부와는 별도로 계약자와 상호 협의하여 보완조치를 할 수 있다. 하지만 수락검사 방법이나 내용 등에 대한 가이드라인이 없는 상태에서 사업별로 추진하다 보니 때로는 수락검사 부대나 관련 기관 및 업체 등과 논란도 발생되고 있다.

5. 기타

구매사업으로 추진하는 경우 '협상에 의한 계약'과 '2단계 경쟁계약'으로 추진할 수 있다. 그러나 어떤 경우에 협상에 의한 계약을 체결하고, 어떤 경우에 2단계 계약으로 추진해야 하는지에 대한 기준이 없다. 그러다 보니 사업팀에서 나름대로 판단하여 각각 계약 방법을 결정하여 계약을 체결하는 실정이다. 또한 제안서평가 시 평가위원을 전문가 중에서 2배수 이상을 추천하여 무작위로 선정하게 되어 있는데, 2배수를 추천하는 과정에서 인위적인 요소가 들어가는 한계도 있다.

또한 그동안 수많은 구매사업을 추진하였지만 관련 자료가 DB화되어 있지 않고 모두 개별적으로 관리되고 있다. 따라서 새로 사업을 담당하는 사람은 개인적으로 유사 사업을 추진한 부서를 찾아 자료를 협조하여 참고하고 있다. 특히 문제가 되었거나 논쟁이 있는 사항에 대해서도 그러한 자료가 정리되어 있지 않아 사업 추진에 많은 어려움이 있으며 유사한 시행착오를 범할 우려도 매우 크다.

제4절 구매 시스템 개선 방안

1. 긴급전력의 적기 전력화 보장

긴급전력을 취지에 부합하게 단기간 내에 획득하기 위해서는 첫째, 긴급전력이라는 개념을 명확하게 할 필요가 있다. 미국의 JCIDS Manual[4]에 따르면 긴급전력의 경우 해당 소요가 긴급전력에 맞는지에 대한 평가를 실시한 후 별도의 소요결정 절차를 진행하며, 소요결정 이후 신속하게 획득 절차가 진행될 수 있도록 긴급획득 절차와 연계하여 추진한다. 미군은 긴급소요를 "Urgent Requirement"라고 표현하고, "충족되지 않으면 병력을 심각한 위험에 빠뜨리게 되고 현재 진행 중이거나 또는 곧 진행될 작전에서 상당한 위협이 발생하게 되는 전력"으로 정의하고 있다.[5]

둘째, 소요결정 시 여러 고려요소를 검토하여 결정할 수 있는 정형화된 절차와 문서 형식을 정립하여야 한다. 현재처럼 정상전력 소요 문서와 동일한 형태로 소요를 결정하면 정상전력의 절차와 차이가 없게 되는 것이다.

셋째, 긴급전력의 경우에는 제도적으로 절충교역을 적용하지 않는 것을 원칙으로 하고, 시험평가도 이미 충분히 운용되어 입증된 장비를 결정하였다면 자료에 의한 평가도 가능토록 하여 획득 기간을 단축할 수 있어야 한다.

〈표 9-7〉에서 제시한 혁신 방안을 통해 긴급전력 소요결정 시 단기간 내에 획득할 수 있도록 결정하고, 결정된 긴급전력에 대해서는 별도의 획득 시스템을 마련하여 활용한다면 긴급하게 소요될 무기체계를 적기에 획득하여 전투력 증강에 기여하게 할 수 있을 것이다.

4 JCIDS Manual for the Operation of the JCIDS, p. E-1, 19 January 2012.

5 US ASMC, "Department of Navy Urgent Needs in a Constrained Fiscal Environment", May 2012.

〈표 9-7〉 긴급전력 적기 전력화 보장을 위한 개선 방안

구분	현재	개선 방안
개념	테러 등 막연한 개념의 무기체계	조만간 운용하지 않으면 문제가 발생할 무기체계
소요결정 대상 무기체계	운용 중이거나, 일부 연구한 무기체계 등 미정립	안정성 및 성능이 입증된 실제 운용 중인 무기체계
소요결정 문서 형식	정상전력 소요 문서 형식과 동일	긴요전력 별도의 형식 필요 *특정 체계 모델명 명시 등
시험평가	자료에 의한 평가, 실물에 의한 평가 등 미정	자료에 의한 평가를 원칙으로 규정
절충교역	모든 1,000만 달러 이상 구매 사업은 절충교역 추진이 원칙	1,000만 달러 이상 구매 사업이더라도 긴급전력은 절충교역 생략이 원칙

2. 사업 전반을 고려한 선행연구 추진

사업 추진 방법을 결정하기 위한 한정된 선행연구의 한계를 해결하기 위해서는 먼저 선행연구에 대한 개념을 확대하여야 한다. 즉 현재의 개념은 "방위력개선사업을 위한 무기체계 등의 소요가 결정된 경우, 방사청장이 해당 무기체계에 대한 연구개발의 가능성, 소요 시기 및 소요량, 국방과학기술 수준, 비용 대 효과 등에 대한 조사·분석 등을 통해 효율적인 사업 추진 방법 결정을 지원하기 위하여 실시하는 것"을 말한다. 즉 사업 추진 방법을 결정하기 위한 개념으로 되어 있다. 하지만 그런 한정된 개념과 그에 따른 내용으로는 사업 추진에 필요한 충분한 연구가 될 수는 없을 것 같다. 따라서 선행연구 개념을 확대하고 그에 따라 연구 범위도 확대해야 할 것이다. 기존 개념을 포함하고 동시에 제안요청서 작성, 시험평가, 대상 장비 선정, 기종 결정, 계약 등 사업 추진 전반에 필요한 사항까지를 포함할 수 있도록 하여야 할 것이다.

사업팀에서 사업 전반을 고려한 선행연구를 추진한다면 사업 전반에 대한 위험요소를 사전에 검토하여 이를 식별하여 조치할 수 있어, 이후에 사업을 추진할 시 시행착오를 줄이고 지연되지 않고 적기에 전력화를 시킬 수 있을 것이다.

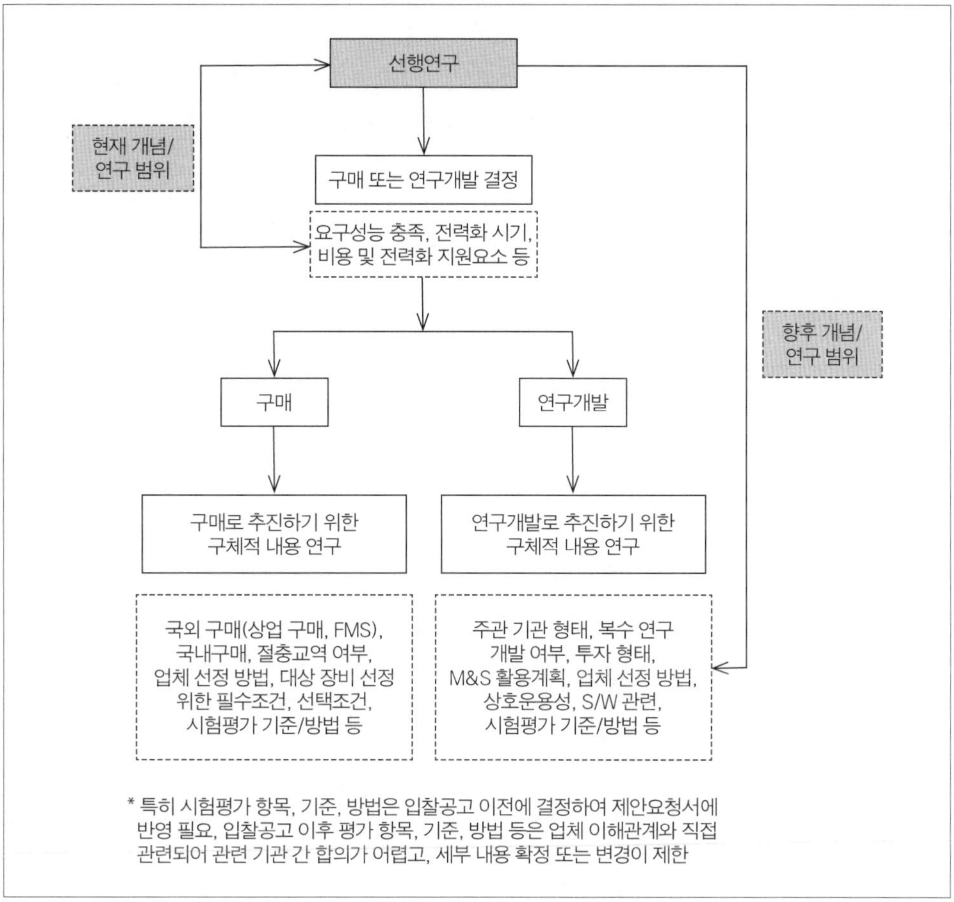

〈그림 9-6〉 제안서평가 절차 및 관련 기관의 역할

3. 체계화된 시험평가

구매시험평가에서 효율성 극대화 방안은 첫째, 조기에 시험평가 항목 및 기준을 정립하는 것이다. 특히 구매시험평가는 입찰공고를 한 후 수개월 내에 추진되는 시기를 고려하면 더욱 그렇다. 시험평가는 합격하느냐 불합격하느냐를 결정하는 대단히 중요한 절차이다. 이에 따라 시험평가 항목과 평가 기준 및 조건 등이 구체화되어 있어야 평가를 논란 없이 할 수 있는 토대가 되는 것이다. 이러한 평가 항목과 평가 기준 등은 사전에 결정해 놓지 않고 시험평가 준비 시에 한다면 어떤 결정을 한다 하더라도 바로 업체의 이해관계와 연결되기 때문에 어느 기관도 쉽게 결정하지 못할 우려가 있다. 입찰 공고 이후에는 명확한 것을 제외하고는 어느 것도 쉽게 결정할 수가 없다. 일부 사업도 결정을 못 해 상당 기간 지연이 되거나, 결정을 하였으나 불리하게 결정된 당사자가 문제를 제기한 사례가 많다.

〈표 9-8〉 시험평가 항목별 판단 기준 정립(안)

구분	현재	정립(안)
작전운용 성능	군사용 적합 또는 부적합 기준	군사용 적합 또는 부적합 기준
기술적 · 부수적 성능	군사용 적합 또는 부적합 기준	군사용 적합 또는 부적합 기준
군 운용 적합성 (소요결정 문서에 반영된 항목)	군사용 적합 또는 부적합 기준	군사용 적합 또는 부적합 기준
군 운용 적합성 (소요결정 문서에 미반영된 항목)	기준 미흡	적합 또는 부적합 기준에서 제외하되, 미흡한 정도에 따라 감액 조치
업체 추가 제시 항목, 기준보다 업체에서 높게 제안한 항목	기준 미흡	적합 또는 부적합 기준에서 제외하되, 미흡한 정도에 따라 감액 조치
기타 단순하여 단기간에 해결이 가능한 사항	기준 미흡	보완 요구사항으로 판정하여 보완 기회 부여, 추후 확인

둘째, 시험평가 항목별 시험평가 결과를 어떻게 적용할 것인지를 정립하여야 한다. 시험평가 항목은 모두가 합격을 해야 군사용 적합으로 판정되는 것이 아니다. 어떤 항목은 반드시 합격해야 하는 경우도 있고, 어떤 항목은 업체에서 목표를 높게 세웠으나 이를 달성하지 못한 경우도 있다. 또한 장비의 성능에 영향을 미치지 않는 것도 많고, 시험평가 시에 추가로 선정한 항목도 있을 수 있다. 따라서 시험평가 항목마다 충족 또는 미충족 시 어떻게 반영할 것인지를 명확하게 결정해 두어야 한다. 이러한 사전 조치를 통해 사소한 항목으로 무기체계 전체에 대한 불합격 판정을 내리는 우를 범하지 말아야 한다.

셋째, 시험 방법에 대한 가이드라인이 필요하다. 즉 군에서 이미 유사한 무기체계를 운용하고 있거나 외국 주요 국가에서 운용하고 있음에도 불구하고 모든 시험평가 항목에서 실물 및 사격 등을 거치는 것은 적절하지 못한 것으로 보인다. 따라서 자료에 의한 평가, 또는 실물에 의한 평가, 그리고 실사격 평가 등으로 구분하여 어떤 경우에 각각 적용해야 하는지의 기준을 정립할 필요가 있다. 특히 긴급전력의 경우에는 이미 유사한 장비가 운용되고 있음을 전제로 할 경우에 자료에 의한 평가를 원칙으로 하도록 제도화가 필요하다.

〈표 9-9〉 구매시험평가 관련 개선 방안

구분	현재	개선 방안
시험평가 준비	대상 장비 선정 이후	선행연구 시부터
시험평가 항목 및 평가 기준 확정	시험평가 계획 확정 시	제안요청서 입찰 공고 이전에 확정 ※ 시험평가 장소, 인원 등은 미확정
항목별 합격, 불합격 항목 또는 기타 감액, 보완 요구 항목 등 구분	미명시	항목별 합격, 불합격 적용 항목, 감액 항목, 보완 요구 항목 등으로 구분하여 제안요청서에 포함 공고
시험평가 방법	실물에 의한 평가, 자료에 의한 평가로만 구분	실물에 의한 평가, 자료에 의한 평가, 그리고 실사격 평가로 구분하고 각 방법은 어떤 경우에 적용하는지 제도화 필요

위에서 제시한 방안을 시스템화하여 적용한다면 시험평가를 진행하면서 또는 판정하는 과정에서 대두되는 많은 문제를 최소화할 수 있으며, 시험평가에 소요되는 행정기간도 대폭적으로 줄일 수 있을 것이다.

4. 합리적인 수락검사

국내 수락검사 방법에 대해서도 기준 정립과 제도화가 필요하다. 군에서 수락검사를 하는 경우 당시 지휘관이나 수락검사를 실시하는 사람에 따라 수락검사 항목과 방법이 다르기 때문이다. 군 입장에서는 가능한 많이 검사하기를 원한다. 그 이유는 이후 발생할지도 모르는 문제에 대하여 부담을 가지고 있고 최종적으로 사용하는 입장에서 운용 여부를 판단하는 과정이라 여기기 때문이다. 하지만 수락검사를 실시하기 전에 이미 제안서 평가, 시험평가 등을 거치면서 군에서 요구하는 성능을 확인하였기에 처음부터 모든 시험평가 항목에 대한 검사를 다시 하는 것은 합리적이지 않은 것으로 보인다. 그리고 사업팀에서는 소요군과 수락검사 절차에 대한 사전 협의를 가능한 한 조기에 필요한 절차와 시기, 계약 내용 등 수락검사와 관련된 사항에 대해 충분한 기간을 두고 소요군 및 업체와 협의하여 결정하여야 한다.

만일 국외에서 공장 수락검사를 할 경우에는 방위사업관리규정 제638조에 의해 조달 요구 전 참고자료를 첨부하여 기품원에 국외 구매품에 대한 국제 품질보증 협정 적용 여부 등을 검토 의뢰하게 되어 있다. 국외 구매사업 진행 시 공장 수락검사는 국제 품질보증 위탁을 우선 활용하고, 가용한 예산과 행정시간 내에서 현장 확인을 병행하는 것이 바람직한 것으로 생각된다.

〈표 9-10〉 수락검사 개선 방안

구분	현재	개선 방안
수락검사 내용, 방법 등 설정 근거	수락검사 방법 및 내용에 대한 근거 없음 *부대나 개인 주관적 판단에 의한 내용, 방법 결정 시행	수락검사 방법 및 내용에 대한 구체적 기준 정립 및 근거 마련 필요
수락검사 항목/기준 설정	군에서 수락검사를 실시하기 직전에 결정	시험평가 항목과 연계하여 시험평가 시 결정
수락검사 계획 확정	군에서 수락검사를 실시하기 직전에 결정	이미 결정된 항목과 기준에 장소, 인원 등을 포함하여 최종 확정

위에서 제시한 개선 방안을 제도화하여 적용한다면 근거나 기준이 없이 당시 수락검사를 수행하는 부대나 개인에 의해 사업이 좌우되는 문제를 해소하고, 수락검사를 수행하는 부대의 부담도 줄이게 되며 합리적이고 효율적으로 사업을 추진하는 데 크게 기여하게 될 것이다.

5. 기타

구매사업 추진을 위한 계약 방법을 보다 용이하게 결정할 수 있도록 구체적인 계약 방법을 결정하기 위한 고려요소를 정립하여 제도화시켜야 한다. 현재는 어떤 계약 방법을 선택해야 할지 기준이 명확하지 않기 때문이다. 계약 방법에 따라 획득기간에서 차이가 많이 나고, 때로는 부실하게 추진될 수도 있다. 또한 제안서 평가 시 평가위원을 추천하는 경우 인위적 요소를 최소화하기 위해 전문가 인력 풀을 만들고 인력 풀에서 무작위 추천 시스템을 도입하여야 한다. 그리고 각종 구매사업 관련 자료 및 문제 및 시행착오 사례 등 데이터를 통합 관리하여 유사 사업에 누구나 쉽게 활용할 수 있는 체계로 발전되어야 한다.

제5절 결론

무기체계 획득은 군 전투력 증강의 핵심을 이루고 있다. 이러한 무기체계를 획득하기 위한 절차는 기본적으로 정립되어 있지만 일부는 구체적이지 못해 사업을 추진하는 과정에서 문제가 발생하여 어려움을 겪고 있다. 따라서 최대한 세부적인 사항까지를 포함하여 정형화된 프로세스를 마련하기 위한 노력은 지속되어야 할 것이다. 이러한 노력은 비용은 절감하면서 투명하고 공정하게 효율적으로 무기체계를 획득하는 데 절대적으로 필요하기 때문이다.

또한 본격적으로 사업을 추진하는 과정에서는 문제가 식별되어도 업체를 포함한 이해 당사자 간에 상호 이견으로 난처한 상황에 처하게 되는 경우가 종종 발생한다. 이러한 문제를 해결하기 위해서는 사업 초기에 사업의 END-STATE인 운용까지를 종합적으로 고려하여 그 과정에서 발생할 수 있는 위험요소를 사전에 식별하여 선제적으로 조치를 하여야 한다.

긴급전력을 적기에 전력화하기 위해서는 소요결정 시 여러 고려요소를 종합적으로 고려하여 단기간에 획득할 수 있는 시스템이 마련되어야 한다. 구매사업을 성공적으로 추진하기 위해서는 선행연구 개념을 확대하여 연구토록 하여야 하고, 시험평가 및 수락검사 관련 절차나 기준, 그리고 계약 방법 결정 방안에 대해 제도화가 되어 있어야 하며, 제안서 평가위원의 자동 추천 시스템을 도입하고 추진하는 모든 사업에 대하여 관련된 자료를 DB화하여 관리하고 쉽게 활용할 수 있도록 하여야 한다.

앞에서 제시한 개선 방안을 시스템화하기 위해서는 별도의 TF를 구성하여 추진하는 것이 필요하다고 생각한다. 기존의 조직으로는 전반적인 구매사업에 대한 심층적인 검토를 통해 개선을 추진하는 데 한계가 있는 것으로 보이기 때문이다. 만일 제시한 개선 방안을 시스템화하여 적용한다면 사업 추진 중 혼란을 방지할 수 있고, 착오와 시행착오를 줄일 수 있으며, 경제적으로 적기에 전력화하여 군 전투력 증강과 방위산업 발전에 크게 기여할 것으로 믿는다.

제10장

방위산업 계약제도 발전 방안

방위산업에서 계약제도는 매우 중요한 역할을 한다. 계약 방법에 따라 계약 당사자 간의 책임이 달라지기 때문이다. 계약 당사자가 적절하게 상호 책임을 분담하여 윈윈하는 방향으로 계약이 체결되어야 한다. 하지만 최근 각종 감사와 비용이 강조되면서 정부나 업체 모두 자기에게 최대한 유리한 계약을 체결하려고 한다. 이에 따라 상호 많은 어려움을 겪고 있는 것으로 알려지고 있다.

따라서 보다 합리적인 계약 방법으로 상호 간 적절히 위험을 분담하고, 산정하기 힘든 원가를 억지로 계산하는 것을 지양하고, 가능한 확정계약을 체결하여 원가절감을 유도하도록 하여야 한다.

제1절 서론

방위산업은 국방력을 증강시키는 기간산업으로 자율적인 경쟁을 통하여 안정적으로 발전할 수 있는 구조로 전환되어야 한다. 그러나 현재 보유하고 있지 않은 성능의 무기를 군에서 요구하는 시기에 필히 확보하여야 하는 환경에서 업체 간 자유로운 경쟁만으로는 만족할 만한 발전을 기대하기 어렵다.

그동안 방위산업은 그 특수성으로 인해 오랫동안 정부의 보호를 받으면서 나름대로 성장해 왔다. 그 결과 1970년대 소총을 모방 생산하는 수준에서 이제는 선진국과 경쟁하면서 연간 10억 달러 이상을 수출하는 국가로 성장하게 되었다. 이러한 성장은 단순히 시장에만 맡겨 놓아서는 달성할 수 없는 것이었다. 정부가 유일한 수요자이며, 그 수요도 제한되어 규모의 경제가 어렵고 장기간 막대한 투자가 필요하며, 계획된 일정도 자주 바뀌는 불확실한 환경에서 업체가 스스로 장기간 많은 투자를 하는 것은 어렵기 때문이다. 따라서 방위산업은 정부가 수요자로서 일정 부분은 정책적으로 보호하고 육성할 수밖에 없는 것이 엄연한 현실이다.

방위산업에서 업체와 정부는 계약 당사자로서 계약을 체결하게 되는데, 이러한 계약은 당사자 상호 간에 합리적인 수준으로 위험을 분담하도록 발전되어야 한다. 정부가 위험을 적게 분담하면 업체는 그만큼 많은 위험을 분담하게 된다. 반면 업체가 위험을 적게 분담하면 정부가 그만큼 많은 위험을 분담하여야 한다. 계약제도의 합리적인 개선은 방위산업의 활성화와 공정한 경쟁을 통해 경쟁력을 제고하는 데 기여하여야 한다. 많은 방위산업 계약 관계자들이 단편적인 경험을 기초로 개념 및 내용에 대해 오해를 많이 하고 있는 것으로 보인다. 확정계약이냐, 개산계약이냐, 또는 일괄계약이냐, 분리계약이냐 등이다. 그러나 모든 제도에는 장단점이 있다. 그러한 장단점을 적절하게 활용하여 채택하여야 한다. 본 장에서는 최근 문제가 되고 있는 원가부풀리기 문제를 차단하고 총수명주기 비용을 절감하면서 품질이 보장된 장비를 확보하고 업체 간 합리적인 경쟁을 유도하기 위하여 계약제도에 대한 개선 방안을 제시하고자 한다.

제2절 방위산업 계약제도 일반

1. 방위산업의 특수성

방위산업은 산업의 한 분야이기는 하지만 그 특수성으로 인하여 그동안 방산특조법과 국방부 훈령에 의해 추진해 왔으며 2006년부터는 방위사업법에 근거하여 추진하고 있다. 방위산업의 특성은 〈표 10-1〉과 같이 정리할 수 있다.

첫째, 방위산업은 유일한 수요자인 정부와 공급자인 민간 기업으로 이루어지며, 정부와 민간 기업은 자유경쟁시장에서의 소비자와 공급자의 관계가 아니라 유일한 독점적 수요자인 정부와 독점적 공급자인 업체로서 상호 관계를 맺고 있는 것이 보통이다. 따라서 최근 경쟁계약을 장려하고는 있지만 아직도 경쟁계약보다는 수의계약에 의해 추진되고 있다.

둘째, 계약가격의 결정은 시장기능을 통한 자율적인 경쟁거래에 의하여 형성되는 것이 아니라, 정부의 제한된 예산의 효율적인 집행이라는 측면과 기업의 실발생비용 보상과 투하 자본의 회수, 그리고 적정 이윤 보장이라는 측면에서 업체가 제시한 각종 원가를 기초로 결정되는 것이 대부분이다.

〈표 10-1〉 방위산업과 일반산업 비교

구분	방위산업	일반산업
소비자	국내 군으로 한정	국내 및 해외 시장
공급자	극히 제한된 업체	많은 경쟁 업체
상품/ 가격 결정	원하는 상품을 정부에서 결정, 개발 후에 가격 결정	많은 상품 중에서 품질과 가격을 비교하여 결정
투자 기간	소비자인 정부에서 장기간 투자 필요	소비자는 생산자가 개발한 상품 중에서 결정하며 별도 투자 불필요
실패 위험	실패의 위험이 크며 소비자인 정부에서 업체와 공동으로 책임을 부담	업체 스스로 개발하며 소비자 입장에서는 실패 위험과는 무관
계약 형태	수의계약, 장기계약	경쟁계약, 단기계약

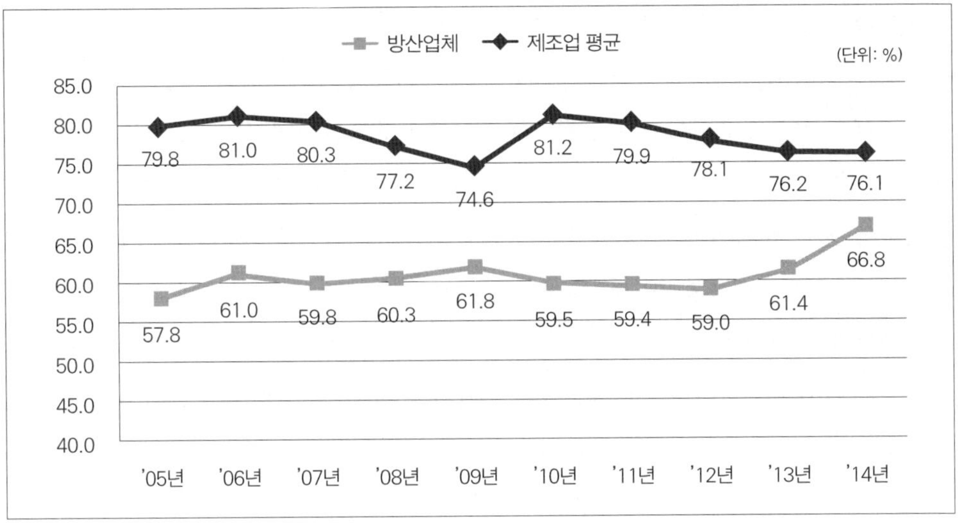

〈그림 10-1〉 방산업체 가동률 현황

셋째, 업체 입장에서는 유일한 수요자인 정부의 제한된 소요에만 의존하여야 하고, 정치 및 군사적 상황에 따라서 수시로 계획이 변동될 수 있다. 따라서 생산능력을 초과하거나 유휴설비가 발생하는 고정비 부담이 가중될 수 있으며 안정적인 수익구조로 장기적인 계획을 수립하여 추진하기에 어려움이 있다.

넷째, 방위산업의 최종적인 목표는 군사상의 요구를 충족시키기 위한 것이므로 경제성보다는 무기체계의 신뢰성이 더 중시되는 경향이 있다. 즉 경제성보다 성능 및 품질이 우선시되고 있다. 또한 장비의 기술 첨단화 및 복합화에 따라 기술적 위험과 성공의 불확실성을 갖게 되어 실패의 위험이 일반 산업에 비해 크다. 이러한 특성을 반영하여 정부에서는 별도의 착·중도금 지급, 원가 계산 기준 별도 마련, 일정 수준의 이윤 보장, 조세 감면 등 방산 육성 지원정책을 시행하고 있다.

한편 한국방위산업진흥회에서 발간한 『방위산업체 경영분석』에 따르면 방산업체 경영 실태는 일반 제조업체보다 어렵다는 것을 알 수 있다. 〈그림 10-1〉 방산업체 가동률 현황에서 보는 것처럼 2014년 기준 가동률은 제조업체 평균 76.1%에 비해 낮은 66.8%로 저조한 실정이다.

2. 방위산업의 레버리지 효과

방위산업이 안정적으로 발전할 수 있는지 여부를 레버리지 효과를 통해 분석할 수 있다. 레버리지 효과(Leverage effect)는 업체의 손익계산서에서 매출의 증감률보다 이익의 증감률이 크게 나타나는 현상을 말한다. 레버리지는 원인에 따라 영업레버리지(operating leverage)와 재무레버리지(financial leverage)로 나누어지는데, 영업레버리지는 매출 증감률보다 영업이익 증감률이 크게 나타나는 현상을 말하며, 재무레버리지는 영업이익 증감률보다 순이익 증감률이 크게 나타나는 효과를 말한다. 영업레버리지는 원가구조 중에서 주로 생산설비, 인건비 등 고정비로 인하여 발생하며, 재무레버리지는 주로 차입금의 이자비용으로 인하여 발생한다.

영업레버리지 효과를 이용하여 미래 이익계획이나 민감도 분석에 사용하기 위해 영업레버리지도(DOL: Degree of Operating Leverage)를 구하는데, 영업레버리지도는 영업레버리지의 효과를 수치화한 것으로 영업이익 증감률을 매출 증감률로 나누어 계산한다. 영업레버리지가 크다는 것은 매출액의 변동에 따른 영업이익의 변동이 크다는 것을 의미하는 것으로 이익이 그만큼 외부 환경 변화에 민감하게 반응한다는 것을 의미한다.

재무레버리지 효과를 수치화하기 위하여 재무레버리지도(DFL: Degree of Financial Leverage)를 구하는데, 이는 당기순이익의 증감률을 영업이익의 증감률로 나누어 계산한다. 재무레버리지도가 높다는 것은 영업이익의 변동에 따른 당기순이익의 변동성이 커진다는 것을 의미하며, 기업의 외부 상황 변화에 민감도가 높아 기업의 재무적 안정성이 취약하다는 것을 의미한다. 실제 기업에서는 영업레버리지와 재무레버리지는 동시에 나타나게 되는데, 이를 결합레버리지라고 한다. 결합레버리지(DTL: Degree of Total Leverage)는 영업레버리지와 재무레버리지를 곱한 것이다.

예를 들어 〈표 10-2〉에서 보는 것처럼 매출액이 4,000,000원, 변동비율이 60%, 고정비가 800,000원, 이자비용이 600,000원인 회사의 매출이 10% 감소하였고 법인세율은 20%라고 가정하면, 영업레버리지는 2이고 재무레버리지는 4이다. 따라서 결합레버리지는 8이다. 결국 10%의 매출 감소가 당기순이익을 80% 감소(160,000원 →

32,000원)시키는 결과를 초래하게 된다.

〈표 10-2〉 레버리지 효과(예)

<table>
<tr><th rowspan="2">구분</th><th rowspan="2">2010</th><th rowspan="2">2011</th><th rowspan="2">증감률</th><th colspan="2">레버리지</th><th rowspan="2">비고</th></tr>
<tr><th>영업/재무</th><th>결합</th></tr>
<tr><td>매출액</td><td>4,000,000</td><td>3,600,000원</td><td>-10%</td><td rowspan="5">영업(DOL)
: 2</td><td rowspan="9">결합(DTL)
: 8</td><td rowspan="9">변동비율
: 60%

법인세율
: 20%</td></tr>
<tr><td>변동비</td><td>2,400,000</td><td>2,160,000</td><td></td></tr>
<tr><td>공헌이익</td><td>1,600,000</td><td>1,440,000</td><td></td></tr>
<tr><td>고정비</td><td>800,000</td><td>800,000</td><td></td></tr>
<tr><td>영업이익</td><td>800,000</td><td>640,000</td><td>-20%</td></tr>
<tr><td>이자비용</td><td>600,000</td><td>600,000</td><td></td><td rowspan="4">재무(DFL)
: 4</td></tr>
<tr><td>세전이익</td><td>200,000</td><td>40,000</td><td></td></tr>
<tr><td>법인세비용</td><td>40,000</td><td>8,000</td><td></td></tr>
<tr><td>당기순이익</td><td>160,000</td><td>32,000</td><td>-80%</td></tr>
</table>

방위산업은 가동률이 낮은데 이것은 유휴 생산설비와 인건비 등 고정비가 많아 영업레버리지도가 크게 나타나는 결과를 가져오며, 방산업체 부채 비율도 일반업체보다 높은데, 이것은 차입금에 대한 이자비용이 많아 재무레버리지도가 크다는 것을 의미한다. 결국 방위산업의 레버리지 효과는 대단히 크다는 것을 알 수 있다. 이는 방산업체의 안정성이 매우 취약하여 매출이 일정 수준 이상으로 감소하게 되면 자칫 업체가 부도가 나는 결과를 초래할 수도 있다는 것이다.

제3절 방위산업 계약 실태 분석

1. 신규업체와의 계약 결과 분석

정부에서 계약 업체를 선정하기 위해서는 입찰공고를 하고, 이에 따라 업체에서 입찰하면 이를 평가하여 업체를 선정한다. 이때 적격심사를 적용하거나 최저가로 선정하거나 또는 제안서를 평가하여 업체를 선정한다. 그러나 그러한 평가를 통해 업체를 선정함에도 실적업체 대비 새로 참여한 신규업체에서 지체가 많이 발생하고 있다.

〈표 10-3〉에서 보는 바와 같이 2012년 실적업체는 2,634건의 계약에서 488건이 발생하여 18.5%에서 지체가 발생했지만, 신규업체의 경우에는 95건의 계약에서 25건이 발생하여 26.3%에서 지체가 발생하였다. 품목 기준으로는 2012년 40,885개 중에서 5,493개 품목이 지체가 발생하여 13.4%를 차지하나 신규업체인 경우에는 1,588개 품목 중 149개 품목에서 지체가 발생하여 9.3%를 차지하고 있다. 한편 금액 기준으로는 실적업체인 경우에는 55,085억 원 중에서 4,140억 원이 지체가 발생하여 7.5%를 차지하고 있으며, 신규업체인 경우에는 151억 원 중에서 29억 원이 지체가 발생하여 19%를 차지하고 있는 등 신규업체에서 지체가 많이 발생하고 있다.

〈표 10-3〉 실적업체 대비 신규업체 지체 현황

구분		계약 건수			품목 수(종)			금액(억 원)		
		2010	2011	2012	2010	2011	2012	2010	2011	2012
실적업체	계약	2,984	2,919	2,634	42,695	41,646	40,885	56,707	55,462	55,085
	지체	459	474	488	5,055	5,541	5,493	9,278	6,101	4,140
신규업체	계약	115	94	95	835	744	1,588	404	278	151
	지체	40	38	25	556	641	149	142	197	29

출처: 최규창, 2013.

한편 하자 발생 현황은 〈표 10-4〉에서 보는 것처럼 2010년 실적업체는 0.24%, 신규업체는 6.71%이고, 2011년에는 실적업체 0.11%, 신규업체 1.75%이며, 2012년에는 실적업체 0.05%, 신규업체는 0.63%이다. 점차 비율은 감소하고 있지만 신규업체가 하자 발생 품목 비율이 높다. 따라서 신규업체 생산능력 평가를 강화하여야 할 것이다. 2011년 전투복 조달 시에는 신규업체인 ○○과 ##는 계약물량이 자체 생산능력을 초과하자 직접생산을 하지 않고 전국의 8개 공장에 불법 하도급으로 생산하여 제재를 받은 사례가 있다.

〈표 10-4〉 실적업체 대비 신규업체 하자 현황

구분		품목 수		
		2010	2011	2012
실적업체	계약 품목	42,695	41,646	40,885
	당해연도 하자 발생	104(0.24%)	47(0.11%)	19(0.05%)
신규업체	계약 품목	835	744	1,588
	당해연도 하자 발생	56(6.71%)	13(1.75%)	10(0.63%)

출처: 최규창, 2013.

2. 확정계약 및 개산계약

최근 원가 부풀리기가 문제가 되면서 방산원가에 대한 정부와 업체의 인식은 더욱더 상반되고 있다. 정부는 업체가 실발생비용을 보상해 주고 있으므로 경쟁구도가 형성되지 않아 원가절감 노력이 부족하다고 느끼고 있다. 따라서 정부는 이에 대한 대응으로 목표를 정하여 일방적으로 원가를 삭감하는 방식으로 대응할 우려가 있다. 한편 업체는 정당한 원가와 적정 이윤을 보장해 주지 않고 있어 원가구조가 오히려 왜곡되고 있다고 생각하고 있다. 결국 방산산업 여건이 계속 악화되는 상황에서 적정 원가의 보상과 방산업체의 원가절감 노력 유인을 위한 보상 대책을 강화하여 상호 윈윈할 수 있도록 개선되어야 한다. 방산물자 계약의 종류는 〈표 10-5〉에서 보는 것처럼 확정계약과 개산계약으로 구분하며 다시 확정계약에는 일반 확정계약, 물가조정 단가계약, 원가절감 보상계약, 유인부 확정계약이 있으며, 개산계약은 일반개산계약, 중도 확정계약, 특정비목 불확정계약, 유인부 원가정산계약이 있다.

〈표 10-5〉 방산물자 계약의 종류

계약 형태		내용
확정 계약	일반 확정계약	- 계약 체결 시 계약금액 확정 - 계약조건 이행 후 확정된 계약금액 지급
	물가조정 단가계약	- 최근 2년 이내에 원가 계산 실적이 있는 경우 - 계약실적 단가에 지수 등락률을 반영하여 계약금액 확정
	원가절감 보상계약	- 계약 체결 후 계약 이행 기간 중에 새로운 기술 개발 등으로 원가절감이 있는 경우 - 계약금액에서 원가절감액을 공제하고 원가절감액 범위 안에서 보상
	유인부 확정계약	- 예정가격을 결정할 수 있으나 계약의 성질상 유인이익에 의하여 원가절감을 기대할 수 있는 경우 - 계약금액과 목표원가, 목표이익을 설정하여 계약 체결
개산 계약	일반 개산계약	- 계약을 체결하는 때에 계약금액을 확정할 수 있는 원가 자료가 없는 경우 - 계약 이행 후에 계약금액을 확정
	중도 확정계약	- 계약 체결 시 계약금액 확정이 곤란한 경우 - 계약 이행 기간 중에 계약금액을 확정
	특정비목 불확정 계약	- 계약을 체결하는 때에 일부 비목의 원가 확정이 곤란한 경우 - 원가 계산이 곤란한 비목은 계약 이행 후 정산하여 확정
	유인부 원가정산 계약	- 계약 체결 시 계약금액을 확정할 수 없으나, 계약 상대자에 대하여 수입품의 국산화 대체 및 원가절감 활동이 요구되어 원가는 계약 이행 후 실제 발생 원가대로 지급하고, 이윤은 목표 이익과 유인이익을 합하여 지급하고자 하는 경우

확정계약 및 개산계약의 장단점은 〈표 10-6〉에서 보는 것과 같다. 확정계약은 추후 정산이 필요하지 않으므로 예산집행이 용이하고 업체로 하여금 원가절감 노력을 유도할 수 있으나, 원가변동 요인의 반영이 어렵고 원가 계산이 과도하게 산정되는 경우 정부 입장에서는 예산 낭비의 우려가 있다. 한편 개산계약은 환율, 임금 상승, 재료비, 원자재 등 원가변동 요인의 반영이 용이하고 실발생원가에 의해 비교적 정확한 원가 계산이 가능하나, 생산에 발생된 모든 비용을 정부가 부담하여야 하고 업체의 원가절감 노력을 유도하기에 미흡하다는 단점이 있다. 따라서 사업 추진 단계별로

이러한 장단점을 고려하여 적용하여야 할 것이다.

〈표 10-6〉 확정계약과 개산계약의 장단점

구분	장점	단점
확정 계약	• 추후 정산이 불필요하므로 예산 집행이 용이 • 업체로 하여금 원가절감 노력 유도 가능	• 원가변동 요인 반영 제한 • 원가 계산이 과도하게 산정되는 경우 정부 예산 낭비 우려 • 업체 입장에서는 원가가 충분히 반영되지 않을 경우 손해 우려
개산 계약	• 원가변동요인 반영 용이 * 환율, 임금 상승, 재료비, 원자재 등 • 실발생원가에 의해 비교적 정확한 원가 계산 가능 • 사업 초기 원가산정 부담 감소	• 계약목적물 생산에 발생된 모든 비용을 정부가 부담 • 업체의 원가절감 노력 유도 미흡 • 원가정산에 따른 행정 소요 과다 • 원가 부풀리기 문제 발생 가능

2009년부터 2012년까지 방산물자 계약 방법별 계약 현황(〈표 10-7〉 참조)을 보면 확정계약은 전체 계약금액의 약 55% 정도이고 개산계약은 약 45%로 확정계약 비율이 높다. 그중에서 일반 확정계약은 55%, 성과기반 계약 및 물가조정 단가계약은 매우 미미한 수준이고, 일반 개산계약은 17%, 중도 확정계약은 22%, 특정비목 불확정계약은 5%, 그리고 유인부 원가정산계약은 1%를 처지하고 있다. 특히 유인부 계약은 2009년 최초로 시도함에 따라 아직 미미한 수준이다. 또한 원가절감 보상계약은 아직 적용 사례가 없다. 이렇게 유인형 계약이 저조한데, 그 원인은 목표원가 산정이 어렵다는 데 있다. 따라서 계약가 산정에 위험이 있을 경우에는 정산형 계약을 추진하고, 위험이 없을 경우에는 확정형 계약을 추진하고 있다. 특히 경직된 감사 관행으로 목표가 산정의 위험부담을 회피하려는 경향이 있다.

그리고 원가부서에서 목표가를 산정하더라도 합의가 이루어지기 쉽지 않고 원가절감 보상계약에서는 원가절감에 대한 성과를 입증하기 곤란하다는 문제도 있다. 예를 들면 어떤 사업에서 목표 원가가 100억 원인 사업을 추진하면서 여러 노력을 통해 80억 원으로 개발을 완료했다고 가정하면, 20억 원에 대해서 업체 입장에서는 각종 원가절감 노력을 통해 개발비를 절감했다고 주장하면서 이에 따른 인센티브로 지급해야 한다고 주장할 수 있다. 그러나 다른 입장에서는 최초부터 사업예산을 80억 원으로 정해서 개발을 추진하여야 했다고 주장하면서 이는 원가산정을 제대로 하지 못해 오히려 예산을 낭비하였다고 주장할 수도 있다.

〈표 10-7〉 방산물자 계약 방법별 계약 현황

(단위: 억 원)

구분		총계(비율)	2009	2010	2011	2012
총계		190,231(100%)	29,588	52,738	48,627	59,278
확정 계약 (55%)	일반 확정계약	102,883(55%)	14,831	19,137	39,328	29,587
	성과기반계약	212(0%)	-	-	-	212
	물가조정 단가계약	67(0%)	17	16	14	20
개산 계약 (45%)	일반 개산계약	32,545(17%)	3,734	6,367	3,205	19,239
	중도 확정계약	43,426(22%)	8,867	19,600	4,808	10,151
	특정비목 불확정계약	8,750(5%)	993	6,416	1,272	69
	유인부 원가 정산계약	2,320(1%)	1,118	1,202	-	-
	사후 원가 검토 조건부	27(0%)	27	-	-	0.15

출처: 방위사업청 통합사업관리체계에서 정리

방산 원가 부풀리기 문제는 기업의 원가정보에 대한 의존도가 매우 높고, 원가정보가 방대하여 그 진실성을 모두 확인하기 어렵다는 사실과, 방산 원가는 수입 부품이 많고 이를 다시 개조, 개량, 정비 등 다양하게 가공하는 등 변수가 많고 업무가 복잡하여 정확하게 원가를 산정하는 것이 어려운 환경에서 발생하게 된다. 이러한 원가구조 속에서 기업에서 제시한 방대한 원가정보가 정확한지 또는 부풀렸는지를 사후에 확인하기란 매우 어려운 것이 현실이다. 따라서 개산계약으로 계약을 체결하는 한 원가 부풀리기 문제를 원천적으로 해결할 수는 없을 것 같다. 결국 확정계약을 확대하여 추진하는 것이 필요하다.

한편 확정계약에 대한 오해를 하는 경우도 많은 것 같다. 확정계약을 체결하면 그 이후에는 비용 상승을 예방할 수 있다고 흔히들 인식하고 있다. 그러나 국계법 시행령 제64조(물가 변동으로 인한 계약금액의 조정)와 제65조(설계 변경으로 인한 계약금액의 조정)에 나와 있는 것처럼 확정계약을 체결하더라도 3% 이상의 물가 변동과 설계 변경에 의한 비용 상승이 있을 경우에는 비용을 반영하도록 되어 있다. 오히려 확정계약을 체결하면 〈표 10-8〉 계약 종류별 계약위험보상률에서 보는 것처럼 계약위험보상률 3%를 추가로 포함하여 계약을 체결하게 되어 있다. 따라서 정부 입장에서는 오히려 비용을 상승시킬 수 있으며, 업체 입장에서는 비용 산출이 불확실한 상황에서 많은 리스크를 떠안아야 하는 경우가 있다.

〈표 10-8〉 계약 종류별 계약위험보상률

개발 단계	계약 종류	보상률
연구개발, 초도양산, 정비사업	확정계약, 유인부 확정계약, 물가조정 단가계약, 특정비목 불확정계약(확정분 75% 이상)	3%
	유인부 원가정산계약, 특정비목 불확정계약 (확정분 50% 이상)	1.5%
	중도 확정계약, 특정비목 불확정계약(확정분 50% 미만)	1%
후속양산 사업	확정계약, 물가조정 단가계약	3%
	기타 계약	0%

출처: 방산원가대상물의 원가 계산에 관한 시행세칙(2012)

3. 계약 기간 분석

일반물자의 경우 매년 1년 단위로 계약을 체결하고 있다. 이에 따라 매년 유사한 행정소요가 반복되는 문제가 있다. 물론 예산 편성이 매년 되기 때문에 그 예산에 맞게 매년 계약하는 것은 일반적으로 당연하다. 그러나 매년 거의 동일하게 요구되는 품목에 한해서는 2년 이상 장기계약을 체결하는 것도 필요하다. 특히 매년 유찰수의를 통해 계약을 체결하는 품목에 대해서는 시범적으로 장기계약을 추진할 필요가 있다. 과거 특정 년도 2,174건의 계약 중에서 유찰수의에 의한 계약이 총 193건으로 9%를 차지했다.

<표 10-9> ○○○○년 유찰수의 계약 현황

구분	총계약 건수	유찰수의 계약 건수	비유찰수의 계약 건수
건수	2,174	193	1,981
비율	100%	9%	81%

업체 선정을 위한 행정소요 기간 6개월을 제외하면 실제로 생산하여 납품하는 데 가능한 기간은 6개월 정도밖에 되지 않는다. 이에 따라 충분한 계약 이행 기간을 보장해 주지 못하는 경우도 많은 것으로 알려지고 있다. <표 10-10>에서 단기계약과 장기계약의 총예산의 확보와 계약 체결 내용을 보여 주고 있다. 국방조달에 있어서 방위력개선사업은 물론 매년 반복되는 수리부속류는 장기계약을 적극 검토할 필요가 있다.

<표 10-10> 단기계약과 장기계약 비교

구분	사업 내용 확정	총예산의 확보	계약 체결
단년도 계약	확정 (당해연도 내 종료 사업)	확보	당해연도 예산 범위 내 입찰 · 계약
계속비 계약	확정	확보	총금액으로 입찰 · 계약(연부액 명시)
장기계속 계약	확정	미확보 (당해연도분 확보)	총금액으로 입찰하고 각 회계연도 예산 범위 내에서 계약 체결, 이행
장기계약	확정	확보 또는 미확보	총계약금액으로 계약하고 각 회계연도 예산 범위 내에서 착 · 중도금 지급

4. 최저가 낙찰제도 분석

낙찰자 선정 방법은 <표 10-11>에서 보는 것처럼 0.22억 원 미만은 소액수의이고, 0.22억 원에서 0.55억 원 사이는 전자공개 수의가 가능하고, 0.55억 원에서 2.53억 원 사이는 최저가로 낙찰자를 선정하며, 2.53억 원 이상은 적격심사를 통해 낙찰자를 선정한다. 그리고 무기체계 연구개발사업은 협상에 의한 계약을 통한다. 여기에서 최근 5년간 부정당업자 제재 원인별 현황은 총 627건의 부정당업자 제재 중 계약 불이행/미체결이 전체의 72.8%(457건), 시험성적서 위·변조는 13.8%(85건), 허위 자료 제출은 5.7%(35건), 입찰 담합/뇌물 공여가 3.9%(24건), 부정/부당행위는 2.3%(14건)를 차지하고 있다. 이러한 부정당업자 제재 원인 중 많은 경우는 최저가 입찰에 따른 요인도 있다고 판단한다.

〈표 10-11〉 계약금액별 낙찰자 선정 방법

구분	0.22억 원 이하	0.22~0.55억 원	0.55~2.53억 원	2.53억 원 이상
낙찰자 선정 방법	소액수의	전자공개 수의	일반경쟁(최저가) * 최저가 입찰자를 낙찰자로 결정	일반경쟁(적격심사) * 최저가 투찰자 순으로 적격심사를 실시한 후 일정 점수(내자 물품 95점) 이상자를 낙찰로 결정

최저가 낙찰 계약은 예산을 절감하기 위해 일정한 심사를 통과한 기업 중에서 최저가로 입찰한 업체를 낙찰자로 선정하는 방법이다. 이러한 계약은 단기적으로 예산을 절약하는 장점은 있기는 하지만 한편으로 저가 부품 사용 등으로 인한 부실 개발과 저가 입찰 유도로 인한 업체의 경영난 등 문제를 야기할 수 있다. 건설공사에서도 최근 300억 원 이상에서 100억 원 이상의 공사로 최저가 낙찰을 확대하고자 하였으나 관련 건설사에서 강하게 반대하여 결국 수년간 유예를 하게 되었다. 하물며 방위산업 분야에 있어서 최저가 낙찰제도를 적용할 경우에는 더욱 유의하여야 한다. 이미 시중에 나와 있는 단순한 일반물자나 장비에는 적용할 수 있겠으나 무기체계 분야에 적용하는 것은 지양하여야 한다. 최저가 낙찰을 통해 단기적으로는 예산을 절감하였다고 생각할 수 있으나 품질이 보장되지 않는다면 오히려 장비의 전투력 발휘에 문제가 생기고 잦은 고장으로 총수명주기 비용은 증가할 수 있기 때문이다.

〈표 10-12〉 부정당업자 제재 원인

(단위: 건)

구분	계	계약 불이행/미체결	시험성적서 위·변조	허위 서류 제출	담합 및 뇌물	부당·부정 행위	하도급 위반
계	627 (100%)	457 (72.8%)	85 (13.8%)	35 (5.7%)	24 (3.9%)	14 (2.3%)	9 (1.5%)

5. 일괄 및 분리계약

어떤 무기체계 획득과 관련하여 계약을 체결하는 경우 한 번에 주 계약업체와 전체를 체결하는 일괄계약 방법과 주요 구성품 단위로 각각 별도의 업체와 분리하여 체결하는 분리계약 방법이 있다. 〈표 10-13〉에서 보는 것처럼 일괄계약은 정부가 완제품 단위로 주 계약업체와 계약하고 주 계약업체가 다시 구성품 단위로 협력업체와 계약을 체결하는 계약 형태이며, 분리(관급)계약은 완제품 구매 시 해당 구성품을 분리하여 해당 제조업체와 각각 계약을 체결하여 납품을 받은 후 완제품 생산업체에 구성품을 제공하는 계약 형태이다. 이러한 계약 형태는 각각 장단점이 있다. 먼저 일괄계약은 책임관계가 명확하고 성능보장과 사후관리가 용이하다는 장점은 있으나, 비용이 추가될 수 있고 주 계약업체에 협력업체가 종속될 수 있으며 비용을 절감하기 위해 저가의 부품을 사용할 우려도 있다. 한편 분리계약은 이윤을 덜 지급하게 되므로 예산 절감이 가능하고 협력업체를 보호·육성할 수 있으나, 성능 등 문제 발생 시에 책임관계가 불분명하고 정부가 협력업체를 관리하여야 하므로 인력이 추가되고 별도로 협력업체와 계약을 체결하여야 하므로 행정소요가 증가하는 단점이 있다.

일괄계약 및 분리계약은 각각의 장단점이 있기에 어떤 계약을 체결하더라도 문제가 제기될 수 있다. 즉 계약 시점에서는 왜 분리계약을 하지 않아 계약을 낭비했느냐고, 계약 이후에 구성품에는 문제가 없었으나 체계 종합 이후 문제가 발생하면 왜 분리계약을 했느냐고 문제를 제기할 수 있는 것이다.

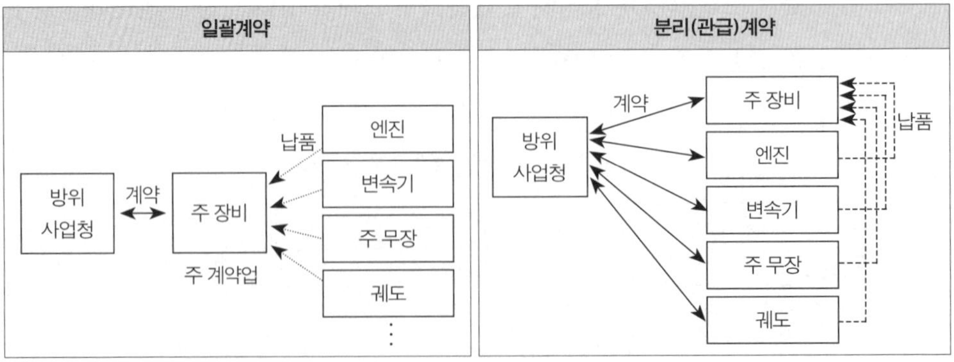

〈그림 10-2〉 일괄 및 분리(관급) 계약(예)

<표 10-13> 일괄계약과 분리계약 장단점 비교

구분	일괄계약	분리계약
장점	• 체계 성능보장, 사후관리 및 야전배치 이후 관리 유리 • 계약행정 간소화 • 해외 수출 유리	• 사업비용 절감 • 전문업체 보호 · 육성 유리 • 중소기업 대기업 종속 방지
단점	• 사업비용 추가 소요 • 주 계약업체의 횡포 우려	• 체계업체 책임하 체계적인 생산 및 총체적 원가 관리 제한 • 구성품 분산관리로 사업관리 제한 • 정부 의존 심화로 업체 간 협조 미흡

또한 개산계약을 하면서 상한가 조건으로 계약하여 사후에 원가 정산액이 이를 초과하더라도 보상을 해 주지 않는 것은 개선되어야 할 것이다. 이러한 상한가 조건에 대해 업체는 부당하다고 생각하면서도 어쩔 수 없이 계약을 체결하고 있는 것으로 알려지고 있다. 이러한 조건은 업체에게 불리한 조건으로 위험을 동등하게 분담해야 하는 계약의 취지에 위배될 수 있다.

6. 분석 및 시사점

앞에서 살펴본 방위산업 계약제도 고찰을 통해 도출할 수 있는 분석 및 시사점은 다음과 같다.

첫째, 방위산업을 통해 확보하는 무기는 개인이 편의를 위해 사용하는 일반상품과는 다르다. 일반상품은 시장경쟁 원리가 통하지만 방위산업은 정부와 업체가 상호 독점적인 위치에 있어 정상적인 시장경쟁 원리가 통하기 어려운 경우가 많다. 방위산업은 정부가 유일한 소비자이며 그 소요량은 한정되고 장시간을 투자하여야 하며, 소비자와 공급자 쌍방의 독점 구조 등의 특수성이 있다. 따라서 이러한 특수성이 반영된 계약제도로 개선되어야 할 것이다.

둘째, 방위산업의 원가구조는 상대적으로 일반제조업보다 유휴시설이 많아 가동률이 낮으며 이에 따라 고정비가 많고 부채비율은 높다. 이는 방위산업이 안정적으로 발전하는 데 취약하다는 것을 내포하고 있다. 즉 매출이 감소하면 바로 그의 수배의 이익이 감소하게 되어 큰 어려움에 처하게 될 수 있는 것이다. 따라서 방위산업이 안정적으로, 장기적으로 발전을 도모하는 방향으로 노력하여야 할 것이다.

셋째, 방위산업의 특성상 원가산정이 어려워 많은 경우에 개산계약을 체결하게 되는데, 개산계약으로 추진할 시에는 업체는 원가절감 노력을 소홀히 할 수 있고 정부는 비용이 증가할 우려가 많다. 따라서 합리적인 원가보상체계를 정립하여 방산업체로 하여금 원가왜곡 구조를 스스로 개선하도록 유도하고, 가동률이 낮고 부채가 상대적으로 많은 현실을 고려하여 적정 이윤을 보장해 주는 방향으로 개선되어야 한다.

넷째, 최저가 낙찰 문제는 방위산업 제품의 품질을 저하시키는 원인으로 작용할 수 있으며 장기적으로는 총수명주기 비용을 증가시킬 수 있다는 사실을 염두에 두어야 한다. 그리고 일괄 및 분리계약은 당장 보이는 비용절감만을 볼 것이 아니라 이에 따르는 책임 문제, 장기적인 후속지원 문제 및 비용 등을 종합적으로 분석하여 탄력적으로 적용하여야 할 것이다. 또한 개산계약을 상한가 조건으로 체결하는 것은 동등한 입장에서 계약을 체결하는 것이 아닌 불공정 계약 소지가 있는 것이 사실이다. 상호 적절한 수준으로 위험을 분담하도록 계약을 체결하는 것이 상호 건전한 발전을 위해서도 필요한 것으로 사료된다.

제4절 방위산업 계약제도 발전 방안

1. 계약제도 발전 방안 도출

국방조달 계약제도는 방위사업청, 업체, 소요군 등 이해 당사자들이 관련된 문제로서 특정 이해 당사자에게 유리하면 그만큼 다른 이해 당사자들에게는 불리하게 작용할 우려가 있다. 따라서 계약제도 개선은 각각의 이해 당사자들의 유리한 점과 불리한 점을 종합적으로 판단하였을 때 가장 유리한 점이 많은 방안으로 추진되어야 한다. 그러한 종합적인 접근법이 아닌 단편적인 개선으로 특정 이해 당사자에게만 지나치게 유리하거나 또는 불리하다면, 그러한 제도는 뿌리를 내리지 못하고 오히려 혼란만 키울 수도 있기 때문이다.

방위사업청 입장에서는 예산을 절약하면서 품질이 보장되는 장비를 획득하고 성공적인 사업관리에 도움이 되어야 하고, 무기체계를 생산하는 업체 입장에서는 적정한 이윤을 보장받고 원가 절감 등을 통해 이익을 극대화하여 회사가 장기적으로 성장하는 데 도움이 되어야 한다. 그리고 무기체계를 사용하는 소요군 입장에서는 요구하는 성능의 장비를, 요구하는 시기에, 품질이 좋은 상태로 납품을 받아 전투력을 발휘하는 데 문제가 없어야 하고 운영유지비가 적게 들어야 한다. 그러한 차원에서 원가를 절감할 수 있는 방안과 업체의 원가 절감 노력을 유도할 수 있는 방안이 우선적으로 고려되어야 할 것이다. 그리고 원가 절감만을 강조할 경우 사업관리나 품질에는 오히려 문제가 될 수 있으므로 이를 고려한 제도 개선이 필요한 것으로 사료된다. 〈표 10-14〉에서 보는 것처럼 원가산정 시스템 개선, 확정계약 확대 추진, 최저가 낙찰 지양, 일괄 및 분리계약 탄력적 운용, 상한가 조건 금지 그리고 업체의 책임성 강화를 방위산업 계약제도의 합리적 개선 방안으로 도출하였다.

〈표 10-14〉 계약제도 발전 방안 도출

목적	목적 달성 방안
총수명주기 비용 절감	원가절감 유인, 최저가 낙찰 지양
성공적인 사업관리 및 예산의 효율적인 집행	원가절감 유인, 최저가 낙찰 지양, 일괄 및 분리계약 탄력적 운용, 장기계약 적용
장비의 성능 및 품질 보장	원가절감을 위해 저가 부품 사용 금지, 최저가 낙찰 지양, 업체의 책임성 강화
원가 부풀리기 문제 차단	확정계약 확대 추진
대등하고 공정한 계약	상한가 조건 금지

⇨

발전 방안 도출 결과
• 원가산정 시스템 개선 • 확정계약 확대 추진 • 최저가 낙찰 지양 • 일괄 및 분리계약 탄력적 적용 • 상한가 조건 금지 • 업체의 책임성 강화 • 장기계약의 적극적 적용 • 신규업체의 생산능력 평가 강화

2. 목표원가 산정 시스템으로 개선

〈표 10-15〉에서 보는 것처럼 전통적인 원가 계산은 재료비, 노무비, 경비 등을 Bottom Up 방식으로 종합하여 산정하는 방식이다. 하지만 목표원가 관리는 목표원가를 설정하고 이를 기초로 고객의 욕구와 고객이 수용 가능한 가격을 동시에 고려하여 적절한 수준의 가격과 상품을 생산하는 것이다. 이제 원가에 대해서도 사후에 정산하는 시스템에서 사전에 목표를 정해 놓고 관리하는 시스템으로 개선되어야 한다. 특히 연구개발 기간에는 일정 및 성능 위주로 관리하고 비용관리를 소홀히 하는 경향이 있는데, 설계 이전 단계부터 목표원가를 설정하고 관리하여야 한다. Top Down 방식으로 목표가격을 설정하고 실발생 비용을 Bottom Up 방식으로 종합하면서 상호 비교 분석하면서 목표원가 이내로 개발하도록 원가 절감 방안을 지속적으로 강구하여야 한다. 이러한 원가 절감은 저가의 부품이나 자재를 사용하는 방법이 아닌 업체가 BPR(Business Process Reengineering) 등을 통해 낭비요소가 있는 업무 프로세스를 개선하는 것으로부터 출발하여야 한다.

〈표 10-15〉 정산원가와 목표원가 비교

구분	전통적인 원가 계산	목표원가(Target Costing) 관리
기업의 과제	고객의 욕구에 맞는 제품 개발	고객 욕구와 고객이 원하는 가격에 맞는 제품 개발
주요 관점	기술적 관점에서 제품 개발	기술적 관점과 목표원가 관리 관점 제품 개발
접근 순서	소비자 욕구 파악 → 제품 설계 → 예상 원가 산정 → 예상 판매가격 결정 → 제품 생산	소비자 욕구와 수용 가능 가격 파악 → 목표가격 설정 → 목표원가 결정 → 제품 설계/개발
원가 산정	재료비, 노무비, 경비 등을 종합하여 실발생비용과 이윤을 보상하는 원가 산정	고객의 욕구 및 시장 환경을 고려한 목표원가 산정
판매가 결정	실발생비용에 의한 판매가 결정, Bottom Up 방식	시장가격 고려 판매가 결정, Top Down 방식
원가 절감	제조 단계에서 원가절감 노력	제조 이전의 단계인 연구개발 중 설계 및 개발 단계부터 수명주기 원가절감 노력

방위산업 계약제도 발전의 핵심은 장기적으로 정부와 업체가 상호 윈윈할 수 있도록 발전되어야 한다는 것이다. 특히 원가 절감을 유인하고 절감한 원가에 대해서는 보상을 해 주는 체계로 발전되어야 한다. 그러기 위해서는 목표원가를 산정해야 하는데 원가 자료가 충분하지 않은 여건에서 목표원가 산정은 쉽지 않고 이에 대한 부담이 크다. 따라서 목표원가 산정에 대한 부담을 줄여 주어야 하는데, 이를 위해 관련 위원회 등을 통해 결정하고 정당한 절차를 거친 경우 그 결정에 대해서는 문제 삼지 않아야 한다.

3. 확정계약 확대 추진

원가부정 문제를 근본적으로 해결하기 위해서는 확정계약을 체결하여 업체에게서 원가절감 노력을 유도할 수 있도록 하여야 한다. 그리고 확정계약으로 체결한 경우에는 사후에 원가를 문제 삼지 않아야 한다. 물론 비리는 당연히 처리되어야 하나, 정상적인 상황에서 확정계약 이후에 원가를 문제 삼는 것은 바람직하지 않다고 본다.

한편 확정계약을 체결하기 위해서는 원가를 어느 정도는 정확하게 산정할 수 있어야 한다. 원가를 정확하게 산정할 수 없는 경우에 억지로 확정계약을 체결하는 것은 정부도 업체도 상호 간에 큰 부담을 감수하게 한다. 특히 방산계약은 장기계약으로 국제적, 국내적 변수가 너무 많다. 특히 해외에서 부품을 수입하여 생산하는 장비는 더더욱 환율, 원자재가 상승, 부품 단종 등의 변수가 너무 많다. 이러한 변수를 상수로 가정하고 확정계약을 하는 것은 무리가 될 수 있다.

하지만 원가 자료의 체계적 관리 및 활용, 이윤율 확대 및 보장, 비용분석가의 신뢰도 향상 등 확정계약을 확대할 수 있는 여건을 조성하면서 점차 확대시켜 나가야 한다. 현실적으로 첨단기술이 필요한 무기체계 개발에서 원가를 정확히 산정하는 것은 불가능하며, 원가를 개산하는 한 원가 문제는 언제나 발생할 수 있는 것이다.

4. 최저가 낙찰에서 최적가 낙찰로 지향

최저가 경쟁계약으로 무기체계를 개발하는 업체를 선정하는 것은 무리가 있다. 예를 들면 이미 상품으로 나와 있는 같은 라면을 구매하는 경우에는 품질이 동일하기 때문에 가격이 저렴할수록 소비자에게 유리하다. 그러나 무기체계의 경우 시장에 상품으로 나와 있지 않고 20~30년간 사용하는 장비를 당장 눈앞의 가격만을 고려하여 최저가 입찰을 통해 업체를 선정한다면, 설령 당시에는 요구하는 수준의 성능을 만족한다 하더라도 품질 면에서는 부족할 수 있고, 그 결과 운용 중에도 많은 결함이 발생할 수 있다. 따라서 최저가 입찰이 반드시 정부 입장에서도 유리하다고만 말할 수 없을 것 같다. 따라서 단기적인 비용절감만을 생각하지 말고 장기적인 총수명주기 비용까지를 고려하여 무기체계 개발 및 국방조달에는 최저가 낙찰제도 적용을 지양하여야 한다.

최저가 낙찰은 계약 이행을 어렵게 만들 가능성이 높고, 업체가 계약 이행을 하지 못하면 장비는 가동할 수 없으며, 업체는 부정당업자로 제재를 받게 된다. 다시 최저가 낙찰을 통해 다른 업체가 들어오지만 역시 마찬가지이다. 다른 업체가 없는 경우에는 제재 기간이 경과될 때까지 기다리거나, 부득이 부정당업자로 제재를 받은 업체와 계약을 해야 하는 모순에 직면하게 된다. 만일 다시 계약을 체결하더라도 과연 제대로 계약을 이행할 수 있을지 장담할 수 없다.

따라서 적어도 국방 분야에서는 업체가 건전한 경쟁을 통해 성장할 수 있도록 적정한 비용을 보장해 주어야 한다. 정부가 유일한 수요자이므로, 특히 제한된 수요에 따른 방위산업체의 경영난 해소를 위해서도 필요한 것으로 판단한다. 업체가 성장하면 기술력이 향상되고 다시 그 기술을 가지고 개발하면 비용을 절감할 수 있으며, 고용을 창출하는 등 사회적으로도 긍정적인 역할을 하기 때문이다. 국방 전체 관점에서 이익이 되는 것은 바로 최저가 낙찰이 아니라 최적가 낙찰이다. 최저가 낙찰로 인한 악순환의 고리를 끊을 수 있도록 최적가 낙찰로 제도를 개선하여야 한다.

5. 일괄 및 분리계약의 탄력적 운용

분리계약은 정부에서 비용은 절감할 수 있지만 성능보장을 장담할 수 없고 문제가 발생할 시 책임소재가 불분명하다는 문제가 있다. 분리계약을 사용하는 근본 취지는 경제수량 미달 시 대량구매를 통해 원가를 절감하거나 전문 구성품 업체를 보호하기 위한 것이다. 따라서 일괄계약 추진을 원칙으로 하고 분리계약을 추진할 수 있는 경우를 구체적으로 제시하여 적용하여야 할 것이다. 예를 들면 분리계약을 할 수 있는 경우는 체계업체에서 직구매가 불가능한 탄약, 소형장비로 독립적인 기능을 발휘하면서 여러 장비에 공동으로 사용하는 무전기, 정부 간 협정에 의하여 정부와 직거래를 하여야 하는 품목, 기타 체계업체와 계약이 불가능한 경우 등이다. 일괄 및 분리계약은 당장 보이는 비용절감만을 볼 것이 아니라 사업관리의 입장에서 이에 따르는 책임관계 문제, 예산, 장기적인 후속지원 문제 등을 종합적으로 분석하여 탄력적으로 적용되어야 할 것이다.

6. 개산계약의 상한가 관행 폐지

일반 개산계약에 상한가 조건을 넣어 계약하는 것은 계약 당사자가 동등하게 위험을 감수하여야 하는 계약 취지에 반한다고 할 수 있다. 이러한 상한가 조건의 문제는 사후 원가정산을 하여 상한가를 초과한 예산에 대해서는 인정하지 않으면서 원가절감 노력을 통해 상한가보다 비용을 절감했을 경우에는 원가절감 노력에 대하여 보상을 해 주지 않는다는 것이다.

개산계약은 계약을 체결하는 시기에 계약금액을 확정할 수 있는 원가 자료가 충분하지 못해 계약 이행 후에 계약금액을 확정하고자 하는 경우 사용하는 것이 취지이나, 계약특수조건에 상한가 조항을 넣는다면 정부가 우월적 지위를 이용한 불평등 조건을 반영하는 것이다. 그러나 이러한 상한가 조건을 폐지할 경우 업체 입장에서는 비용 절감 노력을 소홀히 할 수 있다. 따라서 일반 개산계약은 가능한 한 지양하고 특정 비목만을 사후 정산하는 방식으로 전환하고 정산 시 원가의 타당성을 정밀하게 분석하여야 할 것이다. 더욱더 중요한 것은 사후에 원가를 산정하여 반영할 것이 아니라 계약 기간 중에 지속적으로 비용관리를 강화하여 비용의 인정 여부를 확인하고 절감할 수 있는 노력을 지속하여야 한다는 점이다.

7. 업체의 책임성 강화

장비는 정부기관에서 시험평가, 검수 및 검사를 통해 납품이 되지만 기본적으로 장비의 품질 문제는 업체에서 전적으로 책임을 져야 한다. 정부기관에서 수행하는 시험평가, 검사 및 검수는 사용자로서 실시하는 최소한의 확인으로 장비의 결함에 대한 책임까지를 지는 것은 아니기 때문이다.

현재는 장비에 문제가 생기면 업체보다 정부에서 더 책임이 있는 것처럼 처리하는 경향이 있다. 그러나 이것은 잘못된 것이다. 정부는 예산을 업체에 제공하여 장비를 개발하도록 한 소비자 입장이다. 업체는 경제적 이익을 얻는 당사자로서 책임감을 가지고 장비를 개발하여야 한다. 즉 장비 결함 문제가 생기면 업체가 주도적으로 문제를 해결하는 것은 물론이고, 언론이나 국회도 대응하여야 한다. 수요자인 정부가 원하는 장비에 대한 요구사항을 명확히 하고 이에 필요한 비용을 제공하면, 업체는 정부로부터 받은 예산을 사용하여 책임지고 요구사항에 맞으며 품질이 보장되는 장비를 개발하도록 해야 한다. 정부는 다만 최소한의 비용과 일정, 성능을 관리하면 되는 것이다. 이러한 책임관계가 제도적으로 정착되도록 관련 규정은 개정하고 필요한 사항은 계약서에 반영하여 추진하여야 한다.

예를 들면 야전에서 전력화된 이후에 장비에 문제가 발생할 경우에는 문제를 정해진 기간 내에 해결하는 것은 물론이고, 문제 발생으로 인한 전투력 발휘 제한, 이에 투입되는 정부 및 군 인력에 대한 비용 등을 부담하도록 비용 기준을 연구하고 이를 계약서에 반영하여 추진하는 것이 업체의 책임성을 강화시키는 하나의 방안이라 생각한다.

8. 장기계약의 적극적인 적용

일반물자의 경우에는 매년 군에서 품목과 품목별 금액이 포함된 조달 요구가 되면 이것을 토대로 방위사업청에서 조달하게 된다. 그러나 매년 유사한 품목으로 유사한 수량이 지속적으로 조달되는 품목에 대해서는 장기계약을 통해 조달할 필요가 있다. 매년 동일한 행정소요 기간이 소요되고 안정적인 조달이 보장되기 위해서도 필요하다. 특히 수리부속류 중에서 매년 유찰수의로 납품하는 품목에 대해서는 적극적으로 장기계약을 추진하여야 할 것이다.

9. 신규업체의 생산능력 평가 강화

신규업체에 대한 생산능력 평가를 강화하여야 한다. 현재 0.55억 원에서 2.53억 원 미만의 경우에는 최저가 낙찰을 적용하고 있다. 그리고 2.53억 원 이상의 경우에는 적격심사기준에 의해 업체 생산능력을 평가한다. 앞에서 살펴본 바와 같이 신규업체에 의한 지체 및 하자 발생이 많으므로 신규업체에 대해서는 생산능력 확인을 강화하여야 한다. 단순히 생산설비만 확인하는 것이 아니라 연간 생산능력도 판단하여야 한다. 통상 납품업체로 선정되면 그 이후에 투자하여 요구하는 수량을 요구하는 시기에 납품하겠다고 생각하고 있으나, 그러한 계획이 제대로 실행되지 못하면 문제가 생기게 된다. 능력이 되지 않음에도 저가로 입찰하여 낙찰자로 선정되어 계약을 체결했으나 계약을 이행하지 못한다면 업체도 막대한 타격을 받게 되고, 군에는 적기에 납품하지 못하는 문제와 정부는 행정소요가 증가하는 문제 등이 생긴다.

제5절 결론

방위산업 계약제도는 무기체계 획득 기반을 조성하고 방산업체의 기본적인 경영여건 보장을 통해 경쟁력을 향상시키는 중요한 역할을 하게 된다. 그러나 현재 계약 관련 제도는 그동안 추진해 온 보호정책과 최근 강조하고 있는 시장경쟁 원리와 상충되는 측면이 있다. 즉 방위산업은 한편으로는 정부에서 보호·육성하여야 하는 측면이 있는가 하면, 동시에 자유로운 경쟁 속에서 발전시켜야 하는 측면이 있기 때문이다. 방위산업은 분명 특수성이 있는 산업이다. 따라서 그러한 특수성이 반영된 제도로 개선되어야 한다.

본 연구를 통해 방위산업 계약제도를 합리적으로 개선시키기 위한 방안을 도출하여 제시하였다. 제시한 개선 방안은 원가산정 시스템 개선, 확정계약 확대 추진, 최저가 낙찰제도 적용 지양, 상한가 조건 폐지, 그리고 업체의 책임성 강화 등이다. 이러한 개선 방안은 단기적인 관점에서 바라보면 적용하기에 어려운 것도 있을 수 있다. 하지만 중요한 것은 좀 더 멀리 바라보고 중·장기적으로 방위산업의 건전한 발전을 위해 필요하다고 판단되는 사항에 대해서는 적극 개선해 나가야 한다는 점이다.

계약제도 개선의 목적은 원가를 절감하여 예산을 효율적으로 집행하고 궁극적으로 운영유지 비용을 줄이며 품질이 보장되는 장비를 전력화하여 사용자를 만족시키는 것이다. 방위사업청, 소요군 및 방산업체 모두가 윈윈하는 방향으로 제도가 발전되어야 그 제도가 뿌리를 내릴 수 있다. 국방예산의 효율적인 사용에 대한 요구가 증가되고 있는 상황에서 정부는 국방예산의 절약과 방위산업의 보호·육성이라는 상반되는 정책목표를 슬기롭게 조정해 나가야 한다. 지나치게 예산사용의 효율성과 예산절감만을 강조하다 보면 방위산업의 보호·육성이라는 정책을 원활히 추진하지 못하게 될 수도 있다. 업체도 이제는 품질 문제에 대해서는 더 이상 문제가 생기지 않도록 최선을 다하여 개발하여야 하고, 발생한 문제에 대해서는 책임감을 가지고 능동적으로 역할을 담당해야 할 것이다.

방위산업 기반이 한번 무너지게 되면 다시 이를 정상적으로 발전시키기까지 막

대한 비용과 기간이 소요된다. 자유로운 경쟁이 제한되는 환경에서 자유로운 시장경쟁 원리만을 강조하는 것은 지양하여야 한다. 방위산업의 특수성과 직면하고 있는 환경에 부합되고 이해 당사자들이 최대한 윈윈하도록 개선되어야 방위산업이 장기적으로 발전할 수 있을 것이다.

제11장

방위산업 부정당업자 제재 제도 개선 방안

일반조달과 마찬가지로 국방조달에서도 부득이하게 문제 정도에 따라서 부정당업자 제재가 이루어지고 있다. 그러나 이미 발생한 업체에 대하여 어떻게 제재를 할 것인가도 중요하지만, 무엇보다도 부정당업자가 발생하지 않도록 예방하는 것이 더욱 중요하다.

이를 위해서는 우선 관련 업체들이 능력을 보유하도록 지원을 강화하고, 업체를 선정할 시에는 능력 있는 업체가 선정되도록 하여야 한다.

하지만 부정당업자가 발생하면 제재의 효율성을 제고시켜 국방조달에는 차질이 발생하지 않도록 하여야 할 것이다.

제1절 서론

부정당업자 제재는 국가기관 및 공공기관과 계약을 체결한 업체 및 개인이 계약을 이행하는 도중이나 계약하기 이전에 불법이나 기타 문제 등이 있을 경우 일정 기간 국가기관 및 공공기관이 실시하는 입찰에 참여하지 못하도록 하는 것으로, 1995년 국가계약법이 제정되면서 근거가 마련되어 시행되고 있다. 국방조달에서도 국가계약법을 기초로 방위사업청 훈령 등 관련 법령과 절차에 따라 부정당업자 제재 제도가 운영되고 있다. 업체가 부정당업자로 제재를 받으면 기존의 계약도 해제 및 해지할 수도 있고, 무엇보다도 제재 기간 동안 국가기관 및 공공기관이 발주하는 모든 사업에 입찰을 못 하게 되어 업체의 존립에 큰 영향을 미친다. 이에 따라 업체는 집행정지 가처분 신청을 통해 부정당업자 제재를 중지시켜 제재가 효력을 발휘하지 못하도록 하는 경우도 있다. 한편 군 입장에서는 부정당업자 제재가 많아지면 조달원이 감소되어 군수품을 정상적으로 조달하지 못하게 될 수도 있고 경쟁이 제한되어 효율적으로 조달을 하지 못하는 경우도 있다.

몇 년 전부터 방위사업청에서는 원가비리 차단을 위해 원가검증을 강화하고 있고, 무기체계, 급식류 및 피복류 등 군수품에 대한 품질관리를 강화함에 따라 부정당업자 제재가 증가하고 있다. 이러한 증가는 불가피한 현상이라 할 수 있지만 업체 및 정부 모두에게 부담이 되는 것도 사실이다. 따라서 업체 및 정부는 가능한 한 노력을 통해 부정당업자가 발생하지 않도록 예방하는 것이 중요하다. 이러한 부정당업자 제재의 증가는 계약 이행을 제대로 하지 못하는 현상을 보여 주는 것으로 바람직하지 못한 것이다.

하지만 부정당업자 제재 사유가 발생하면 적절하게 제재함으로써 법적 안정성과 행정의 투명성을 높이도록 해야 한다. 부정당업자 제재는 관련 법과 규정에 따라 투명하게 처리되어야 하고, 업체들에게도 경각심을 주어 유사한 문제가 발생하지 않도록 하는 데 기여해야 할 것이다.

본 장에서는 부정당업자 제재 제도에 대한 개선 방안을 도출하고, 도출한 개선 방안에 대해 AHP 기법을 적용하여 우선순위를 제시하여 부정당업자 제재 제도 발전에 기여하고자 한다.

제2절 부정당업자 제재 제도 일반

1. 우리의 부정당업자 제재 제도

1) 제재 사유 및 절차

부정당업자란 공정한 계약집행이나 계약의 적정한 이행을 해칠 염려가 있거나 그 밖에 입찰에 참가시키는 것이 부적절하다고 판단되는 업체나 업체의 대표자를 말한다. 이러한 부정당업자에 대해서는 국가계약법 제27조와 국가계약법 시행령 제76조에 의해 1개월 이상 2년 이하의 범위에서 입찰 참가자격을 제한하도록 되어 있다. 이때 제재 사유는 〈표 11-1〉 부정당업자 입찰 참가자격 제한 사유에서 보는 것처럼 계약을 이행함에 있어서 부실·조잡 또는 부당·부정한 행위를 한 자, 하도급의 제한 규정을 위반하여 하도급한 자, 고의 또는 중대한 과실로 원가 계산 금액을 적정하게 산정

〈표 11-1〉 부정당업자 입찰 참가자격 제한 사유(국가계약법 시행령 제76조)

① 계약의 부실 · 조잡 · 부당 · 부정행위
② 부정 하도급
③ 공정거래법 위반
④ 조사 설계 금액 · 원가 계산 금액 등의 부정적 산정
⑤ 타당성 조사 등의 부정적 산정
⑥ 안전사고(사망사고) 발생
⑦ 계약의 미체결 · 불이행
⑧ 담합 행위
⑨ 입찰 · 계약 서류 위조 · 변조
⑩ 고의 무효 입찰
⑪ 뇌물 수수, 입찰 불참가, 입찰 참가 · 계약 이행 방해 등

하지 아니한 자, 정당한 이유 없이 계약을 이행하지 아니한 자, 입찰 또는 계약에 관한 서류를 위조·변조하거나 부정하게 행사한 자, 그리고 뇌물 수수, 입찰 불참가 등이다.

부정당업자 제재 의뢰 시기 및 제재 기간은 제재 사유에 따라 각각 다르다. 〈표 11-2〉 제재 의뢰 시기 및 기간에서 보는 것처럼 계약 불이행은 계약해지 통지 후에 하자보수를 이행하지 않을 경우에 해당하며 제재 기간은 6개월이다. 허위 서류 제출이나 입찰 담합 및 뇌물 제공 등에서 원가 관련 사항은 특별원가검증을 통해 부당이득금 및 가산금 확정 후 검찰 기소 등 사실관계 및 법적인 제재 사유가 명확할 때, 그리고 검찰 불기소 처분의 경우 불기소 사유에 따라 제재가 가능하다고 판단될 경우이며 6개월에서 24개월의 제재를 받게 되어 있다. 계약 미체결은 업체의 계약포기시, 부실·조잡과 부당·부정행위는 사실관계 및 법적으로 제재 사유가 명확할 때 제재를 의뢰하고 정도에 따라 3~24개월의 제재를 받게 되어 있다. 그리고 사소한 경우에도 일정기간 동안 입찰에 참여하지 못하게 하는 것에 대해 과도한 제재라는 문제가 제기되어 2013년 7월부터는 국가계약법 시행규칙이 개정되어 과징금 부과제도가 병행하여 시행되고 있다. 그러나 허위서류 제출 및 입찰 담함 뇌물에 대해서는 과징금 제도를 적용하지 않고 있다.

그리고 부정당업자 제재 절차는 〈그림 11-1〉에서 보는 것처럼 계약 불이행 및 허위서류 제출 등 부정행위가 발생하면 관련 부서에서는 주관 부서에 제재를 의뢰하고, 주관 부서는 부정당업자 제재를 위한 안건을 작성하는데, 이때 업체로부터 의견서를 제출받아 안건을 보완한다. 최종적으로 방위사업청 계약심의회를 통해 부정당업자 제재 처분을 결정한다. 계약심의회 시에 업체는 법률대리인 등을 통해 의견을 진술할 수 있으며 최종 결과는 해당 업체에 통보하고 지정정보처리장치(G2B, D2B)에 게재하여 모든 국가 및 공공기관에서 계약업무에 적용하도록 하고 있다.

〈표 11-2〉 제재 의뢰 시기 및 기간

제재 사유	제재 의뢰 시기	제재 기간	과징금 부과율
계약 불이행	• 계약해지(해제/일부 해제 포함) 통지 후 하자보수 미 이행 시	6개월	9%
허위서류 제출	• 원가관련 사항 중 특별원가검증 등을 통해 부당이득금 및 가산금 확정 후 • 검찰 기소 등 사실관계 및 법적으로 제재 사유가 명확할 때 • 검찰 불기소처분의 경우 불기소사유에 따라 제재가능하다고 판단될 경우	6~12개월	-
입찰 담합 및 뇌물제공		3~24개월	-
계약미체결	• 업체계약 포기 문서 접수 시	6개월	9%
부실 · 조잡, 부당 · 부정행위	• 사실관계 및 법적으로 제재 사유가 명확할 때	3~24개월	4.5~30%
하도급 위반	• 사실관계 및 법적으로 제재 사유가 명확할 때	4~12개월	6~15%

단계	내용	비고
제재 사유 발생 ⇩	• 계약 불이행, 허위 서류 제출 등 부정행위 발생 시	사실관계 및 법무검토 확인
제재 의뢰 ⇩	• 안건 작성 / 위원장 보고 / 안건 통보 * 위원장 사전보고 후 안건 상정	지체 없이
위원 선정 / 안건 발송 ⇩	• 내 · 외부 비상임위원 7명 선정(위원장) • 선정된 위원들에게 안건 발송	D-3일
계약심의회 개최 ⇩	• 매월 셋째 주 또는 필요시 • 안건 보고, 업체 의견 진술(법률대리인 등) • 처분 결정	개최일
심의회 후속조치 ⇩	• 심의 결과 보고 • 심의 결과 관련 부서 및 업체 통지 등기) • 지정정보처리장치(G2B, D2B) 게재	D+1근무일
제재효력 발생	• 제재 확정된(전결권자 결재) 날의 다음 날부터 발생 (도달주의)	D+2근무일

〈그림 11-1〉 방위사업청 부정당업자 제재 절차

2) 제재 처분 효력

부정당업자 제재로 처분을 받으면 〈표 11-3〉 부정당업자 제재 시 업체가 받는 불이익에서 보는 것처럼 업체는 정부조달 신규 사업에 입찰 참가가 제한되고, 방산물자의 경우는 착·중도금이 지급되지 않으며, 방산업체 및 방산물자는 지정이 취소되며, 적격심사 시 감점 적용 등 많은 불이익을 받게 된다. 이에 따라 업체에서는 부정당업자 제재를 피하기 위해 많은 노력을 한다.

〈표 11-3〉 부정당업자 제재 시 업체가 받는 불이익

제재 내용	관련 근거
정부조달 신규사업 입찰 참가자격 제한	국가계약법 제27조, 시행령 제76조
정부조달 신규사업 계약 체결 제한	
방산물자 착 · 중도금 지급 제한	착수금 · 중도금 지급규칙
방산업체 및 물자 지정 취소	방위사업법 제48조 (지정의 취소 등)
적격심사 시 감점 적용	물품 적격심사 기준
절충교역 국내업체 선정 시 감점 적용	절충교역 지침서

3) 제재 처분 시기

국가계약법 제27조에 부정당업자 제재 사유가 발생하면 즉시 처분을 하게 되어 있다. 그러나 현실적으로 모두 그렇게 할 수 없다. 예를 들면 원가부정의 경우에는 부당이득금을 확정해야 제재를 할 수 있다. 이유는 부당이득 금액에 따라 제재 기간이 다르기 때문이다. 부당이득금액이 10억 원 이하일 경우에는 1년 이하의 제재를 받게 되고 10억 원 이상일 경우에는 2년 이하의 제재를 받게 되어 있다.

따라서 현실적으로 부정당업자 제재 시기는 사안마다 다르게 적용되고 있다. 만일 검찰 기소 상태에서 제재를 실시할 경우, 업체에서는 재판 중에 있는 사안이므로 무죄가 될 수도 있으므로 문제가 있다고 주장할 수 있다. 반면에 검찰 기소 상태라는 것은 이미 문제가 된 사안으로 유죄가 될 가능성이 크기 때문에 제재를 해야 한다는

주장도 있다. 예를 들면 1심 판결이 난 후에 제재를 하면 업체의 문제를 재판을 통해 확인하는 장점은 있으나, 인지한 시점에서 적절하게 불이익을 주지 못하고 계속 입찰에 참여할 수 있는 문제도 지적되고 있다.

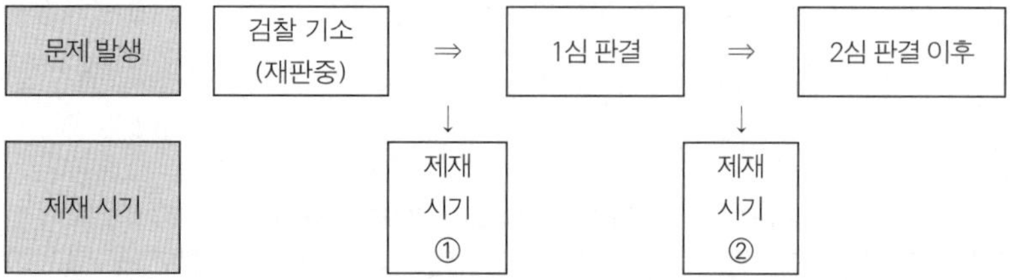

○ 제재 시기 ①(검찰 기소 직후): 무죄 추정의 원칙 위반, 업체 피해 우려
○ 제재 시기 ②(1심 판결 후): 1심 판결 유죄 시 검찰 기소 상태에서 입찰 참여 가능 문제

〈그림 11-2〉 부정당업자 제재 시기 비교

〈표 11-4〉 재판 중인 상태에서 부정당업자 제재 시 업체 주장

① 무죄추정 원칙 위배
- 사법부와 무죄를 다투는 상황에서 부정당업자 제재 추진은 위법적인 행위
- 1심 판결 이전 상태에서 부정당업자 제재 처분에 대한 문제

② 반사이익을 기대하는 특정 업체 지원 의혹
- 관련 업체가 부정당업자 제재를 받으면 경쟁 업체는 유리

③ 제재 처분 후 무죄 확정 시, 막대한 피해 발생
- 업체의 존망이 걸린 문제, 협력 업체도 도산 우려
- 무죄 확정 시 업체 피해에 대한 책임 문제

검찰에 기소되어 재판 중인 상태에서 제재를 하는 경우에는 〈표 11-4〉에서 보는 바와 같이 업체 입장에서는 무죄추정 원칙에 위배되고, 반사이익을 기대하는 특정 업체를 지원한다는 의혹이 제기되며, 제재 처분 후 무죄 확정 시에 회복할 수 없는 피해 문제 등을 제기하면서 제재 시기를 늦추거나 제재를 피하고자 한다. 그리고 계약심의회를 통해 제재 처분이 이루어지면 행정정지 가처분을 신청하는 등 가능한 방법을 동원하고 있다.

2. 외국의 부정당업자 제재 제도

1) 미국의 제도

(1) 법적 근거 및 운영원칙

미국의 부정당업자 제재 제도는 공공조달을 규율하는 법률인 민간 부문의 '연방의 재산 및 행정 업무에 관한 법률(Federal Property and Administration Service Act)'과 군사 부문의 '국방조달법(Armed Acquisition Regulation)'에서 규정하고 있다가 1984년부터 민간 부문과 군사 부문을 포괄하는 행정입법인 연방조달규칙(FAR, Federal Acquisition Regulation)에 의해 시행되고 있다.

미국에서의 공공계약은 우리나라와 비슷하게 사법적 요소와 공법적 요소가 결합된 계약의 형태를 띠고 있는데 연방조달규칙을 보면 공공계약에 포함되지 않는 강행규정들이 계약 담당 공무원과 계약 상대방을 구속하는 효력을 갖고, 계약 담당 공무원이 권한 밖의 계약을 체결한 경우에 무효가 되어 입찰 참가자격 제한 등이 인정되기도 한다(김경만, 2011).

(2) 제재 사유 및 기간

연방조달규정 및 기타 정부조달계약에 관한 규칙을 보면 우리나라의 부정당업자 제재 처분 제도와 유사하다고 할 수 있는 제도로서 발주금지(debarment)를 규정하고 있는데 제재 사유를 크게 3가지로 구분하여 적용하고 있다. 첫째는 기업이 근로자보호, 환경보호, 부패방지, 불법취업방지 등의 민사, 형사 법률을 위반한 경우이고, 둘째는 이미 체결된 조달계약에 있어서 발주금지를 정당화할 만한 중대한 불이행·불완전이행이 있는 경우, 셋째는 이민·국적 관련 고용규정을 위반한 경우 등을 발주금지 처분을 내릴 수 있는 사유로 정하고 있다.

발주금지 기간은 제재 사유의 중요도에 비례하여야 하는데 통상 3년을 초과하지 않도록 되어 있으며, 예외적으로 작업장 마약방지법 위반의 경우에는 5년 이내로 부과하고, 이민법 고용조건 위반의 경우 1년으로 되어 있다. 계약 담당 공무원에게는 발주금지의 부과 여부, 부과 기간에 대하여 재량이 부여되어 있는데 이때 정부의 이익을 보호하기 위하여 필요하다고 판단할 경우 발주금지 기간을 추가로 연장할 수도 있고, 면제 또는 감경 사유에 관해서는 계약 상대자의 입증 책임하에 서면 요청을 받아 발주금지 기간이나 범위를 경감할 수도 있다.

임시로 입찰 참가자격을 제한하는 '임시발주제한(자격정지, suspension)'이 있는데, 이는 정부계약의 입찰 절차나 이행과 관련하여 사기나 범죄 행위를 한 경우, 입찰서 제출과 관련된 연방 또는 주 정부의 반독점적 위반 행위, 횡령·절도·위조·뇌물 또는 허위진술, 탈세 등으로 통상 발주제한은 12개월이며, 이 기간에 소송이 종료되지 않으면 1차에 한해 6개월까지 기간 연장이 가능하나 더 이상의 기간 연장은 불가능하다.

(3) 제재 효과 및 관리

제재 처분의 일반적 효력으로서 발주금지나 임시발주제한 처분을 받은 부정당업자는 입찰이나 계약 체결로부터 배제됨은 당연하고 각 기관에서도 이들 처분 대상자에게 조달 참가 권유를 하거나 낙찰자로 결정할 수 없을 뿐만 아니라 이들과의 하도급계약 체결에도 동의할 수 없도록 하고 있다. 한편 발주기관의 별도 결정이 없는 한 부정당업자 제재 처분을 받은 업체가 이미 이행 중에 있는 계약이나 하도급계약은 유효하게 진행할 수 있다. 계약 종료 여부에 대한 결정은 담당자의 기술적 검토와 처분 타당성에 대한 자문을 구한 후에 신중하게 이뤄지도록 하고 있다. 부득이한 사유가 없는 한 제재 처분(예정)자에게는 보장된 수량의 초과나 새로운 과업 추가, 옵션행사, 계약 기간 연장 등은 하용하지 않고 있다.

미 연방정부는 연방조달 과정으로부터 참여를 배제하기 위한 당사자들의 명부를 전자적으로 관리하기 위해 웹 기반의 배제기업명단(EPLS, Excluded Parties Listing System)을 구축·운용하고 있는데, 연방조달청은 배제기업명단의 운영과 부정당업자 명단의 활용을 위해 각 연방기관에 기술적인 지원을 제공하고 있다. 이는 우리나라의 경우 조달청이 운영하는 나라장터(Koneps)를 통해 각 공공기관의 부정당업자 제재 리스트를 관리하고 이 리스트를 온라인상으로 공유하도록 하는 점과 유사하다고 할 수 있다. 이때 배제기업명단에서 관리되는 정보는 계약자의 이름, 주소, 제재 처분 기관명(담당자 이름 및 연락처), 제재 사유 및 근거, 제재 기간(유효일 및 만료일) 등이 있으며, 통상 각 기관은 제재 조치의 효력이 발생한 날로부터 5근무일 이내에 배제기업명단에 입력하도록 하고 있다.

2) 영국의 제도

(1) 법적 근거 및 운영원칙

영국의 부정당업자 제재 처분의 법적 근거는 EU 국가 전체에 적용되는 EU 공공조달지침(Directive 2004/18/EC) 제45조(후보자 또는 입찰자의 인적사항)로 볼 수 있는데 같은 지침 제45조에는 절대적 공공계약 참여 배제 및 참여 가능 사유를 규정하고 있으며, EU 각 회원국은 국내입법을 통해 제45조의 이행요건을 세부적으로 규정하도록 하고 있다. 그런데 영국은 절대적 또는 임의적 입찰 참가 배제요건을 적용하는 데 필요한 명문화된 세부 기준이 없을 뿐만 아니라, 입찰 참가 배제요건 사유의 적용 기간, 배제에 대한 이의제기 절차 등에 대한 명문화된 세부 기준도 없다. 결국 입찰 참가 배제 여부 및 사유의 적용 유효 기간 등 부당행위 발생 가능성 등을 발주기관에서 자체적으로 판단하도록 하고 있다.

영국에서는 공공계약을 원칙적으로 사법상 계약으로 보되 일정 부분 공익적 요소를 인정하고 있는데, 즉 계약 이행에 관한 부분은 민사소송으로 다루고 낙찰자 결정, 입찰 참가자격 제한 처분 등은 공법에 속하는 것으로 보고 있다. 하지만 영국은 우리나라와는 다르게 징벌적 행정처분 성격의 부정당업자 제재 제도를 시행하지 않고 있다.

(2) 제재 사유 및 효과

영국의 부정당업자 제재 사유는 절대적 배제 사유와 임의적 배제 사유로 구분되는데 절대적 배제 사유는 범죄조직 참여, 부패, 사기, 돈세탁으로 최종 유죄 판결을 받은 경우로 한정되어 있으며, 임의적 배제사유는 법률상 파산, 폐업 또는 이와 유사한 경우, 영업상 유죄 혐의 또는 중대한 영업상의 위법 행위, 사회보장세 지불 의무 또는 조세 납부 의무 불이행, 허위진술 등인데 이때에도 제재 기간에 대해 명문화된 규정이 없어 발주기관의 판단에 맡기고 있다.

3) 독일의 제도

(1) 법적 근거 및 운영원칙

독일의 부정당업자 제재 처분의 법적 근거는 영국과 마찬가지로 EU 국가 전체에 적용되는 EU 공공조달지침(Directive 2004/18/EC) 제45조(후보자 또는 입찰자의 인적사항)로 볼 수 있는데 'EU 공공조달지침'을 근거로 경쟁제한방지법(GWB, Gesetzgegen Wettbewerbsbeschrankungen)이 있으며, 1999년 공공조달계약의 법적 근거를 변경하기 위한 법률의 개정으로 공공조달계약이 추가되었다.

그 이외 시행령으로 공공발주명령이 있고 시행규칙으로 건설공사 발주규칙, 물품구매 등 일반발주규칙, 자유업 용역발주 규칙 등이 있으며, 연방 법률인 '불법취업방지책'에 의해서도 부정당업자 제재 처분이 내려지기도 한다. 독일은 공공계약을 공법상 계약과 사법상 계약으로 구분하여 공법상 계약에 대하여는 '연방행정절차법' 제4조에서 규율하고 사법상 계약에 대해서는 통상 민법상 계약관리를 적용하고 있는데, 우리나라처럼 시행령과 시행규칙에서 구체적인 제재 사유를 규정하고 있고 실제로 처분은 이러한 법령에 기초한 주정부의 세부지침에 따라 운영되고 있으며, 공공계약의 질서유지를 위한 비징벌적인 유도 목적으로 운영을 하고 있음이 특징이다.

(2) 제재 사유 및 효과

우리나라의 부정당업자 입찰 참가자격 제한에 상응하는 발주차단에 대해 위의 경쟁제한방지법, 공공발주명령, 발주규칙 어디에도 명문의 규정은 없으나, 일정한 사유에 해당하는 기업을 경쟁입찰에 참가하지 못하도록 배제할 수 있는 사유들을 규정하고 있다.

먼저 건설공사 발주규칙 제8조에 의한 해당 기업은 첫째, 파산 절차 또는 이와 유사한 법률상 절차가 개시되거나 개시가 신청된 기업, 둘째, 해산 절차를 밟고 있는 기업, 셋째, 입찰자로서 신뢰성을 의심하게 하는 중대한 과오를 범하였음이 명백한 기업, 넷째, 조세 기타 공과금 및 법률상 사회보장보험료를 제대로 납부하지 않은 기업 등이다.

이처럼 유럽공동체지침과 독일의 발주규칙에는 경쟁입찰 참가의 배제 사유만 규정하고 있는데, 여기에 시간적 범위를 추가하면 소위 발주차단이 되고, 공간적 범위를 더해 지방자치단체, 공기업 등 다른 행정주체로 확대 적용하게 되면 우리나라의 입찰 참가자격 제한 처분과 동일한 통합적 발주차단이 되는 것이다.

또한 연방 법률에 의한 발주차단도 있는데 1994년 제정된 불법취업방지법은 불법취업으로 인해 3개월 이상의 징역형 또는 90일 이상의 벌금형 또는 5천 마르크 이상의 과태료를 선고받았거나 이에 해당하는 위반 행위를 하였을 경우 2년 이하의 기간 동안 원칙적으로 발주를 차단하도록 하고 있다.

4) 캐나다의 제도

캐나다는 먼저 형법에 부정당업자 제재 근거를 두고 있는데 형법 제121조(정부에 대한 사기 및 선거기금에 등록한 조달계약자), 제124조(판매 및 구매 사무실), 제418조(정부에 대한 하자 있는 물품 판매) 등의 규정에 의해 유죄 판결을 받은 입찰 참가자, 입찰자의 고용인, 하위계약자 등에 대해 입찰 참가자격 제한을 하고 있다.

캐나다는 공공사업·정부업무부(PWGSC, Department of Public Works and Government Service Canada)가 정부조달계약을 담당하고 있는데 특별히 업체의 계약 이행 및 행위에 관한 정책을 통해 효율적인 업무 수행과 높은 윤리 기준을 유지하는 양질의 공급자와 계약을 맺기 위하여 1996년부터 성과관리정책을 수립하여 부정당업자의 공공시장 참여를 배제하고 있다.

부정당업자 제재 처분으로 접근금지(Debanment), 잠정중단(Suspension), 조건부과(Conditioning) 등 3가지 유형이 있는데 그 외 독특한 것으로 제재 처분이 종료된 후에도 일정 기간 집행유예와 같이 특별감시대상으로 지정하여 관리하는 제도가 있다. 접근금지는 3년 이내에서 공공계약 질서 위반의 정도에 비례하는 특정 기간을 정해 정부 입찰의 참여를 금지하는 조치로서 계약의 불완전 이행이 범죄적 성격을 띠는 경우와

신의 위반의 경우에 내려지는 제재 처분이며, 잠정중단은 일시적으로 입찰 참가자격을 제한하는 것으로 심각하거나 복잡한 사안에 대한 조사가 진행 중일 때 잠정적으로 입찰 참여를 배제하거나, 정부에서 사업변경을 요구한 경우 공급업체가 사업변경을 할 때까지 잠정적으로 중단하는 것을 말하고, 조건부과는 입찰 참가자격 제한 처분 대신에 3년 이내 특정 기간동안 계약보증금을 증액 납부하도록 요구하는 등의 조건을 부과하는 것을 말한다.

제재 조치가 이뤄지면 그 내용을 관보에 게재하여 모든 부처나 지방정부 및 기타 모든 이해관계인에게 통지하여 정보를 공유하고 있으며, 이에 따라 제재를 받은 조달업체는 공급자 리스트에서 자동 제외되어 모든 입찰에 참여가 배제되는데, 다만 제재 조치로 인해 긴급한 사유가 없는 한 기존의 계약에는 영향을 미치지 않으며 단순한 수정계약 정도는 행할 수 있다.

5) 분석 및 시사점

외국에서는 부정당업자 제재 제도를 우리나라와는 다르게 징벌적 수단으로 운영하지 않는 경우가 많다. 즉 부정당업자에 대한 단순한 처벌로서 입찰 참가자격을 제한하기보다는 공공계약의 윤리성, 신뢰성 및 성과 제고 등의 정책적 목적 달성을 위한 유도적 수단으로 제도를 운영하고 있다. 또한 한국은 법률과 시행령에 제재 사유와 기간을 구체적으로 정하여 제재 처분 기관의 재량이 매우 적으나 외국은 처분기관에서 제재 처분에 많은 재량을 가지고 있다.

영국은 발주자가 동일한 제재 사유에 해당한다고 해도 제재 기간, 내용에 대해 차별하여 처분을 내릴 수 있는 재량이 허용되고, 캐나다의 경우에도 접근 금지, 잠정중담, 조건 부과 등 3가지 유형으로 제재를 하는 등 외국의 부정당업자 제재는 탄력적으로 운영되고 있다. 〈표 11-5〉에서 주요국의 부정당업자 제재 제도를 비교하여 제시하였다(김경만, 2011).

〈표 11-5〉 주요국의 부정당업자 제재 제도 비교

구분	미국	영국	독일	캐나다	한국
목적	공익적 목적 사회적 책임	정부조달 윤리 사회적 책임	공공계약 질서유지	공공계약의 성과 제고	공공계약 질서유지
근거 법령	행정입법 연방조달규정	EU 공공조달지침 및 공공계약규정	EU 공공조달지침 및 발주규칙	형법 및 성과관리 정책	법률, 시행령, 시행규칙 등
운영 원칙	정부보호 비징벌적	비징벌적 유도책	비징벌적 유도책	사전 성과관리 유도적	징벌적 운영
제재 사유	법률상 부패, 불법취업 등 행정적 불완전 이행, 사기 등	범죄조직, 부패 등 (절대적) 파산, 조세 미납 등 (임의적)	파산, 해산, 사회보험, 조세 미납 허위정보 등	공공계약의 불완전 이행 *구체적 사유 미규정	불완전 이행, 허위서류, 뇌물, 담합 등
제재 효과	전체적 입찰 참가 제한	당해 발주기관 입찰 참가 제한	전체적 입찰 참가 제한	전제적 입찰 참가 제한	전체적 입찰 참가 제한
운영 탄력 성	재량적 · 탄력적 운영	매우 재량적 · 탄력적 운영	탄력적 운영	처분의 다양성 · 탄력적 운영	비탄력적 경직성 운영
제재 기간	통상 3년 이내	명시 기간 없음	통상 2년 이내	통상 3년 이내	2년 이내
제재 관리	배제기업명단 (EPLS)	–	–	데이터관리시스템	나라장터 (G2B)

제3절 부정당업자 제재 실태 분석

1. 부정당업자 제재 현황

방위사업청 자료에 따르면 최근 5년간 부정당업자 제재 업체 현황은 2010년 69건에서 2014년 156건으로 대폭적으로 증가되었다. 2014년 총 156건 중 국내조달에서 132건으로 85%를 차지하였고, 국외조달에서 24건으로 15%를 차지하고 있다.

또한 최근 5년간 발생한 부정당업자 529개 업체의 발생 원인을 살펴보면, 계약 불이행이 366건(70%), 시험성적서 위·변조가 87건(16%), 허위서류 제출이 38건(7%), 뇌물 및 입찰 담합이 21건(4%), 부당·부정 행위가 12건(2%), 하도급 위반이 5건(1%)이다.

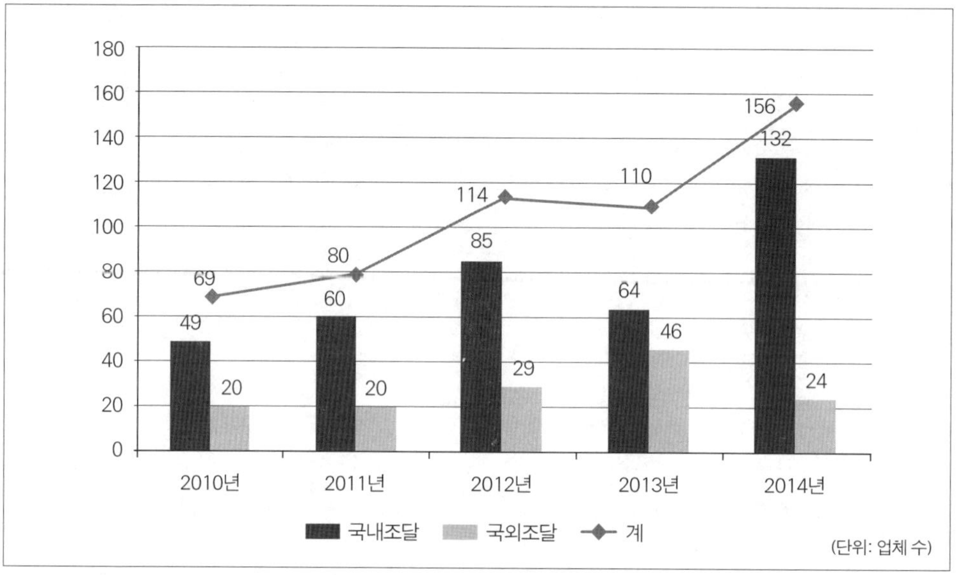

〈그림 11-3〉 부정당업자 제재 현황

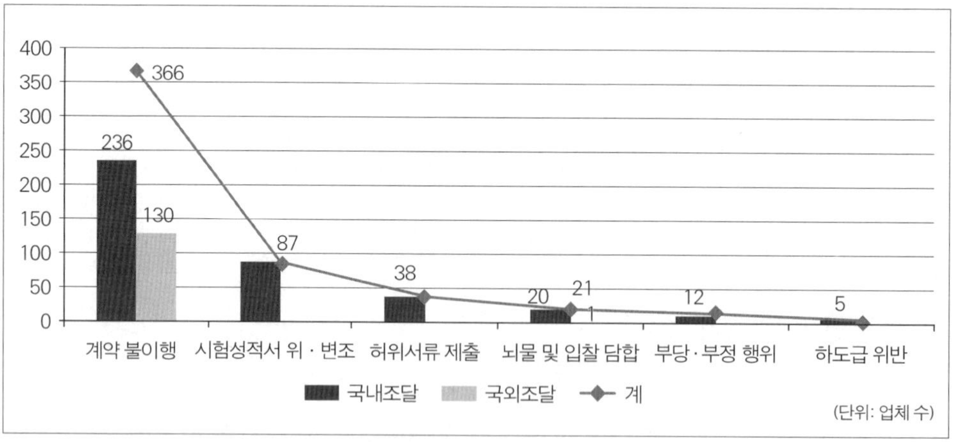

〈그림 11-4〉 제재 사유별 부정당업자 발생 현황

2. 부정당업자 제재 사례 분석

1) 계약 불이행

○○ 업체는 2010년 발칸용 발사탄수 계수기 등 8개 품목을 계약하였으나 2011년 납품하지 못해 계약이 해지되었다. 제재 사유는 계약 후 공급업체의 판매 불가였다. 그러나 업체는 어느 업체가 계약해도 구매 불가한 품목을 구매 가능한 것처럼 발주한 정부도 책임이 있으며, 계약 후 규격서 수령 시 온도센서 도면 확인 결과 자료가 부족한 것이 주요 원인이었다고 주장하였다. 그러나 업체가 규격 변경 또는 완화 요청을 하지 못해 계약이 이행되지 못했다. 그 결과 입찰 참가자격 제한 6개월 처분을 받게 되었다. 이를 통해 업체는 입찰 참여 시 규격 및 주요 부품에 대한 정확한 정보를 확보한 후 입찰 참여가 필요하고, 계약팀은 관련 규격에 대한 독과점 확인 등 신규업체 조달 가능성에 대해 확인이 필요하고, 신규업체에 대한 지속적인 교육 및 지원이 필요하다는 것을 알 수 있다.

한편 ○○ 업체는 2007년 기계식작기류 등 2건을 계약하였으나 하자 조치를 이행하지 않아 부정당업자 제재를 받았다. 하자 물품을 납품하여 계약의무를 이행하지 못했고 업체 폐업으로 하자 보수 및 대체 납품이 되지 않았다는 제재 사유로 계약이 해지되었다. 그 결과 업체는 입찰 참가자격 제한 6개월 처분을 받았다. 이를 통해 업체가 하자 물품을 납품하고 하자 보수를 하지 못했다는 것은 업체의 생산능력이 부족하였다는 의미임을 알 수 있다.

2) 허위자료 제출

○○ 업체는 2006년 위·변조된 거래명세서를 제출하여 재료비 부풀리기로 부당이득을 얻었다. 제재 사유는 재료비 구입단가를 원가 계산 시점의 가격으로 제출하여야 하나 1년 전 자료를 제출하여 결과적으로 작업시간을 부풀려 노무비를 과다하게 요구하였고, 직접경비 산정 시 조달 수량을 소량으로 책정하여 기술료, 설계비, 감가상각비를 과다하게 반영하였다는 것이다. 그 결과 부당이득금은 환수되었고 6개월의

입찰 참가자격 제한 처분을 받았다. 이를 통해 제출한 서류에 대한 확인을 강화하고, 허위 원가 제출 적발 업체에 대해 차후 원가산정 시 특별검증을 실시해야 함을 알 수 있다.

한편 ○○ 업체는 국내생산품을 국외생산품으로 위조하여 부당이득을 편취하였다. 국내 생산품인 해군 함포 부품을 국내 공업사가 제조한 모조품을 미국으로 보내어 역수입하는 방법으로 부당이득을 취한 것이다. 그 결과 6개월의 입찰 참가자격 제한 처분을 받았다. 또한 ○○ 업체는 생산능력 확인에 허위서류를 제출하였다. 적격심사에 따른 업체 실사에 대비, 검사설비 중 구입하지 않은 측정기를 (주)한국전파연구소 및 중소기업청에서 대여하여 자사의 보유 설비처럼 사무실에 전시한 것이다. 그 결과 2011년 6개월의 입찰 참가자격 제한 처분을 받았다. 이를 통해 국외도입품 검사 및 검수 절차, 그리고 생산능력 확인을 강화하여 부적격 업체가 입찰에 참여하지 못하도록 하여야 한다는 것을 알 수 있다.

3) 계약 미체결

○○ 업체는 입찰 결과 1순위 업체로 선정되었으나 입찰 전 공급업체의 판매 가능 여부를 확인하지 않고 입찰에 참여하여, 낙찰이 되었음에도 이후 공급업체에서 판매를 하지 않아 계약 체결을 포기하였다. 그러나 업체는 납품하려고 하는 부품은 공고된 신제품과 비교하여 성능 등에서 사용하는 데 차이가 없고, 특히 신제품은 가격이 비싸 계약 체결을 할 수 없음을 통보한 것이라고 하였다. 그러나 2011년 12월 6개월의 입찰 참가자격 제한 처분을 받았다. 이를 통해 업체가 입찰 품목에 대한 가격 등을 입찰 전에 충분히 검토한 후에 입찰에 참여할 수 있도록 제도 마련이 필요하다는 것을 알 수 있다.

4) 입찰 담합 및 뇌물 공여

입찰 담합 및 뇌물 공여는 2011년에서 2012년 사이에 낙찰 목적의 군납 급식업체에서 주로 집중 발생하였다. ○○ 식품은 건빵 입찰 시 담합을 하고 원가 담당에게 뇌물을 제공하여 제재를 받았다. 업체는 입찰자 간에 낙찰받을 지역을 배분하고 상호 간 들러리를 세워 입찰에 참여하였다. 또한 투찰 전후 투찰가격을 알려 주는 방법으로 가격상승을 유도하였고 원가 담당에게 뇌물을 제공하여 2013년 1월에 6개월간의 입찰 참가자격 제한 처분을 받았다. 따라서 군 급식업체 식품위생법 위반 등의 행정처분을 받을 경우 입찰 참가제한을 강화하고 입찰 담합과 뇌물 공여 시에는 계약 해제 및 해지의 검토를 해야 할 것이다.

5) 부정 · 부당 행위 및 하도급 위반

○○ 업체는 2011년도에 방독면 안경의 안경테 렌즈 고정틀 제조시 국방규격의 원자재보다 내구도가 낮고 가격이 저렴한 자재를 사용하여 납품하였다. 그 결과 2009년과 2011년도에 납품한 제품은 안경테 이동고리관에서 규격형상 불일치가 생겼다. 결국 2012년 4월 부정당업자 제재로 입찰 참가자격 제한 12개월 처분을 받았다. 이를 통해 품질보증 활동 및 납품에서 국방규격의 일치 여부 등 검사의 강화가 필요하다는 것을 알 수 있다.

○○ 업체는 2011년 공동수급 계약으로 신형 전투복 계약을 체결하였으나 생산능력을 초과하여 서울·경기 지역과 부산 지역 공장을 통한 불법 하도급으로 생산 및 통제품인 관급원단을 임의로 부정 유출하여 문제가 되었다. 결국 2012년 6월 부정당업자 제재로 입찰 참가자격 제한 6개월 처분을 받았다. 이를 통해 중소기업청 직접생산 확인 품목에 대한 직접생산 확인 절차를 강화하고 특히 제한된 기간 내에 계약할 수량을 생산할 수 있는지를 확인해야 한다는 것을 알 수 있다.

6) 소송 현황 분석

한편 2010년 55건에 불과했던 소송 건수는 2011년 83건, 2012년 163건으로 대폭 늘어났다. 소송 건수가 늘어나자 소송이 제기된 당해에 판결을 내지 못하고 이월되는 소송 건수도 늘어나 해마다 누적되고 있다. 2012년 이월된 소송 건수만 121건에 달한다.

〈표 11-6〉 방위사업청 소송 현황

구분	2010년	2011년	2012년
민사	43건	64건	127건
행정	12건	19건	36건
소계	55건	83건	163건

제4절 부정당업자 제재 제도 개선 방안

1. 부정당업자 제재 개선 목표 및 개선 과제 도출

먼저 국방조달이라는 특수성을 고려하여 부정당업자 제재 개선 방안에 대한 목표를 '우수한 군수품의 안정적인 조달과 국방기업 경영여건 개선'으로 설정하였다. 그 이유는 부정당업자 제재 업무는 결국에는 우수한 군수품을 안정적으로 적기에 조달하기 위한 것이며, 업체는 군수품 조달을 통해 업체 경영에 도움이 되어야 지속 가능한 제도로 발전할 수 있다고 판단한 결과이다.

이에 따른 추진전략으로 '부정당업자 발생 최소화'와 '제재의 효율성 제고'를 도출하였다. 추진전략에 따른 과제로 부정당업자 발생 최소화 전략에서는 생산능력 확인 강화, 규격 및 구매요구서 정확성 유지, 개발 및 생산 기간 보장을, 제재의 효율성 제고 전략에서는 제재 수단의 다양화, 집행정지 가처분 제도의 악용 방지, 그리고 제재 시기 정립을 설정하였다. 그리고 추진과제를 뒷받침하는 과제로 적극적인 정보 공개, 교육 강화, 그리고 투명성 제고를 도출하였다.

부정당업자 제재 제도 개선 방안 도출은 필자가 관련 선행연구를 통해 초안을 작성하였고, 그 결과를 관련 전문가의 의견을 반영하여 수정하는 과정을 거쳐 도출하였다. 이때 방위사업청에서 계약 업무를 수행하거나 부정당업자 제재 관련 업무를 수행하는 전문가의 의견을 청취하였다.

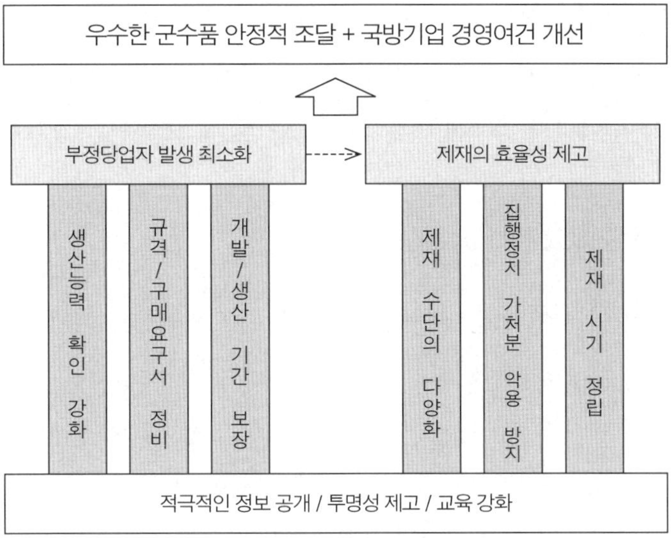

〈그림 11-5〉 부정당업자 제재 개선 방안 목표 및 개선 과제

2. 부정당업자 발생 최소화

1) 생산능력 확인 강화

부정당업자 제재를 줄이기 위해서는 업체의 생산능력 확인을 강화하여야 한다. 신규업체의 계약 불이행이 부정당업자 제재의 가장 많은 비중을 차지하고 있다. 이러한 비중은 업체의 생산능력이 부족하여 초래된 결과이다. 따라서 계약 초기에 계약팀·기품원·소요군 등 관련 기관과 합동 지도방문으로 계약 이행과 품질보증 등을 중점적으로 관리하고 생산능력 확인 대상 품목 선정 기준을 강화하여야 한다. 또한 사전 시제품 검사 제도를 확대 시행하기 위해 '업체 생산 및 정비 능력 확인기준서'를 장비보유 및 기술자 보유 정도 등을 구체화하는 등으로 보완하여야 한다.

일단 낙찰을 받은 이후에 계약을 제대로 이행하지 못하면 업체는 물론 군도 문제가 된다. 신규업체라고 해도 당연히 능력을 구비하여야 한다. 능력을 가진 업체가 낙찰자로 선정되어 우수한 품질의 군수품을 납품할 수 있도록 하여야 한다. 신규업체도 충분한 능력을 가질 때에만 기회가 주어지는 것이지, 단지 신규업체라는 이유로 생산능력 확인 및 평가를 소홀히 하는 것은 업체를 위해서도 바람직하지 않다. 적격심사 시 업체의 생산능력 확인을 강화하고, 특히 적격심사를 하지 않고 최저가 낙찰을 하게 되는 2.53억 원 이하의 경우에 대해서는 더욱 생산능력 확인을 강화하여야 한다.

2) 규격 및 구매요구서 정확성 유지

아무리 능력 있는 업체가 낙찰자로 선정된다고 하더라도 규격 및 구매요구서가 정확하지 않으면 그대로 생산하더라도 성능이 나오지 않는다. 따라서 규격 및 구매요구서를 정확하게 유지 및 관리하고 이를 검증할 수 있는 체계를 구축하여야 한다. 계약 불이행은 많은 경우 규격과 구매요구서가 부정확한 것에 기인하고 있기 때문이다.

이를 위해 규격을 관리하는 기관은 주기적으로 규격을 최신화하여야 하며, 무엇보다도 규격을 처음 작성하는 기관의 책임을 강화하여야 한다. 예를 들면 무기체계의 경우에 연구개발 산물로서 규격화를 위한 각종 도면 등을 업체가 작성하게 된다. 따라서 업체의 규격에 대한 책임을 강화하기 위하여 규격화 이후에도 일정 기간을 보증하도록 하여야 한다.

3) 개발 및 생산 기간 보장

무기체계 개발의 경우에는 충분한 연구개발 기간을, 일반물자의 경우에는 역시 충분한 생산기간을 보장해 주어야 한다. 가능한 한 입찰공고 등 행정절차를 조기에 시작하여 조기에 계약을 체결하여 납품할 수 있도록 하여야 한다. 군으로부터 후반기에 조달 요구도 많이 있는 것이 현실이다. 부득이한 경우는 어쩔 수 없다 하더라도 최대한 연초에 조달 요구를 할 수 있도록 제도적 뒷받침이 필요하다. 조달 요구가 우선 조기에 이루어져야 조기에 입찰하여 낙찰자를 선정하고 생산 기간을 보장해 줄 수 있기 때문이다.

아무리 능력이 있는 업체라 하더라도 생산 기간을 보장해 주지 못하면 지체를 하거나 불량품이 발생할 수 있고, 불법으로 하도급하게 될 가능성이 커진다. 연구개발의 경우에도 연말에 계약이 이루어지는 경우가 많아 실질적으로 거의 1년은 이미 지난 시점에서 계약을 체결하게 되어 연구개발 기간을 제대로 보장해 주지 못하는 경우도 있을 수 있다.

3. 제재의 효율성 제고

1) 제재 수단의 다양화

과징금 부과제도 등 제재 수단을 다양화하는 것이 필요하다. 부정당업자의 책임이 경미한 경우와 경쟁계약이 어려울 경우에는 입찰 참가자격 제한 처분 대신에 '과징금 부과제도'를 적극 시행하여야 한다. 관련 내용의 법률 반영은 2013년 7월에 국가계약법 시행령[1]에 반영되었다. 또한 단순 실수 및 불가항력에 의한 경우 '행정지도'를 유연성 있게 추진하여야 한다.

그리고 계약 이행률 등을 고려하여 사유별 제재 기간을 다양화하는 것으로, 국가계약법 범위 내에서 계약 이행률을 제재 기간에 적용하는 것이다. 예를 들면 계약 불이행으로 인한 12개월 입찰 참가 제한 기간을 상호연동 장비의 계약 이행률이 80% 이상인 경우에는 6개월로 하는 것이다.

또한 허위원가 제출이 제재를 강화하고 입찰 시 담합·뇌물 공여 등의 경우에는 다른 경우와 다르게 기존의 계약을 해제 또는 해지하도록 하고, 입찰 참가자격 제한 및 부당이득에 해당하는 가산금을 2배로 부과하고 부정당업자 3진 아웃제, 즉 2년 내 3회 부정 시 5년간 입찰 참가자격을 제한하는 방안을 적극 검토하여야 한다.

2) 집행정지 가처분 제도 악용 방지

급식업체 문제에 대해서는 제재 기간을 확대하여 가처분 제도 악용을 방지하여야 한다. 6개월 이하로 제재를 받은 급식업체는 집행정지 가처분 제도를 악용하여 다

1 제76조 부정당업자 입찰 참가자격 제한 및 과징금 부과 기준에 의하면 과장금은 책임이 경미한 경우에는 0.5%에서 10%까지, 경쟁입찰 미성립 시에는 1.5%에서 30%까지 부과할 수 있다.

음 해에 입찰을 참여할 수 있는데, 이를 방지하기 위해 연 1회 입찰하는 것을 2회 이상으로 입찰하도록 하고, 국가계약법 위반뿐만 아니라 '식품위생법' 및 '축산물위생관리법' 행정처분의 경우에도 최소 9개월 이상으로 입찰 참가를 제한하여야 할 것이다. 9개월 이상으로 입찰 참가 제한을 하면 다음 연도 공고 집중 시기인 2분기에 입찰 참가가 어렵게 되기 때문이다.

또한 법원의 집행정지 가처분 인용률 하락을 유도하여야 한다. 현재 부정당업자 제재 효력은 제재가 확정된 다음 날부터 발생하도록 되어 있다. 그러나 업체가 대응 기간이 부족하다는 이유로 법원에서 많은 경우 집행정지 가처분 신청을 인용해 주고 있다. 따라서 부정당업자의 대응 기간을 연장하여 법원의 인용 근거를 약화시킬 필요가 있다. 이를 위하여 제재 효력 개시일을 심의 종료 2근무일 후에서 5근무일 후 등으로 연장하는 방안을 검토하여야 한다. 참고로 제재 효력 발생 시기는 조달청은 심의 종료 8일 후에, 국방부는 심의 종료 14일 후에 제재 효력이 발생하도록 하고 있다.

3) 부정당업자 제재 시기 정립

부정당업자 제재 시기를 정립하여야 한다. 제재 사유가 발생한 이후에 즉시 제재를 하도록 되어 있으나 현실적으로 즉시 할 수 없는 경우가 많다. 즉 재판 중에 제재를 하여야 하는지, 아니면 최종 재판 결과에 따라 처리를 하여야 하는지 등이다. 예를 들면 재판 중에 있는 사안은 1심 판결 결과를 확인하고 제재를 하거나, 입찰 담합의 경우 제재 시기를 공정거래위원회 또는 감사원 조사 진행 중에서 처분 결과 통보 시로 하는 것이다.

또한 어느 시점에서 발생한 문제까지 제재할 수 있는지에 대해 논란이 있을 수 있다. 즉 제재 처분의 인지 여부를 불문하고 상당히 오래 경과한 이후에 처벌할 수 있게 되어 있다. 따라서 형법에서도 일정 기간이 지나면 형벌권이 소멸되도록 되어 있는 것을 고려하여 일정 기간(예를 들면 5년)이 지나면 제재 처분을 할 수 없도록 하는 방안도 검토하여야 한다.

4. 업체지원 강화 및 투명성 제고

1) 적극적인 정보 공개

조달 대상 품목에 대한 정보 공개를 확대하여야 한다. 예를 들면 조달 판단 전 품목명세서와 규격 공개 및 열람을 강화하고 업체 의견도 개진할 수 있도록 개선해야 한다. 특히 신규업체에게는 실제의 물품을 보여 주고 설명하여 규격 불일치로 인한 일정 지연 등의 문제를 최소화하는 것이다. 또한 계약 초기 문제점 파악과 업체의 의문 사항 해결을 위해 상담 코너를 개설하여 적극 운영하여야 한다.

2) 업체 대상 교육 강화

군수품 조달에 참여하고자 하는 많은 업체, 특히 신규업체는 국방조달 절차, 낙찰자로 선정되기 위해 요구되는 내용이나 정도를 정확히 알지 못하여 어려움을 겪고 있다. 따라서 국방조달 절차 등에 대한 교육과 컨설팅을 강화하여야 한다. 특히 현장에서 직접생산 능력을 확인하는 기회도 제공하여야 한다.

국방규격 및 구매요구서에 의해 조달하고자 하는 물품이 정해지기 때문에 업체는 해당하는 물품을 생산하기 위해 필요한 설비나 장비 및 기술 등을 사전에 알아야 한다. 정부는 이에 필요한 업체에 대한 교육을 강화하여 많은 우수한 업체가 국방조달에 참여할 수 있도록 도움을 주어야 한다.

3) 투명성 제고

부정당업자 제재 업무 수행 과정에 객관성·투명성을 제고시켜야 한다. 부정당업자 제재는 업체에 미치는 영향이 매우 크므로 공정하고 투명하게 관련 업무를 처리하여야 한다. 이를 위해 계약심의회 위원을 계약관리본부 총괄팀장에서 전(全) 부서 팀장급으로 확대하고 민간 전문가도 참여시켜 심의 전에 소수의 위원들을 대상으로 접촉 시도를 하지 못하도록 하고, 현재 국가계약법 및 계약심의회 규정에 따라 처리하는 부정당업자 제재에 별도의 규정을 제정하여 적용해야 할 것이다.

제5절 개선 방안 우선순위 도출

1. 우선순위 도출 및 개선 방안 종합

부정당업자 제재 제도 개선 방안에 대한 중요도를 고려한 우선순위를 도출하는 이유는 전문가들이 중요하게 생각하는 방안에 대한 정도를 알아보고자 하는 것이다. 즉 제한된 여건에서 업무의 우선순위를 정하여 수행할 수 있도록 하기 위한 것이다. 앞에서 개선 방안을 도출하였는데, 그 내용을 정리하면 〈표 11-7〉에서 보는 바와 같다. 또한 우선순위를 정하기 위해 AHP 기법을 이용하여 전문가 설문을 실시하였다.

〈표 11-7〉 부정당업자 제재 제도 개선 방안 종합

요인	개선 방안	세부 내용
부정당업자 발생 최소화	생산능력 확인 강화	• 생산능력 확인 대상 품목 확대 및 구체화 등 업체 선정 기준을 강화 • 계약 초기에 계약팀 · 기품원 · 소요군 등 관련 기관과 합동 지도방문으로 계약 이행과 품질보증 활동 강화
	규격 및 구매요구서 정확성 유지	• 규격 및 구매요구서를 정확하게 유지 및 관리 • 주기적인 회신화 추진 및 검증 체계 구축
	연구개발 및 생산 기간 보장	• 무기체계 개발의 경우에는 충분한 연구개발 기간을, 일반물자의 경우에는 충분한 생산 기간을 보장, 입찰 공고 등 행정절차를 조기에 시작하여 조기에 계약 체결 추진
부정당업자 제재의 효율성 제고	제재 수단의 다양화	• 부정당업자의 책임이 경미한 경우와 경쟁계약이 어려울 경우에는 입찰 참가 자격 제한 처분 대신에 '과징금 부과 제도' 시행 • 허위원가 제출 시 3진 아웃제 도입 등 제재 강화, 입찰 시 담합 · 뇌물 공여 등의 경우에는 기존의 계약을 해제 또는 해지 등 제재 강화
	집행정지 가처분 제도 악용 방지	• 연 1회 입찰하는 것을 2회 이상 입찰로 하고, 급식업체는 최소 9개월 이상 처분으로 입찰 참가를 제한, 법원의 집행정지 가처분 인용을 방지하기 위해 처분 발효 시기 연장 조치
	부정당업자 제재 시기 정립	• 재판 중에 있는 사안은 1심 판결 결과 후 제재 실시, 입찰 담합은 공정거래위원회 또는 감사원 조사 시 처분 결과 통보 시 제재 실시, 처분 일정 기간은 5년이 지나면 제재 처분을 할 수 없도록 개선

요인	개선 방안	세부 내용
업체지원 강화/ 투명성 제고	적극적인 정보 공개	• 조달판단 전 품목명세서의 공개, 규격 공개 및 열람 강화 • 신규업체에게는 실제 물품으로 설명하여 규격 불일치로 인한 일정 지연 등 문제 최소화 노력
	업체 대상 교육 강화	• 업체를 대상으로 주기적으로 국방조달 절차, 낙찰자로 선정되기 위해 요구되는 내용이나 수준에 대한 교육 강화, 현장에서 직접생산 능력을 확인하는 기회 제공
	투명성 제고	• 계약심의회 위원을 계약관리본부 총괄팀장에서 전 부서 팀장급으로 확대, 부정당업자 제재를 별도의 규정으로 제정

2. AHP 설문 분석 결과

1) 1단계 평가요인 분석 결과

부정당업자 제재 제도 개선 방안 계층화 구조에서 3개의 평가요인들, 즉 부정당업자 발생 최소화, 부정당업자 제재의 효율성 제고 및 업체지원 강화/투명성 제고 간의 상대적 중요도를 파악하기 위하여 이들 요인들을 쌍대 비교한 결과로 알 수 있는 상대적 중요도와 우선순위는 〈표 11-8〉에서 보는 바와 같다.

〈표 11-8〉 평가요인별 1단계 분석 결과

평가요인	상대적 중요도	우선순위
부정당업자 발생 최소화	0.5937	1
부정당업자 제재의 효율성 제고	0.1622	3
업체지원 강화 및 투명성 제고	0.2441	2

3개의 평가요인에 대한 1단계 분석 결과, 전문가들은 '부정당업자 발생 최소화'(0. 5937)를 부정당업자 제재 제도 개선 방안에서 가장 중요한 요인으로 생각하고 있는 것으로 나타났으며, 그다음으로는 '업체지원 강화 및 투명성 제고'(0.2441), 그리고 마지막으로 '부정당업자 제재의 효율성 제고'(0.1622), 순으로 중요하게 생각하였다.

2) 2단계 개선 방안 분석 결과

(1) 부정당업자 발생 최소화

본 연구에서는 부정당업자 발생 최소화 요인에 대한 평가지표로 생산능력 확인 강화, 규격 및 구매요구서 정확성 유지 및 연구개발 및 생산 기간 보장이 제시되었다. 이들 개선 방안들을 쌍대 비교하여 상대적 중요도를 산출한 결과는 〈표 11-9〉와 같다.

부정당업자 발생 최소화 요인과 관련된 개선 방안들 간의 상대적 중요도를 분석해 본 결과, 전문가들이 가장 높은 중요도를 부여한 것은 생산능력 확인 강화(0.4479)로 판명되었으며, 다음으로 규격 및 구매요구서 정확성 유지(0.3630), 마지막으로 연구개발 및 생산 기간 보장(0.1891) 순으로 중요도가 높게 나왔다.

〈표 11-9〉 부정당업자 발생 최소화 분석 결과

평가지표	상대적 중요도	우선순위
생산능력 확인 강화	0.4479	1
규격 및 구매요구서 정확성 유지	0.3630	2
연구개발 및 생산 기간 보장	0.1891	3

(2) 부정당업자 제재의 효율성 제고

본 연구에서는 부정당업자 제재의 효율성 제고 요인에 대한 평가지표로 제재 수단의 다양화, 집행정지 가처분 제도 악용 방지 및 부정당업자 제재 시기 정립이 제시되었다. 이들 개선 방안들을 쌍대 비교하여 상대적 중요도를 산출한 결과는 〈표 11-10〉과 같다.

부정당업자 제재의 효율성 제고 요인과 관련된 개선 방안들 간의 상대적 중요도를 분석해 본 결과, 전문가들이 가장 높은 중요도를 부여한 것은 집행정지 가처분 제도 악용 방지(0.4465)로 판명되었으며, 다음으로 부정당업자 제재 시기 정립(0.2905), 마지막으로 제재 수단의 다양화(0.2631) 순으로 중요도가 높게 나왔다.

〈표 11-10〉 부정당업자 제재의 효율성 제고 분석 결과

평가지표	상대적 중요도	우선순위
제재 수단의 다양화	0.2631	3
집행정지 가처분 제도 악용 방지	0.4465	1
부정당업자 제재 시기 정립	0.2905	2

(3) 업체지원 강화 및 투명성 제고

본 연구에서는 업체지원 강화 및 투명성 제고 요인에 대한 평가지표로 적극적인 정보 공개, 투명성 제고 및 업체 대상 교육 강화가 제시되었다. 이들 개선 방안들을 쌍대 비교하여 상대적 중요도를 산출한 결과는 〈표 11-11〉과 같다.

업체지원 강화 및 투명성 제고 요인과 관련된 개선 방안들간의 상대적 중요도를 분석해 본 결과, 전문가들이 가장 높은 중요도를 부여한 것은 적극적인 정보 공개(0.5031)였고, 다음으로 업체 대상 교육 강화(0.2872), 투명성 제고(0.2097) 순으로 중요도가 높게 나왔다.

〈표 11-11〉 업체지원 강화 및 투명성 제고 분석 결과

평가지표	상대적 중요도	우선순위
적극적인 정보 공개	0.5031	1
투명성 제고	0.2097	3
업체 대상 교육 강화	0.2872	2

3) 1, 2단계 설문 분석 결과 종합

1, 2단계 분석 결과를 종합하면 부정당업자 제재 제도의 개선 방안에서 가장 중요하게 생각하는 것은 생산능력 확인 강화(0.2659), 다음으로 규격 및 구매요구서 정확성 유지(0.2155), 그리고 적극적인 정보 공개(0.1228) 순으로 중요도가 높게 나왔다. 상대적으로 투명성 제고(0.0512)나 부정당업자 제재 시기 정립(0.0471) 및 제재 수단의 다양

화(0.0427) 등은 중요도가 낮게 나타났다. 특히 투명성 제고에 대해 낮게 나타난 것은 현재의 부정당업자 제재 처분은 나름대로 투명하게 이루어지고 있음을 보여 주고 있는 것으로 사료된다.

<표 11-12> 1, 2단계 분석 결과 종합

단계	평가요인	상대적 중요도	순위	단계	개선 방안	상대적 중요도	상대적 중요도 (종합)	순위
1단계	부정당업자 발생 최소화	0.5937	1	2단계	생산능력 확인 강화	0.4479	0.2659	1
					규격 및 구매요구서 정확성 유지	0.3630	0.2155	2
					연구개발 및 생산 기간 보장	0.1891	0.1123	4
	부정당업자 제재의 효율성 제고	0.1622	3	2단계	제재 수단의 다양화	0.2631	0.0427	9
					집행정지 가처분 제도 악용 방지	0.4465	0.0724	5
					부정당업자 제재 시기 정립	0.2905	0.0471	8
	업체지원 강화 및 투명성 제고	0.2441	2	2단계	적극적인 정보 공개	0.5031	0.1228	3
					투명성 제고	0.2097	0.0512	7
					업체 대상 교육 강화	0.2872	0.0701	6

제6절 결론

부정당업자 제재 제도는 공정한 계약질서를 유지하고 투명한 업무를 수행하기 위해서는 불가피한 것이다. 국방조달에 있어서도 마찬가지이다. 하지만 부정당업자가 발생하지 않도록 정부와 업체가 상호 노력하여야 한다. 본 연구에서 살펴본 바와 같이 부정당업자의 가장 큰 원인은 계약 불이행이다. 그리고 계약 불이행의 가장 큰 원인은 업체의 생산능력 부족이다. 이러한 원인을 줄이는 노력이 우선 필요하다. 업

제도 업체 스스로의 능력을 고려하지 않고 무조건 낙찰만 받으면 되는 것으로 입찰에 참여하면 안 될 것이다. 설령 낙찰이 된다 하더라도 계약을 이행할 능력이 되지 않으면 제재를 받게 되고 그로 인한 타격이 매우 크기 때문이다.

부정당업자 제재를 줄이기 위해서는 업체의 노력이 우선되어야 하지만 정부도 그에 못지않은 노력이 필요하다. 정부 입장에서는 업체에 대한 생산능력 확인을 강화하고, 사전에 정보를 최대한 제공하고, 국방규격도 정확하게 유지 및 관리하여야 한다. 그리고 계약 이행을 위한 충분한 기간을 부여하는 등의 노력이 필요하다. 만일 제재를 받아 군수품을 군에 적시에 납품하지 못하게 되면 군 전투력 발휘 및 유지를 못하게 하는 문제도 발생하게 된다.

본 연구에서 살펴본 바와 같이 부정당업자 제재 제도의 개선 방안을 부정당업자 발생 최소화, 부정당업자 제재의 효율성 제고 및 업체지원 강화 및 투명성 제고로 구분하여 각각 3개, 총 9개의 개선 방안을 도출하였다. 그리고 AHP 기법을 적용하여 우선순위를 도출하였는데 가장 높은 우선순위는 생산능력 확인 강화였고, 다음으로 규격 및 구매요구서 정확성 유지, 그리고 적극적인 정보 공개 순으로 우선순위가 높았다. 이러한 결과를 기초로 업무 수행의 우선순위를 고려해 볼 수 있을 것이다. 즉 전문가들이 가장 중요하게 생각하는 생산능력 확인 강화를 위한 대책을 최우선으로 세워야 할 것이다.

현재의 부정당업자 제재 제도를 징벌적인 수단에서 올바른 계약문화가 정착하도록 유도하는 수단으로 전환을 검토할 필요도 있다. 가능한 한 공공계약의 이행과 직결된 불공정 행위에 국한하여 입찰 참가자격을 제한하고, 다른 사유들에 대해서는 과징금 등 다른 불이익으로 대체하여 업체의 부담을 줄이고 제재 수단의 실효성도 제고하여야 할 것이다. 또한 이미 부정당업자 제재를 한 이후에 문제가 된 사안이 수사 및 감사 결과가 '문제 없음'으로 나온 경우에도 업체는 이미 입찰 참가 제한 처분을 받아 회복할 수 없는 피해를 볼 수도 있기 때문에 신중하게 제재를 결정해야 할 것이다.

제12장

보훈복지단체 수의계약 경쟁 촉진 방안

보훈복지단체 수의계약제도는 국가를 위해 헌신한 분들과 사회 약자에 대한 지원이라는 목적으로 운영하고 있다. 그러나 무엇보다 중요한 것은 군에서 요구하는 시기에 우수한 군수품을 조달할 수 있어야 한다는 것이다. 하지만 이와 관련된 문제가 지속적으로 발생하고 있어 다양한 대책이 요구되고 있다.

이에 따라 단기적으로는 관련 단체가 경쟁력을 보유하는 데 적극 지원하고, 중기적으로는 관련 단체간 제한경쟁을 통한 조달을 하며, 장기적으로는 일반경쟁을 통한 조달이 될 수 있도록 중장기 관점에서 체계적으로 발전시켜야 할 것이다.

제1절 서론

1960년대부터 군수품의 적기 조달과 국가유공자의 국가 헌신에 대한 보답 및 사회 약자 보호 차원에서 수의계약을 통해 보훈복지단체를 지원하고 있다. 그러나 최근 수의계약 단체에 문제가 발생하면서 수의계약의 단점이 부각되고 있다. 일부에서는 보훈복지단체와의 수의계약을 아예 폐지하자는 의견도 제시하고 있다. 그러나 이를 통해 관련 단체를 지원하는 것은 국가의 기본 책무로서 인식하고 오랜 기간 동안 지속된 제도이다. 또한 현실적으로 수많은 사람들의 생계 유지와 직접 관련이 있어 국가에서 지원금 및 보상금을 적절하게 지원하지 않고서는 당장 폐지하기 어려운 것이 현실이다.

그렇다고 현재처럼 문제가 지속되는 상황에서 제도를 그대로 유지할 수는 없을 것 같다. 현실적으로 수의계약을 통해 보훈복지단체를 지원하고 우수한 군수품을 적기에 보급하는 근본 취지를 최대한 살리는 방향으로 제도를 개선하여야 한다. 최근 문제가 되고 있는 원가 부풀리기 문제 등은 장기간에 걸친 수의계약에 따른 문제로 관련 단체 당사자의 책임이기는 하지만, 혹시 그러한 문제가 발생하지 않도록 적절한 제도 개선을 하지 않았거나, 단체에 대한 관리를 소홀히 한 측면은 없었는지 생각해 볼 필요는 있을 것 같다.

보훈복지단체와의 수의계약은 많은 관련 기관이 연관되어 업무가 수행된다. 수요군의 조달 요구에 따라 계약을 통해 조달하는 방위사업청, 군수품을 생산하여 납품하는 보훈복지단체, 그리고 단체 및 품목을 승인하고 관리하는 국가보훈처 및 보건복지부, 중소기업청 등이 관련되어 있다. 보훈복지단체와의 수의계약 제도 발전을 위해서는 소통과 협업이 절대적으로 필요하다. 본 장에서는 협업과 소통을 통한 경쟁 촉진에 중점을 두고 제도 개선 방안을 제시하였다.

제2절 주요 국가 보훈복지단체 지원 제도

1. 미국

미국의 보훈복지단체는 <표 12-1>에서 보는 것처럼 사회적, 경제적 소외계층이 51% 이상으로 구성된 단체, 상이군인이 51% 이상의 지분을 소유하는 상이군인 기업, 재향군인이 51% 이상의 지분을 소유하는 재향군인 기업, 그리고 미국의 우선구매제도법에 근거하여 맹인과 중증장애인을 고용하는 비영리기관으로 구성되어 있다. 우선구매제도법은 1993년 제정된 미국산 물품 우선구매제도로서 미국정부가 영토 내에서 공공기관이 사용하는 물품을 구매하고자 할 때 특정 단체의 생산 물품에 대하여 가격 특혜를 부여하여 우선 구매토록 규정하는 법률이다. 이들 단체에 대한 주요 지원내용은 공공조달 물량의 일부분을 이들 단체에게 물량을 배정하거나, 경쟁

<표 12-1> 미국의 보훈복지 지원 프로그램

<table>
<tr><th>단체 종류</th><th>단체 설명</th><th>지원 프로그램</th><th>해당 법률</th></tr>
<tr><td>사회적 · 경제적 소외계층 단체</td><td>• 사회적 · 경제적 소외계층인 미국 시민이 51% 이상 소유 · 통제해야 하며, 최초 산정 시 개인 자산 75만 달러 미만이어야 함.</td><td>• 추정 가격이 경쟁기준금액(제조 550만 달러, 기타 350만 달러) 이하인 조달은 원칙적으로 수의계약 가능
• 상무부가 지정한 물품을 경쟁 방법으로 구매할 때 제안가격 평가 시 최대 10%까지 특혜 제공</td><td rowspan="4">• 중소기업법(미국법전 제15권 631이하)
• 군수조달법(미국법전 제10권 2302 이하)
• 연방물품 및 행정서비스법(공법 제103-355호)
• 미국법전 제10권 2323
• 행정명령 제12138호(1975.5.18)</td></tr>
<tr><td>상이군인 기업</td><td>• 상이군인이 51% 이상의 지분을 소유 · 통제하는 중소기업</td><td rowspan="2">• 상이군인 및 재향군인 기업에 공공조달 목표 3%로 설정
• 계약 이행능력이 있는 기업만이 조달 요건을 충족할수 있고 추정가격 3백만 달러 이하의 조달 건에 대해 수의계약 가능</td></tr>
<tr><td>재향군인 기업</td><td>• 재향군인이 51% 이상의 지분을 소유 · 통제하는 중소기업</td></tr>
<tr><td>장애인 단체</td><td>• 맹인과 중증장애인을 고용하는 비영리기관</td><td>• 우선구매 품목으로 지정되어 연방기관이 구매하도록 의무화함</td></tr>
</table>

방식으로 입찰을 할 경우에는 가격평가 부분에서 최대 10% 수준에서 가점을 부여하는 혜택을 제공하고 있다.

기본적으로 주요 경쟁 방식을 권장하고 있으며 상이군인 및 재향군인회 소유 기업은 연방정부 주 계약 및 하청계약 총액의 3%를 구매 목표로 할당하고 있다.

2. 영국

영국의 보훈복지단체는 피고용인의 50% 이상이 선천적 또는 중증의 장애로 인해 공개경쟁 노동시장에서 일자리를 구할 수 없는 장애인으로 구성된 기업, 1인

〈표 12-2〉 영국의 보훈복지 지원 프로그램

단체 종류	단체 설명	지원 프로그램	해당 법률
장애인 기업	• 장애인 보호기업: 피고용인의 50% 이상이 선천적 또는 중증의 장애로 인해 공개경쟁 노동시장에서 일자리를 구할 수 없는 장애인으로 구성된 기업 • 장애인 작업장: 피고용인의 50% 이상이 선천적 또는 중증의 장애로 인해 공개경쟁 노동시장에서 일자리를 구할 수 없는 장애인으로 구성된 시설물	• 우선구매 혜택이 주어지지는 않음. • 그러나 다수의 입찰자가 경제적으로 동등한 경우 우선 낙찰 • 입찰이 가격 때문에 수락되지 않을 경우(품질, 수량, 납기 등은 채택)에는 수정 입찰제안서를 제출할 수 있는 기회 부여	• 기업법(Company Act) • 조달협약(procurement Concordat) • 공공계약규정 2006(The Public Contracts Regulations 2006)
소수민족 기업	• 1인 이상의 소수민족(영국 백인을 제외한 기타 민족) 그룹이 지분의 51% 이상 소유한 기업 또는 적어도 소유자의 50%가 소수민족 그룹에 해당하는 기업을 의미	• 기업의 사전자격심사 간소화 • 입찰에 대한 공정한 정보 접근 기회 보장	
재향군인회	• 영국의 제대군인에 대한 사업자문, 대부 등을 하고 있는 제대군인을 지원하는 한 단체	• 제대군인에 대한 사업자문이나 대부 등의 역할을 수행 • 조달상 특별한 혜택을 주는 제도는 없음	

이상의 소수민족이 지분의 51%를 차지하는 기업, 그리고 제대군인에 대한 사업자문 및 대부 등을 하고 있는 제대군인을 지원하는 단체 등으로 구성되어 있다.

영국의 보훈복지단체 지원 제도의 핵심은 특별한 우선구매나 물량배정 혜택이 없다는 것이다. 다만, 보훈복지단체가 공공조달 일반경쟁 입찰에 참가할 경우 진입장벽을 낮추어 낙찰 가능성을 높여 주기 위해 입찰 기회 보장과 사전 자격심사 절차를 간소화해 주고 있다. 또한 입찰에 대한 공정한 정보 접근 기회를 보장하여 단체의 낙찰의 가능성을 최대한 높여 주고 있으나 직접적이고 독립적으로 지원해 주는 제도는 없다. 이는 공공조달 입찰 및 계약 과정에서 수의계약 또는 물량배정제도를 운영하고 있는 우리나라와는 매우 큰 차이를 나타나는 점이다. 영국의 보훈복지단체 지원 제도의 장점은 단체 스스로 생산품질을 향상하여 일반시장에서 경쟁을 통하여 물품을 납품하도록 하는 것이다. 이는 보훈복지단체에 대한 직접적인 지원과 동시에 간접적으로 단체가 정부의 도움이 없이도 자립 및 자활할 수 있는 기반을 강화함에 있어 매우 큰 장점으로 작용하고 있다.

3. 캐나다

캐나다는 전문조달기관으로 연방조달청(PWGSC: Public Works and Government Services Canada)을 두고 있으며 조달과 관련한 2개의 법에 의하여 국방부 수요물자를 포함하여 연방정부기관이 필요한 물자를 공급하고 있다. 1993년에 4개 기관을 통합하여 설치된 연방조달청은 국고의 수납, 지출, 관리, 국유재산관리, 물품 및 용역 조달, 공사발주, 물자관리 등 연방정부 사업부처의 사업 수행에 필요한 제반 기능을 수행한다. 범정부적인 조달과 관련된 정책이나 제도의 총괄은 재무위원회(Treasury Board)에서 담당하고 있으며 계약에 관한 집행규정인 계약지침도 작성한다. 정부계약의 기본법령은 경쟁법(Competition Act)이며 연방조달청이 관련 법규와 구매 정책을 반영해 놓은 조달편람(Supply Manual)이 실제 업무에서는 주로 활용되고 있다(이상진 외, 2007).

캐나다의 공공조달의 계약 방법은 경쟁계약 방식과 비경쟁계약 방식으로 구분되며 경쟁계약(Competitive Procurement)의 경우에는 일반에게 공고하여 자격 있는 업체는 모두 입찰에 참가시키는 일반경쟁 방식과, 비교적 소액구매의 경우 공고를 하지 않고 구매부서별로 관리유지하고 있는 유자격자 명부에서 회전 방식(Rotation)에 의해 일정 수의 업체를 지명하여 경쟁하는 지명경쟁 입찰로 나눌 수 있다. 비경쟁계약 방식은 유자격자를 대상으로 계약을 체결할 예정임을 사전에 통보하는 사전 계약통보 방식(ACAN: Advance Contract Award Notice)이 있고, 수요가 긴급한 경우나 생산업체가 1인인 경우에는 협상에 의해 진행되는 수의계약(Negotiated Procurement)이 적용되는데 특이한 점은 공정성을 높이기 위해 사전 공개를 하고 있다는 것이다.

캐나다는 기본적으로 경쟁법에 의해 모든 공공계약에 대해 경쟁의 원리를 적용하여 계약 참가의 균등한 기회를 보장하므로 특정 업체를 대상으로 하는 혜택을 부여하지 않지만 교도소공사 물품, FMS 구매 등 국방 관련 물자의 구매 시는 특별조달(Special Procurement)로서 취급하고 있다. 다만 미국처럼 사회경제적 약자를 보호하기 위한 정부의 적극적인 정책은 없지만 최근에 중소기업을 대상으로 정부조달에 대한 절차 안내 및 정보 제공 등으로 입찰 편의를 도모하는 등, 중소기업 진흥을 목적으로 중소기업부(the Office of Small and Medium Enterprises)를 설립하는 등의 노력을 하고 있다.

4. 기타

대만은 보훈복지단체와의 국방수의계약 실적은 없으나 정부구매법에는 매년 2% 규모로 구매를 명시하고, 미준수 시 벌금을 부과하고 있다. 그리고 벌금으로 형성된 재원(財源)으로 보훈복지단체를 지원하고 있다. 한편 일본은 국방 분야에 대해 보훈복지단체와의 국방수의계약 실적은 없으며, 총무청, 후생노동성에서 사업협동조합, 상공조합, 협동조합 연합회 등의 보호육성을 위해 수의계약을 체결하고 있다. 공익법인 또는 자선을 위해 설립된 구제시설에 수의계약을 체결하고 있다.

5. 분석 및 시사점

보훈복지단체에 대한 지원 제도는 보훈단체 및 복지단체를 대상으로 각각 국가마다 여건에 맞게 다양하게 운영하고 있지만 대부분은 관련 단체의 경쟁력을 강화시켜 자립기반을 조성하는 데 중점을 두고 지원제도를 운영하고 있다. 예를 들면 일반경쟁 시 수주 확률을 높여 주기 위한 가점 부여와 정보 제공 등이다.

미국은 보훈단체 생산품을 정부조달에서 3%를 목표로 제시하여 지원 제도를 운영하고 있는데, 이때 상이군인 또는 재향군인의 소유지분이 51% 이상의 지분을 소유·통제하는 중소기업을 대상으로 하고 있다. 즉 실질적으로 보훈 대상 인원이 운영하는 단체를 대상으로 하고 있는 것이다. 지분을 통제하는 것은 지분에 따라 수익금 배분이 이루어지기 때문이다.

제3절 보훈복지단체 수의계약 제도 분석

1. 수의계약 변천

1960년대부터 6·25 참전용사들의 자활을 위해 집단촌 설립을 승인하여, 경제적 자립과 신체적 재활능력 향상을 위해 수의계약을 통해 지원하게 되었다. 이를 통해 관련 단체는 수십 년간 군수품을 조달하면서 간접적으로 지원받고 있다.

1975년에는 예산회계법 시행령에 영세 중소기업의 보호육성과 농어촌 유휴노동력 활용을 목적으로 조합단체와 새마을공장이 생산하는 물품을 수의계약으로 구매토록 제도가 신설되었다. 1987년 민주화 운동, 1993년 최초의 문민정부 등장 등으로 과거보다 사회적 약자에 대한 관심이 높아지면서 이후 수의계약 근거를 추가로 신설하여 많은 단체가 참여하게 되었다.

1996년 12월 상이군경회 및 장애인복지단체에 대하여 수의계약 근거가 추가되어(국가계약법 시행령 제26조 제1항 제8호 마목 및 바목 신설) 수의계약이 급증하게 되었고, 2000년 5월 단체 수의계약 물량에 대하여 조합과 보훈복지단체 간 물량확보 경쟁이 점점 과열되어 물량배정제도를 도입하여 시행하게 되었다. 2006년 조합 단체 수의계약이 폐지됨에 따라 2007년부터 조합단체의 물량을 배정받기 위한 수의계약 요청 단체가 급증하였다. 이때 기존의 수의계약 품목과 경쟁 전환되는 조합의 물량을 수의계약으로 요구하였다. 요구 품목은 시설투자 및 기술능력이 최소로 요구되는 물자 및 급식류에 집중되었다. 한편 2005년에서 2008년 사이 범정부 차원에서 수의계약 체계를 폐지하기 위해 노력하였으나 관련 단체의 강력한 반발 등으로 폐지하지 못하고 현재에 이르고 있다. 2010년 7월 21일 "국가계약법시행령"을 부분적으로 개정(대통령령 제22282호)하여 특별법으로 설립된 법인에 대해서는 2016년부터 폐지되게 되어 있다.

〈표 12-3〉 특별법인으로 설립된 법인 수의계약 제도 폐지

연도	내용
2011-13년	3년간('08~'10) 두 단체와 체결한 연평균금액으로 수의계약 체결
2014년	3년간('08~'10) 두 단체와 체결한 연평균금액의 70% 수의계약 체결
2015년	3년간('08~'10) 두 단체와 체결한 연평균금액의 40% 수의계약 체결
2016년	수의계약 완전 폐지

방위사업청은 보훈복지단체 수의계약 물품에 대한 객관적이고 공정한 물량배정을 위하여 2008년 2월 조달청의 "보훈복지단체 계약업무 처리기준"을 참고하여 "특정단체 수의계약 업무처리 지침"을 제정하여 기본적인 시스템을 구축하였다. 그리고 최근 2012년 12월 지침을 "보훈복지단체 수의계약 업무처리 지침"으로 개정하여 오늘에 이루고 있다.

2. 수의계약 업무 수행 체계

방위사업청은 2008년 2월 보훈복지단체 수의계약 업무 처리 지침의 제정 등을 통해 업무 수행 체계를 정착시키기 위한 노력은 하였으나, 한편으로는 기존 단체의 기득권을 보호하고 기존 단체의 문제 발생에도 신규 진입을 어렵게 만드는 결과를 초래한 측면이 있다.

또한 보훈복지단체 수의계약 제도는 국가보훈처, 조달청, 보건복지부 등 관련 기관이 많아 방위사업청에서만 단독으로 해결할 수 없는 문제가 많다. 〈그림 12-1〉에서 보는 바와 같이 많은 기관이 관련되어 업무가 수행되지만 실제 문제는 방위사업청과의 계약 및 납품 과정에서 식별되거나 발생하게 된다. 따라서 이러한 문제를 해결하고 발전시키는 것은 방위사업청 단독으로 하기에는 한계가 있다. 따라서 관련 기관의 적극적인 관심과 참여가 필요하고 특히 방위사업청이 좀 더 주도적으로 나서야 할 입장이다.

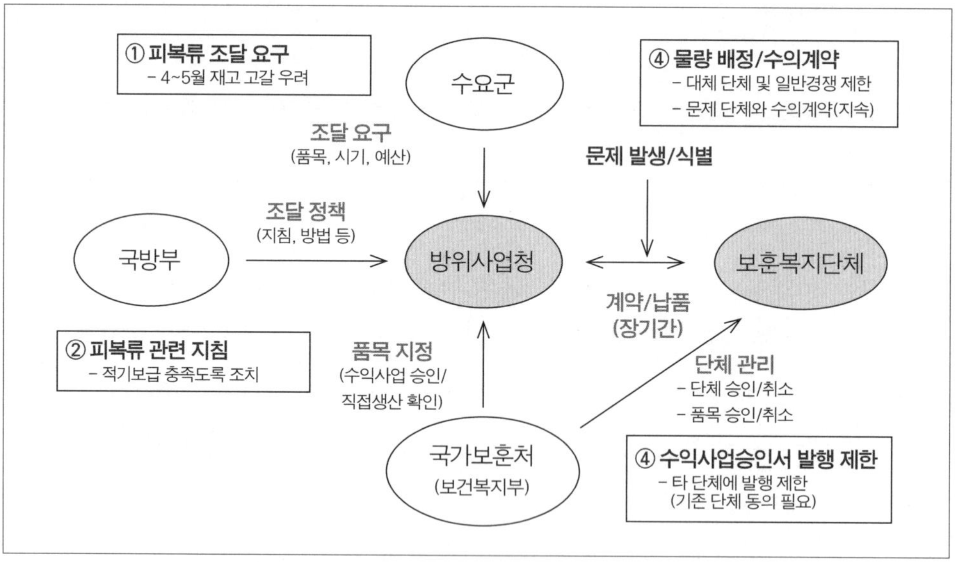

〈그림 12-1〉 보훈복지단체 수의계약 업무 수행 구조

또한 〈표 12-4〉에서 보는 것처럼 각 기관의 역할과 입장이 상이하여 제도 발전 및 단체 관리도 효율적이지 못하다. 예를 들면 국가보훈처는 보훈단체 승인 및 관리, 사업승인서 및 직접생산확인서 발급 등의 업무를 수행하나 단체 지원이 주 관심사로 적절한 제재에 대해서는 미온적이다.

〈표 12-4〉 관련 기관의 역할 및 입장

구분	역할	입장
국가보훈처	보훈단체 승인 및 관리, 지원 수익사업승인서/직접생산확인서 발급	단체 지원
국방부/수요군	군수품 조달 요구(시기, 품목, 수준)	적기 조달
방위사업청/ 조달청	수의계약 및 조달	계약/품질 문제 발생 방지
보건복지부/ 지방자치단체	복지단체 승인 및 관리, 지원	단체 지원

3. 수의계약 제도 특성

수의계약 제도의 장점은 수의계약 품목에 대한 장기간 생산으로 품질 향상과 조달의 안정성을 유지할 수 있으며, 동시에 국가유공자에 대한 국가 차원의 실질적 지원이 가능하다는 것이다. 그리고 수의계약을 통해 발생한 수익금은 자활집단촌 회원에게 분배하도록 되어 있어 회원들의 복지 증진에 기여하도록 한다. 또한 사회적 약자(장애인)에 대한 사회적 배려와 일자리 창출이라는 장점이 있음은 물론 국가유공자, 중증장애인 등 사회적 약자들로 하여금 국가에 대해 감사의 마음을 견지하도록 할 수 있다.

하지만 수의계약은 일반경쟁에 의한 계약 시 절감할 수 있는 국가예산을 더 부담하게 되는 단점이 있다. 즉 수의계약 시는 낙찰률이 원가의 99% 수준이나, 경쟁계약 시는 원가의 86% 정도 수준으로 계약이 체결되어 약 13%의 낙찰률 차이가 있다. 이를 연간 2,000억 원 기준으로 할 경우 약 260억 원 정도의 국방예산을 더 부담하고 있다고 평가할 수 있다.

한편 흔히들 수의계약 하면 품질이 좋지 않다고 인식한다. 그러나 수의계약을 통해 조달한다고 해서 품질이 나쁜 것은 아니다. 즉 국방규격과 구매요구서에 의한 품질기준을 충족한 제품들을 납품하기 때문이다. 군에서 요구하는 품질은 모두 충족한다는 것이다. 기본적인 품질을 향상시키기 위해서는 군에서 조달 요구를 할 때 그에 맞는 구매요구서나 국방규격을 첨부하여야 한다. 하지만 단체 스스로 군에서 요구하는 품질수준 이상의 기술 개발을 위한 노력이나 품질개선 노력을 하는 것은 일반경쟁계약에 비해 제한될 수 있다.

오히려 하자, 지체 및 사용자 불만은 수의계약을 통해 조달하는 것이 일반경쟁에 비해 발생 빈도가 적다는 것을 〈표 12-5〉에서 알 수 있다. 최근 3년간 결과를 분석해 보면 수의계약을 통해 납품한 급식 및 피복류에 대해서는 계약 건수 대비 49%에서 문제가 발생한 반면 일반경쟁을 통한 급식 및 피복류에 대해서는 56%에서 문제가 발생하였다. 결국 수의계약을 통해 문제가 된 사항이 이슈가 많이 되어 일반적으로 수의계약에서 문제가 더 많이 발생하고 있다고 인식하는 것으로 사료된다.

〈표 12-5〉 급식 · 피복류 일반경쟁과 수의계약 문제 발생 비교('10~'12년)

구분	● 계약 건수	○ 문제 발생				문제 발생 비율 (○/●)
		계	지체 건수	하자 건수	사용자 불만 건수	
수의계약	255	125	52	57	16	49%
일반경쟁	1,131	639	488	79	72	56%

한편 군납품과 시중 제품과의 가격 대비 품질을 비교해 보면 수의계약으로 납품하는 런닝이 가격 대비 시중제품과 동등하거나 그 이상임을 알 수 있다. 하지만 생활수준 향상과 장병들의 개인별 선호도가 다양함에 따라 요구수준도 높아지고 있다. 따라서 고품질 군수품을 보급하기 위해 지속적인 품질개선 추진과 이에 따르는 추가 예산 확보 노력도 필요하다.

〈표 12-6〉 런닝 군납품과 시중 제품 비교

구분	군납품	KS(한국산업규격)	시중품	
			BYC Deonia	JAMES DEAN JPMRO060
소재	면 100% 실켓 가공 (실크와 같은 광택 및 강도 · 흡습성 향상)	면 100% 일반 또는 실켓 가공	면 100% 일반가공	면 100% 일반가공
원사	면사 60수	면사	면사 40수	면사 60수
가격	2,726원~5,135원	-	4,300원	8,400원

4. 경쟁 측면 분석

2013년 기소단체 물량배정 시 적기조달을 위해 일반경쟁이 제한되는 상황에서 적절히 불이익 부여가 제한되었다. 즉 신규단체 5% 이하 배정, 수익사업승인서에 의한 제한된 물량 배정 등이다. 수익사업승인서는 국가유공자 자활용사촌 지원규정(국가보훈처 훈령)에 의거 국가보훈처에서 기존 단체의 생산품과 중복되지 않도록 승인하거나, 중복될 경우는 기존 단체의 동의를 받아야 발급해 주고 있다.

또한 1개 단체가 100% 납품하는 물품을 생산하는 단체의 문제 발생 시 대책이 제한된다는 문제가 있다. 즉 기간이 제한된 상황에서 안정적 조달원 확보에 문제가 있는 것이 현실이다.

〈표 12-7〉 보훈복지단체 기득권을 보호해 주는 지침 내용

물량배정 기준	• 신규단체에 배정할 수 있는 물량은 당해 물품의 연간 조달계획 물량의 100분의 5에 해당하는 금액 이하로 배정 • 기존 단체 물량배정: 전년도 배정 비율을 기초
단체별 물량배정 대상 물품 수 제한	• 단체에 배정하는 대상 물품 수는 단체별 2개 물품을 초과 금지. 단 기존 물품 수는 인정 * 국가보훈처에서 발행하는 수익사업승인서의 품목에 한정한 물량 배정

또한 하자, 지체 및 사용자 불만 등은 지속적으로 발생하고 있으나 적절한 제재나 불이익을 주지 못하는 것이 현실이다. 어떤 분야든 경쟁하지 않고는 발전할 수 없다. 수의계약으로 단체를 선정할 시 비록 경쟁은 하지 않지만 단체 간 또는 일반경쟁업체와의 건전한 경쟁을 촉진시켜 규정 준수 및 품질 향상을 촉진시켜야 할 것이다.

5. 투명성 측면 분석

2013년 물량배정 시 많은 단체에서 예전과 같은 방법으로 담당 부서 및 국회 등을 통해 단체의 의견을 관철시키려고 노력하였다. 현재 관련 지침에 의해 실무위원회 등을 통한 공정한 물량 배정을 하고 있다. 그리고 물품기준에 대한 상호이해 부족으로 ○○ 단체에서는 단체에게 유리하게 판단하여 요구를 한 경우도 있었다. ○○ 단체는 3개의 물품을 납품하고 있음에도 불구하고 추가 물품을 국회 등을 통해 요구하고 압박하였다. ○○회는 김치류에 대한 그동안의 많은 하자와 사용자 불만에도 불구하고 부정당업자 제재 등 공식적인 제재를 받지 않는 상태에서는 자체 제재가 제한되는 상황이다. 이를 따라 물량 배정 시스템에 대한 관련 단체에 이해가 필요하고 모호한 지침에 대해서는 개선이 필요하다.

6. 기타

수의계약하는 보훈복지단체는 일반경쟁에 참여하지 않고 오직 수의계약에 의존하고 있다. 이는 무엇보다도 경쟁력이 없기 때문일 것이다. 보훈복지단체도 수의계약뿐만 아니라 일반경쟁에 참여하는 등 다양한 납품 대상을 찾아야 하고, 정부에서는 이를 적극 지원하여야 한다. 그리고 사용자의 욕구를 충족시키기 위해서는 개인의 기호를 무시한 일방적인 보급은 개선시켜 개인이 선택할 수 있도록 필요한 제도를 도입하여야 한다. 또한 관련 기관 및 단체와의 협업과 소통을 통해 방향을 설정하고 방향에 부합하는 합리적인 제도 개선이 되도록 다 같이 노력해야 한다.

제4절 수의계약 경쟁촉진 방안

1. 발전 방향 설정

현재까지 나름대로 보훈복지단체 수의계약 업무를 수행하면서 체계를 구축하고 발전시키기 위해 많은 노력을 했다. 그러나 아직도 미흡한 측면이 많이 있다. 보훈복지단체와의 수의계약을 통해 군수품을 조달하고 관련 단체를 지원하고 있으나, 오히려 기득권을 보호하는 등 경쟁이 배제된 상태에서 현재에 이르고 있다. 이제는 경쟁 개념을 도입하는 패러다임 변화를 추구하여야 한다. 경쟁 없이는 발전에 한계가 있다. 경쟁을 촉진시키는 수의계약 체계로 발전되어야 한다.

현재 수의계약에 의해 단체를 선정하는 상황에서 경쟁을 촉진시키는 것에 익숙하지 않을지는 모르지만, 이제는 보훈복지단체가 스스로 경쟁력을 보유할 수 있도록 노력하여야 하고, 정부에서는 이를 뒷받침하도록 제도를 개선하여야 한다. 이를 위해 무엇보다도 과거의 계약 이행 성실도를 차기 계약에 반영하고, 군에서는 적시에 품질 개선에 반영하는 시스템을 구축하여야 한다. 이를 위해 관련 자료를 DB화하여 관리하고 적절히 제공하여 활용되도록 하여야 한다.

중·장기적으로는 단체 선정 시 보훈복지단체 간 제한경쟁을 시키고, 나아가서는 단체가 일반경쟁 시에도 경쟁력을 보유할 수 있도록 지원한 후 일반경쟁으로의 전환도 적극 검토하여야 할 것이다.

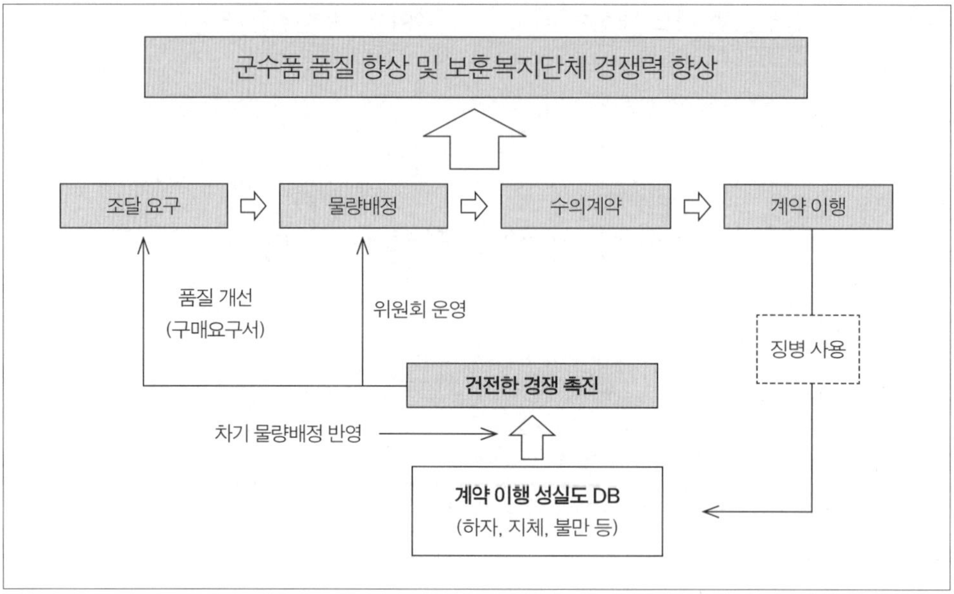

〈그림 12-2〉 보훈복지단체 수의계약 제도 발전 개념

2. 경쟁 촉진

경쟁 촉진 방안은 먼저 매년 우수단체 선정을 통한 경쟁을 유도하는 것이다. 이를 통해 성실한 계약 이행 및 규정을 준수하여 운영토록 유도할 필요가 있다. 즉 매년 보훈복지단체를 대상으로 종합적으로 평가하여 그 결과를 물량배정 시에 반영하는 등 인센티브를 부여하는 것이다.

〈표 12-8〉 보훈복지단체 평가 요소(예)

구분	내용
계약 이행 성실도	지체, 하자 및 사용자 불만 등
배당금 지급	매출액 고려한 배당금 수준
공장 보유 형태	직접보유, 임대 등
기타	지침 등 규정 준수 여부, 제재 여부, 표창 등

둘째, 계약 이행 성실도에 따라 물량을 배정하는 것이다. 즉 하자, 지체 등 계약 이행 성실도에 따른 물량 감소 기준을 현실에 부합하도록 구체화하여 적용하는 것이다. 이를 통해 하자, 지체 등을 최소화하도록 단체를 유도할 필요가 있다.

〈표 12-9〉 계약 이행 성실도 평가요소(예)

구분	내용	물량 감소
① 하자 유무	○ 방위사업청에 납품한 당해 물품 중에서 최근 1년 이내 아래와 같은 하자 발생 사실이 있는 단체(계약 건별로 합산하여 적용) A. 계약금액의 5% 이상 B. 계약금액의 3% 이상 ~ 5% 미만 C. 계약금액의 1% 이상 ~ 3% 미만 D. 계약금액이 0.1% 이상 ~ 1% 미만	 20% 15% 10% 5%
	○ 급식류는 당해 물품에서 아래 사항 발생 시 추가 적용 A. 계약금액의 0.1% 미만의 하자 1건당 B. 수요군 경고장 2회당	 2% 2%

셋째, 일반경쟁과 수의계약 병행 물품의 경우에도 경쟁을 유도하는 것이다. 즉 일반경쟁과 수의계약 병행 물품은 매년 배정 비율 문제가 대두된다. 김치류가 좋은 예이다. ○○ 단체는 매년 물량을 추가로 배정해 주도록 요구하고 있다. 그러나 하자 및 사용자 불만은 오히려 많이 나오고 있다. 비록 수의계약은 하지만 경쟁 개념을 도입하여 일반업체와 경쟁하도록 하는 방안이 필요하다.

즉 하자, 지체 등 계약 이행 성실도에 따라 일반경쟁 업체와 비교하여 그 결과를 물량배정 시 반영함으로써 경쟁을 유도하여야 한다. 예를 들면 수의계약 단체와 일반경쟁 업체의 물량감소 비율을 비교하여 그 차이만큼을 물량배정 시 반영하는 것이다. 예를 들면 일반경쟁 업체가 평균 10% 감소 사유가 발생하고, 수의계약 단체는 5% 감소 사유가 발생할 시에는 그 차이만큼인 5%를 수의계약 단체에 추가 배정하는 것이다.

넷째, 1개 단체가 100% 수의계약하는 물품에 대해 점진적으로 단체를 복수화하는 것이다. 1개 단체가 100% 수의계약 시 보훈복지단체 간에도 경쟁을 하지 않으므로 계약 이행 및 품질 관리에 소홀할 우려가 있다. 또한 해당 단체가 문제가 발생하여 계약이 어려울 경우 제한된 기간 내 새로운 조달원 확보의 제한으로 적기 조달 문제가 발생하기 때문이다. 이를 위해 납품 단체를 복수화하여야 한다.

3. 투명성 향상

첫째, 2회 이상 일반경쟁과 수의계약을 병행할 시의 예정가격 결정 방안을 정립해야 한다. 현재는 일반경쟁과 수의계약을 병행하는 경우에는 경쟁계약에 의한 낙찰가격으로 예정가격을 결정하도록 되어 있으나, 2회 이상 일반경쟁 시 기준에 명시되어 있지 않다. 김치류의 경우에는 지역 단위 입찰로 2회 이상 일반경쟁을 하고 있다. 2회 이상 일반경쟁하는 경우에는 일반경쟁에 의한 낙찰가격의 평균을 수의계약의 예정가격으로 반영해야 한다.

둘째, 물품 기준의 정립이다. 지침에 2개 물품을 초과(기존 물품 수는 인정)하여 배정할 수 없도록 되어 있으나, 물품 수에 대한 개념이 정립되지 않은 상태이다. 2013년도 급식류 물량배정 시 ○○에서 주스류(4종: 사과, 오렌지, 복숭아, 포도)를 1개의 물품으로 보고 수의계약을 요구하였다. 물품은 "조달 요구번호, 재고번호가 다른 각개의 물품을 1개 물품으로 하며 독립된 완성품으로서 독자 기능을 가진 제품"으로 정의할 수 있다. 그러나 재고번호별로 물품 기준을 정립하기에는 수십 개로 구성된 수리부속과 매년 재고번호가 변경되는 현실을 고려할 시 적용이 제한된다. 또한 계약 건별 물품을 정의하기에도 역시 여러 개의 물품을 1개 묶음으로 하여 계약할 수 있기 때문에 역시 제한된다. 결국 기존의 수의계약 물품을 기준으로 물량배정 대상을 제시하여 적용하고 새로운 물품 추가 시 또는 물품에 대한 논란이 있을 경우에는 위원회를 거쳐 결정하도록 하여야 한다.

셋째, 기존 단체에 신규 품목을 배정할 시 기준 정립이다. 기존 단체라 하더라도 새로운 물품을 생산하기 위해서는 새로운 물품이 요구하는 시설, 장비 및 기술이 별도로 필요하다. 따라서 기존 단체에 새로운 물품을 배정할 경우에는 신규 단체 기준을 평가하고 배정하는 것이 바람직하다.

4. 경쟁력 향상 지원

보훈복지단체도 일반경쟁을 통해서 사업을 수주할 수 있는 경쟁력을 보유할 수 있도록 지원하여야 한다. 예를 들면 물품적격심사 기준의 신인도 항에 관련 내용을 반영하는 것이다. 이유는 안정적 조달 측면을 고려하고 보훈단체 정부지원 측면을 고려한 것으로 중점관리지정업체(0.2점)보다 높은 가점(0.4)을 부여하는 방안을 적극 검토하여야 한다.

〈표 12-10〉 방위사업청 적격심사기준 반영(예)

심사 항목	평가요소	배점한도	등급	평점
⑬ 보훈단체	보훈단체 지원	0.4	A. 국가보훈처에서 확인해 준 국가유공자 자활집단촌 및 상이단체. 단, 계약 대상 품목이 사업승인서에 승인된 품목과 동일한 경우에 가점	0.4

그리고 중소기업인 보훈복지단체를 지원하기 위해 중소기업청의 예산을 활용하도록 지원하거나 방위사업청의 방위산업 육성자금 융자제도를 통해 지원하는 것이다. 이 제도는 정부가 방위산업 육성을 위하여 군수품 조달업체에 장기 저리로 자금을 융자해 주는 제도로, 정부가 시중 금융기관의 자금을 유치하여 연구개발 등을 수행하는 군수업체에 자금을 융자해 주고 일정 부분의 이자를 보전해 주는 제도이다. 그리고 하자, 지체 및 법규 준수 등을 반영한 우수단체에 대해서는 표창을 수여하여 적격심사 시 가점을 받도록 방안을 강구할 필요가 있다.

또한 미국처럼 의무적으로 일정한 비율을 정부에서 구매하도록 하는 제도의 도입을 검토하여야 한다. 국내의 경우 유사 사례는 '중소기업 제품 구매 촉진 및 판로 지원에 관한 법률 시행령 제4조 3항'에 의한 해당 기관의 해당 연도 총구매액의 50% 이상을 구매하고 중소기업청장과 협의 가능하도록 되어 있다. 그리고 '중증장애인 생산품 우선구매 특별법 시행령 제10조 2항'에 의한 구매목표비율은 총구매액의 100분의 1이상을 구매하고 세부 내용은 보건복지부 장관과 협의가 가능하도록 되어 있다.

5. 기타

1) 보훈복지단체의 인식 전환

기존의 수의계약 단체는 기존 물량은 자기 것이라는 인식이 강하고, 신규 단체는 한정된 물량임에도 지속적으로 수의계약을 요구하는 것이 현실이다. 즉 단체 상호 간에 갈등이 많이 있는 것으로 알려지고 있다. 가장 중요한 것으로 단체 스스로 관련 규정을 준수하는 것과 수의계약에 따른 성실한 이행이 요구된다. 즉 직접생산, 단체 설립 요건 충족, 적절한 수익금 분배 등 단체의 투명성을 확보하여야 한다.

현재처럼 지속적으로 문제가 발생한다면 수의계약 제도의 취지를 훼손시켜 제도 자체의 존속 문제에 대한 논란이 지속될 것이다. 이제는 로비에 집중하기보다는 관련 법규를 준수하고 지체, 하자 및 사용자 불만이 발생하지 않도록 품질 향상에 더욱 집중해야 한다. 문제가 발생하지 않고 사용자를 만족시키고 가격 대비 품질이 좋다면 수의계약을 더욱 확대하여 유지하여야 한다는 분위기가 조성될 것이다.

2) 소통 및 협업 강화

보훈복지단체 수의계약 업무는 많은 기관이 연관되어 있다. 보훈단체는 국가보훈처에서 단체를 승인해 주고 또한 사업승인서 및 직접생산 확인서를 확인 및 발급해 주고 있다. 복지단체는 보건복지부 및 지방자치단체에서 승인 및 관리하고 실제 계약 및 관리는 관련 조달청 및 방위사업청 등이 수행하는 체계이다. 따라서 상호 간에 정보를 공유하고 필요시 공동으로 대응할 수 있는 시스템 구축이 필요하다.

또한 사후관리 강화 문제가 있다. 단체를 승인해 주는 정부부처 및 지방자치단체는 설립조건이 되면 설립은 해 주지만 설립 이후 그 조건을 충족하는지에 대해서는 관리가 소홀한 편이다. 따라서 확인 감독을 강화하여 단체 설립 조건과 설립 취지에 부합하도록 단체를 운영하도록 관리하고, 불법적이고 비정상적인 운영이 되지 않도록 예방하는 노력도 강화하여야 한다. 이를 위해 감독 및 관리를 체계적으로 할 수 있는 시스템을 구축하여야 한다.

그리고 미국처럼 보훈단체 회원이 지분의 51% 이상을 소유하도록 하는 방안을 검토하거나, 수익금 사용에 대한 가이드라인을 제시하는 방안도 검토하여야 한다. 이는 특정 투자자가 투자하여 이에 따라 수익금도 가져가게 되면, 결국 회원에게는 형식적인 수익금을 분배하고 종업원 월급을 제외하고는 모두 투자자가 가져가게 되는 사기업화의 문제가 있기 때문이다.

단체와 소통을 위해서는 단체와의 주기적인 간담회를 통해 정부에서 추진하는 내용을 적시에 알려 주어 단체도 준비를 하도록 하고, 관련 법규를 준수할 수 있도록 지속적인 교육과 강조가 필요하다. 최근 보훈복지단체의 문제도 변화된 현실을 명확히 단체에게 알려 주고 적절하게 제도 개선을 하면서 관리 감독을 좀 더 잘했더라면 하는 아쉬움이 있다. 민·군 공동으로 자정결의 대회도 개최하여 비리 척결에 대한 의지를 국민들에게 밝히고, 투명성을 높이며 건전한 경쟁을 촉진하는 제도 개선 방향에 대해 공감대를 형성할 필요가 있다.

3) 신규 조달 시스템 도입

사용자의 선택권을 보장하여 만족도를 충족시키기 위해 현금을 개인지급하여 장병들이 직접 구매하게 하는 제도를 도입하여야 한다. 장병들이 수 개의 품목 중에서 개인의 기호에 따라 선택하여 구매하는 것이다. 또한 수 개의 물품은 보훈복지단체의 제품으로 한정하여 납품하도록 하여 보훈복지단체를 지원하는 것이다. 결국 장병들이 많이 구매하는 단체의 품목은 지속적으로 인기를 얻게 되어 단체 간 가격 및 품질 경쟁을 유도할 수 있다.

또한 2인 이상과 계약하고 사용자가 가격과 품질 및 개인 취향에 따라 구매하는 다수공급자계약제도와 유사한 제도의 도입도 필요하다. 다수공급자계약제도(MAS: Multiple Award Schedule)는 품질, 성능, 효율 등에서 동등하거나 유사한 종류의 물품을 수요기관이 직접 선택할 수 있도록 가격협상을 통하여 최소 2인 이상을 계약 상대자로 하여 계약을 체결하고, 이러한 계약을 통하여 이후 수요고객이 자유롭게 직접 물품을 선택하여 사용하는 계약제도이다. 그리고 국방부와 수요군은 주기적으로 장병들의 기호와 만족도 등을 평가하고 이를 반영한 품질개선을 지속적으로 추진하여야 한다.

제5절 결론

이 장에서는 보훈복지단체 수의계약 제도를 건전하게 발전시키기 위해 건전한 경쟁을 촉진시켜야 한다는 방향을 설정하고 이를 위해 경쟁 촉진, 투명성 향상, 경쟁력 향상 지원과 기타로 구분하여 세부 방안을 제시하였다. 무엇보다도 보훈복지단체 간 건전한 경쟁을 촉진시켜 경쟁력을 강화시키고 품질경쟁을 유도하여야 한다고 믿는다. 비록 단체 선정 과정에서는 자격요건이 충족되면 일정 물량을 배정하지만, 물량배정 정도를 정하는 데에는 효율적이고 경제적으로 군수품을 조달하기 위해 경쟁을 촉진시킬 수 있도록 제도를 개선하여야 한다. 경쟁 촉진을 위해 우수단체 표창, 계약 이행 성실도를 반영한 물량배정, 그리고 납품 단체 복수화 추진 등 구체적인 방안을 제시하였다. 동시에 보훈복지단체가 일반경쟁을 하더라도 일반업체와 경쟁하여 사업을 수주할 수 있도록 가점을 부여하는 등 경쟁력 향상 지원에도 적극 대책을 강구하여야 한다.

또한 이제 시대의 흐름에 부합하도록 장병들에게 최대한 선택권을 주어야 한다. 개인 기호, 신체 특성 등을 고려하여 스스로 선택하도록 하여야 한다. 예를 들면 내의류는 수 개의 보훈복지단체에서 생산하도록 하여 군매점에 납품하고 이를 장병 개인이 가격과 품질 및 기호를 고려하여 선택하게 하는 것이다.

한편 보훈복지단체도 수의계약 제도가 건전하게 유지되고 발전되는 데 적극 협조하고 참여하여야 한다. 투명하게 단체를 운영하면서 품질 향상을 위한 노력에 집중하고, 스스로 지체, 하자 및 사용자 불만 'Zero화'를 목표로 노력해 줄 것을 기대해 본다. 정부도 그동안 폐쇄적으로 수행하던 관련 업무를 개방하여 관련 정보를 적극 공개하고 의견을 수렴하여 공감대를 형성하면서 민관이 공동으로 협업과 소통을 통해 제도를 발전시켜 나가야 한다.

부록

AHP를 이용한 무기체계 업체 선정 평가지표 개발 연구

*
본 연구 사례는 방위사업에 관련하여 학문적으로 연구하는 대학(원)생 등에게 연구 내용과 방법에 대하여 좋은 참고가 되리라 믿으며 부록으로 제시하였다.

제1절 서론

국방연구개발사업은 군 전력 증강을 목적으로 수행하는 사업으로 정해진 기간 내에 성공적으로 개발하지 못하면 군 전투력 증강에 차질을 가져오는 사업이다. 따라서 사업분석 및 선행연구 등을 통해 사업의 타당성과 연구개발 가능성 등을 사전에 치밀하게 검증하고 있으며, 연구개발 단계별로 방위사업 추진위원회 등 외부 전문가가 참여하는 의사결정 과정을 거쳐 사업을 추진하고 있다. 하지만 국방연구개발사업의 추진 과정 중에서 업체 선정과 관련한 공정성, 투명성 및 전문성은 업체에게는 중요한 관심사가 아닐 수 없다. 실제로 탈락한 업체에서 민원은 물론 법정 소송까지 제기하여 사업에 차질을 빚는 사례가 있었다. 군의 통신체계를 전반적으로 발전시키기 위한 4조 원대의 전술정보통신체계사업은 업체 선정 과정에서 평가지표 문제로 계획대로 추진하지 못하고 수년이 지연되었다.

국방연구개발사업 업체 선정 평가에 있어서 평가지표와 평가지표별 가중치는 평가결과에 지대한 영향을 미치기 때문에 객관적으로 투명하게 선정되어야 한다. 이러한 평가지표는 국방연구개발사업에서 요구하는 성능을, 가장 경제적인 방법으로, 주어진 기간 내에 성공적으로 개발할 수 있는 업체를 선정하도록 선정되어야 하며, 평가지표별 가중치는 평가지표의 중요도가 반영되어 산정되어야 한다. 그러나 현재 국방연구개발사업 업체 선정 시에는 매 사업마다 평가지표와 평가지표별 가중치를 결정하여 적용하고 있어 평가의 일관성 및 객관성에 대하여 일부 문제가 제기되고 있다.

따라서 본 연구에서는 국방연구개발사업의 특성이 반영된 평가지표와 평가지표별 가중치를 객관적으로 결정하기 위한 선행연구, 전문가 심층면접, 그리고 요인분석 과정을 거치는 연구 방법을 제시하고, 이를 적용하여 평가지표와 평가지표별 가중치를 제시하여 국방연구개발사업 업체 선정 평가에 있어서 투명성과 객관성 제고에 기여하고자 하였다.

제2절 이론적 고찰 및 선행연구

1. 국방연구개발사업 업체 선정 평가

1) 국방연구개발사업

국방연구개발은 우리가 보유하지 못한 기술을 국내 단독으로 또는 외국과 협력하여 공동으로 연구하고 연구된 기술을 실용화하여 필요한 무기체계를 생산 및 획득하는 방법이다. 국방연구개발은 무기체계 연구개발, 핵심기술 연구개발 및 기술협력생산으로 구분하고 있으며. 무기체계 연구개발은 선행연구, 탐색개발, 체계개발 및 양산 단계로 구분하고 있으며, 핵심기술 연구개발은 기초연구, 응용연구 및 시험개발로 구분한다.

일반적으로 연구개발 프로젝트는 불확실성이 많고, 평가가 단계적으로 이루어지며, 여러 개의 목적을 갖고 있는 동시에 프로젝트 간 상호의존성이 존재한다는 특성을 지니고 있다. 그러나 국방연구개발은 일반적인 연구개발 프로젝트 특성을 가지면서 동시에 다른 특성이 있다. 즉 국방연구개발은 군사적 또는 정치적 요구에 따라 개발되는 것으로 전략적 비익성을 지니고 있으며, 개발해야 할 무기체계의 종류는 다양하지만 군이 유일한 수요자이므로 수요가 한정된다는 점, 무기체계 개발의 최종적인 목표는 군의 작전운용성능을 충족시키기 위한 것이므로 경제성보다는 무기체계의 신뢰성이 더 중시되는 점, 그리고 소요결정부터 야전부대에서 운용 시까지 획득하는 데 장기간이 소요된다는 점 등의 특징이 있다.

2) 업체 선정 평가

국방연구개발사업에서 업체 선정 평가는 해당 국방연구개발사업에 대한 제안요청서상의 요구사항을 달성하기 위해 업체별로 제안한 내용을 분석 및 평가하여 협상우선순위를 결정하여 최종적으로 개발업체를 선정하기 위한 연구개발 과정에서 중요한 과정이다. 이는 단순히 개발업체를 선정하기 위한 과정이 아닌 대단히 중요한 의미를 지니는 과정이다.

그 의미는 첫째, 최상의 전력 유지를 보장해 주는 데 기여한다는 것이다. 군의 사업 특성상 군에서 요구하는 능력을 갖춘 무기체계를 필요한 시기에 필요한 수량을 보장받아야 하기 때문이다. 즉 개발에 차질이 생기면 전력 증강에도 차질을 빚게 되는 것이다.

둘째, 연구개발의 성공을 보장한다는 것이다. 연구개발 수행기관으로 선정된 업체의 부도나 기술 부족 등 여타의 이유로 사업의 지속적인 진행이 어려워질 경우 연구개발은 실패로 끝나게 되기 때문이다.

셋째, 평가를 통해 국민 신뢰를 증진시킬 수 있다는 것이다. 연구개발 업체 선정 평가가 투명하고, 공정하게 수행되지 않는다면 경쟁에서 탈락한 업체에서 민원 및 소송 등 다양한 형태의 이의 제기가 있을 수 있기 때문이다.

넷째, 연구개발 투자 활성화 증대에 기여한다는 것이다. 업체에서는 연구개발 업체로서 선정되기 위하여 연구개발에 필요한 장비, 시설, 기술, 인력 등 기반 요소들을 구축하기 위해 노력할 것이다. 이유는 업체 선정 평가 시 업체를 평가하는 기준으로 업체의 능력, 연구 실적, 시설 등이 포함되기 때문이다.

업체 선정과 관련하여 투명성과 공정성 등을 제고시키기 위해 노력하는 것은 당연한 일이다. 이는 업체 입장에서는 생존과 직결되는 사활이 걸린 문제이기 때문이며, 동시에 군 입장에서는 양질의 무기체계를 적기에 확보하여 전력 증강을 차질 없이 추진하여야 하기 때문이다.

업체 선정 평가 절차는 통합사업관리팀에서 제안요청서 초안을 작성하고 제안요청서 검토위원회 검토와 법무검토를 거쳐 사업관리본부장 결재를 받아 제안요청서를 확정하며, 확정된 제안요청서를 조달정보체계와 방위사업청 홈페이지를 통해 공고(통상 40일)한다. 이때 기술능력 및 비용평가 배점(통상 기술능력 80점, 비용평가 20점), 그리고 사업예산 등을 공개한다. 업체에서는 제안요청서에서 요구하는 사항에 대해 제안서를 작성하여 기한 내에 제안서를 제출하게 된다. 제출된 제안서는 전문가에 의해 평가를 실시하게 되는데, 이때 전문가는 방위사업청, 국방과학연구소, 국방기술품질원, 대학교, 민간 연구소 등의 다양한 기관에서 복수로 추천하여 선정된다. 그리고 평가가 완료되면 위원회에 상정하여 협상 우선순위를 결정하고 업체에 통보하는 절차를 거치게 된다.

3) 평가지표의 중요성

국방연구개발사업의 주요 의사결정은 각종 위원회에서 결정하는 체계이기 때문에 업체에서 특정 고위층에 있는 사람에게 로비를 한다 하더라도 원하는 목적을 달성하기가 쉽지 않다. 또한 평가 중에도 평가위원이 특정 업체에 편파적인 평가를 할 경우에는 이를 검증하여 제외시킬 수도 있는 시스템을 적용하기 때문에 평가위원에 대한 관심도도 점차 감소하고 있다. 이제 업체에서는 제안서 평가 시 높은 점수를 받기 위해 제안서 작성에 관심을 집중하고 있다. 그것이 가장 중요하기 때문이다. 이를 위해서는 제안요청서에서 요구하는 평가지표에 대한 분석과 그에 맞는 제안 내용을 작성하는 것이 중요하다. 따라서 평가지표에 대한 관심이 커지고 있는 것이 현실이다.

국방연구개발에서 개발업체로 선정된 업체는 아직 국내에서 개발되지 않은 무기체계를 처음으로 개발하여야 하는 책임을 가지고 있다. 따라서 개발업체에 의해 사업의 성패가 좌우된다고 해도 과언이 아니므로, 우수한 업체가 선정될 수 있도록 평가지표를 결정하고 전문성을 갖춘 전문가에 의해 투명하게 업체 선정 평가가 이루어져야 한다. 그러나 현재 국방연구개발사업 업체 선정 평가 시에는 매 연구개발사업마다 평가지표와 평가지표별 가중치를 정하여 적용하고 있어 평가의 일관성 및 객관성에 대하여 문제가 제기되고 있는 실정이다.

2. 평가지표 개발을 위한 선행연구

1) 선행연구

평가지표에 관한 국내 문헌연구 결과는 다음과 같다. 김선영 · 이영재(2010)는 국방 정보 시스템 연구개발사업 업체 선정 평가모형 개발에 관한 연구를 통해 AHP 기법을 적용하여 기능 및 성능, 유사 분야 개발경험, 체계통합, 대상 사업 이해도 등 총 24개의 평가지표와 평가지표별 가중치를 제시하였다. 김찬수(2008)는 국방핵심기술 연구개발의 제안서 평가지표를 AHP 기법을 적용하여 제시하였다. 제시한 평가지표는 관련 핵심기술 보유수준, 제안요구 이해도 및 개발 방안, 소요기술 식별 및 기술적 접근 방법, 국산화 계획, 유사 기술장비 및 관련 시설 확보, 유사 연구개발 실적 등을 포함하여 총 12개를 제시하였다. 장준성(2008)은 델파이 및 AHP 기법을 적용하여 국방핵심기술 연구개발사업 업체 선정 평가지표로 연구 시설 보유, 연구 장비 보유, 연구 관련 기술 보유, 연구 책임자의 전문성, 연구 참여 구성원의 전문성, 제안요청서와의 일치성, 연구개발 방법론의 타당성 등을 포함하여 총 18개를 제시하였다.

정선필(2007)은 AHP 기법을 통한 IT 아웃소싱 수행업체 평가방법론 연구에서 수행업체의 설비와 인력 수준, 수행업체의 성실도, 수행업체와의 긴밀성, 명료한 계약관계, 아웃소싱 측정지표의 유무 등을 포함하여 총 7개의 평가요인을 제시하였다. 그리고 김신중(2007)은 사무용품 및 사무기기 공급업체 선정의 요인으로 납기 준수, 업체의 공급능력, 과거 거래 실적 및 경험, 공급 가격, 제품의 품질, A/S 용이성 및 신속성, 업체의 재무상태 등을 제시하였다.

업체 선정 평가지표에 대한 외국문헌에서는 먼저 Kahraman et al.(2009)이 무기체계 업체 선정 기준으로 가격(Price), 품질(Quality), 납기능력(On-Time Delivery), 시설과 기술능력(Facility and Technological Capability), 의사소통능력(Quality of Relationship), 사업관리자 전문성(Professionalism of Salesperson), 소비자 요구에 대한 반응성(Responsiveness to Customer Needs) 등 7개 요인을 제시하였다. 또한 Wadhwa&Ravindran(2006) 및 Feaz et al.(2006)은 공히 가격(Price), 납기(Lead-time), 품질(Quality)을 제시하였다.

Choi&Hartley(1996)는 업체 선정 평가 기준을 총 23개 제시했으며, 요인분석을 통해 재무상태(Finance), 일치성(Consistency), 관계(Relationship), 유연성(Flexibility), 기술력(Technology), 서비스(Service), 신뢰성(Reliability), 가격(Price)의 8개 요인을 추출하였다. Dickson(1966)은 구매 담당자의 설문조사를 통하여 업체 선정 기준을 총 23개 제시하였으며 품질, 정시 납품 및 업체의 과거 실적은 중요한 기준이 된다고 하였다.

Willson(1994)은 업체 선정에서 중요한 선택요인으로 품질과 서비스를 중요시했으며, 구매상품에 있어 반복성, 절차, 품질 등을 주요한 특성으로 갖는 제품군에 대한 구매기준 차이를 연구하였고, 구매자의 기본적인 판단 기준이 각 상품군에 대해 차이를 보임을 발견하였다. 그리고 Weber&Current(1993)는 가격, 납기의 신뢰성, 제품의 품질 등을 고려하여 업체를 선정하여야 한다고 하였다.

현재 국방연구개발사업에 적용하고 있는 방위사업청 지침(2015)인 "무기체계 연구개발사업 제안서 평가 및 협상지침"은 개발 계획, 개발관리 계획, 업체능력으로 구분하여, 총 12개의 표준 평가 항목을 제시하고 있다. 소프트웨어 개발업체 선정 시에 적용하고 있는 정보통신부 고시(2006)의 "소프트웨어 기술성 평가 기준"에서는 개발계획 부문, 개발 부문, 관리 부문 등을 포함하여 총 5개 분야로 구분하여 19개의 중항목을 제시하고 있으며 이를 평가에 적용하고 있다.

미국의 국방연구개발은 국방부, 각 군 소속의 연구기관에서 연구개발을 수행하고 있으며, 미 연방정부의 선정평가는 연방획득규정의 기본지침을 준수하고 있다. 평가지표로는 시스템엔지니어링, 기술능력, 과거 실적, 비용 등을 적용하고 있다.

일본의 경우는 제도적으로 목표평가와 기술평가로 이원화되어 있으며, 평가의 공정성과 객관성 확보를 위하여 내부와 외부로 나누어 평가하고 있다. 목표평가는 주로 내부에서 수행하고 기술평가는 외부 전문가를 활용하여 평가하고 있다. 이때 평가항목은 필요성, 요구사항의 군사적 합리성, 기술의 합리성, 비용 등을 적용하고 있다.

영국은 다른 요소보다 과학적 우수성을 중시하여 왔으나, 1993년 과학 및 공학기술 백서에서는 과학기술 활동에 대해 과학성, 우수성 이외에 사회적, 산업적 적합성을 강조하고 있다. 평가 항목으로는 프로그램 운영조직, 기술 분야의 적합성, 프로그램의 국제적 상황 및 정부지원의 적절성 등을 평가의 지표로 활용하고 있다.

2) 분석 및 시사점

평가지표와 관련한 선행연구를 통해 도출할 수 있는 분석 및 시사점은 다음과 같다. 첫째, 국방연구개발사업 평가지표에 대한 연구는 거의 실시되지 않고 있다. 다만, 국방정보 시스템 및 핵심기술 평가지표와 업체 선정 기준 등에 대해서는 일부 연구가 실시되었고, 정부기관에서는 지침 및 고시를 통해 적용하고 있었다. 하지만 특정 물품을 공급하는 업체를 선정하기 위한 연구와 상용 정보 시스템 아웃소싱 업체를 선정하기 위한 연구는 지속적으로 실시되고 있었다.

둘째, 평가지표는 사업 특성과 국가 및 기관의 정책적 고려사항 등을 반영하여 선정하고 있기 때문에 선행연구를 통하여 논리적인 국방연구개발사업 평가지표를 도출하기에는 한계가 있다는 것이다. 따라서 선행연구 결과와 이 분야의 이해 당사자들로 구성된 전문가의 의견을 수렴하고 이를 검증하는 연구방법을 통한 평가지표 개발이 필요한 것으로 분석하였다.

셋째, 선행연구에서 공통적으로 제시하고 있는 평가지표는 '납기', '품질', '비용' 및 '서비스'이다. 기타 평가지표는 연구마다 각각 다른 결과를 보여 주고 있었다. 국방연구개발의 3대 요소는 군에서 요구하는 필요한 시기에, 요구하는 성능의 무기체계를, 경제적으로 확보하는 것이라고 할 수 있다. 국방연구개발에서 적기는 공통적인 평가지표의 '납기'로, 요구성능 충족은 '품질'로, 경제적인 개발은 '비용'으로 이해할 수 있다. 국방연구개발사업에서 업체를 선정한다는 것은 단순히 이미 개발된 물품을 납품하는 업체를 선정하거나 정보 시스템의 아웃소싱 업체를 선정하는 것과는 구분되지만, 능력 있는 업체를 선정한다는 측면에서는 평가지표 선정 시에 일부 유사성을 찾을 수 있었다. 이러한 유사성을 기초로 국방연구개발사업의 특성이 반영된 평가지표를 개발하는 것이 필요하다고 분석하였다.

제3절 연구수행 절차 및 전문가 설문

1. 연구수행 절차

연구수행 절차는 〈부록 그림-1〉에서 보는 바와 같이 국방연구개발 관련 국내외

자료에 대한 문헌조사 및 적용 사례 분석 등 선행연구를 통해 연구자가 1차로 평가지표를 개발하였고, 1차로 개발된 평가지표에 대하여 전문가 12명과 심층면접을 거쳐 수정 및 보완을 통해 2차로 평가지표를 개발하였다. 다시 2차로 개발된 평가지표에 대하여 국방연구개발 전문가 102명에게 설문조사를 실시하여 신뢰성 및 타당성을 검증하여 최종 평가지표를 개발하였다.

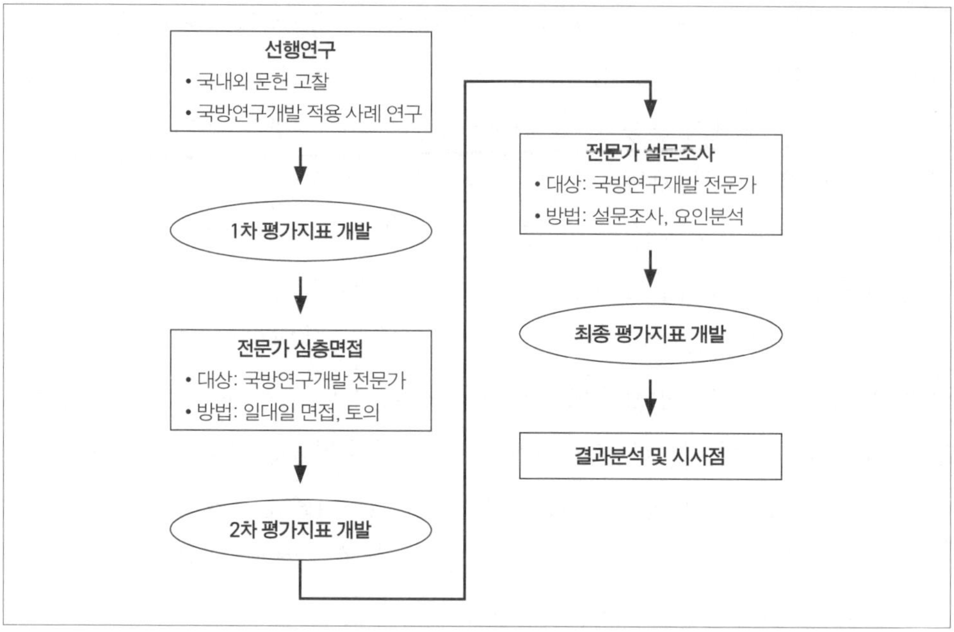

〈부록 그림-1〉 평가지표 개발 절차

2. 조사대상 및 자료분석

본 연구에서는 국방연구개발 관련 전문가를 대상으로 설문조사를 실시하였다. 전문가는 국방연구개발사업과 직접적인 관련 업무를 최소 1년 이상 수행한 경험이 있고, 동시에 국방연구개발사업 제안서 평가 경험이 있는 공무원, 연구원 및 장교, 그리고 국방연구개발사업 개발 경험이 1년 이상인 방위산업 업체 직원으로 하였다.

조사된 설문 결과에 대해 탐색적 요인분석(Exploratory Factor Analysis)을 실시하여 척도 내 지표들의 요인구조를 파악하였고, 고유값(Eigen value)을 토대로 불필요한 지표 삭제를 고려하였다. 탐색적 요인분석은 이론상으로 구조가 정립되어 있지 않은 분야에서 자료의 기본구조를 알기 위해 사용하는 방법으로, 요인추출 방법은 주성분분석(Principal Axis Factoring)을 사용하였고, 요인부하량의 분산의 합을 최대화하는 방법으로 요인들의 구분을 분명히 하고자 회전 방식으로는 Varimax 방식을 사용하였다. 평가지표 개발을 위해 평가지표별 중요도 측정(7점 척도)을 실시하여 통계 프로그램(SPSS)으로 타당성과 신뢰성 등을 검증하였다.

제4절 업체 선정 평가지표 개발

1. 선행연구를 통한 1차 평가지표 개발

연구자가 문헌연구 및 적용사례를 기초로 국방연구개발사업 업체 선정 평가지표를 1차로 개발하였으며, 이 평가지표는 총 14개로 〈부록 표-1〉에 제시하였다.

〈부록 표-1〉 1차로 개발된 국방연구개발사업 평가지표

평가지표	출처
무기체계 개발성능	김선영 · 이영재(2010), 방위사업청(2010), 정보통신부(2006), 김찬수(2008), Kahraman et al.(2009), Choi 외(1996)
국산화 및 수출 계획	김선영 · 이영재(2010), 방위사업청(2010), 김찬수(2008)
M&S 활용 계획	김선영 · 이영재(2010), 방위사업청(2010)
전력화 지원요소 계획	김선영 · 이영재(2010), 방위사업청(2010)
시험평가 계획	김선영 · 이영재(2010), 방위사업청(2010), 김찬수(2008), 정보통신부(2006)
전문업체 참여	김선영 · 이영재(2010), 정보통신부(2006)

평가지표	출처
일정 및 비용 관리 계획	방위사업청(2010), 김찬수(2008), 장준성(2008), 정보통신부(2006), Kahraman et al.(2009), Wadhwa&Ravindran(2006), Feaz et al.(2006), Dickson(1966)
기술관리 계획	방위사업청(2010), 정보통신부(2006), Dickson(1966)
위험관리 계획	방위사업청(2010), 정보통신부(2006)
적용기술 보유 / 미보유 기술 확보 계획	방위사업청(2010), 김찬수(2008), 장준성(2008), 정보통신부(2006), Kahraman et al.(2009), Choi 외(1996), Dickson(1966)
재무구조/경영상태	김선영 · 이영재(2010), 방위사업청(2010), 김찬수(2008), 장준성(2008), 정보통신부(2006), Choi 외(1996), Dickson(1966)
연구 인력	방위사업청(2010), 김찬수(2008), 장준성(2008), 정보통신부(2006), Kahraman et al.(2009),
연구 장비/시설	방위사업청(2010), 김찬수(2008), 장준성(2008), 정선필(2007), 정보통신부(2006), Kahraman et al.(2009), Dickson(1966)
기밀보안/비상대책	김선영 · 이영재(2010), 방위사업청(2010), 정보통신부(2006)

2. 전문가 심층면접을 통한 2차 평가지표 개발

문헌연구 및 사례분석을 통하여 1차로 개발한 평가지표에서 전문가 심층면접을 통해 2차로 평가지표를 개발하였다. 이때 전문가는 실제 국방연구개발사업 업체 선정 평가 경험이 있고, 국방연구개발 분야 경력이 3년 이상인 조건을 갖춘 전문가 12명으로 구성하였다.

전문가 심층면접을 통해 보완된 사항은 다음과 같다. 'M&S 활용 계획'은 과학적 사업관리 기법 중에 하나인 점을 고려하여 '과학적 사업관리 기법 적용'으로 수정하되 세부 평가 내용에 EVMS(Earned Value Management System) 등을 포함하도록 하였다. 여기서 EVMS는 프로젝트의 비용, 일정, 그리고 수행목표의 기준 설정과 이에 대비한 실제 성과를 측정 · 분석하는 관리체계이다. 그리고 M&S(Modeling&Simulation)에서 모델링은 군사적전을 모의하기 위하여 적과 아군부대 및 전투체계, 작전지역을 포함한 전장환경, 자연 및 인공현상과 전술교리 등 전투에 영향을 미치는 각종 요소와 모의 절차, 과정 등을 물리적, 수학적, 논리적 표현으로 만들어 가는 과정이며, 시뮬레이션은 모델링의 산출물인 모델을 활용하여 연속적인 시간의 흐름 속에서 군사작전(전투)을 실제와 유사하게 실행하는 것이다.

'전문업체 참여'는 해당 무기체계 연구개발에 필요한 우수한 기술을 보유한 업체를 참여시키는 것으로 '기술관리 계획'의 세부 평가 내용으로 포함시켰으며, '비용 및 일정 관리 계획'은 의미가 상이한 내용으로 판단하여 이를 별개의 평가지표로 반영하였다. 또한 평가지표별 세부 평가 내용도 연구자가 제시한 내용을 기초로 보완하였다. 결론적으로 2차로 개발된 평가지표는 총 14개로 〈부록 표-2〉에서 보는 바와 같다.

〈부록 표-2〉 전문가 심층면접을 통해 2차로 개발된 평가지표

1차 평가지표(선행연구)	2차 평가지표(심층면접)	비고
무기체계 개발성능	무기체계 개발 계획	용어 보완
국산화 및 수출 계획	국산화 및 수출 계획	동일
M&S 활용 계획	과학적 사업관리 기법 적용 계획(M&S, EVMS 등)	M&S는 과학적 사업관리 기법의 하나
전력화 지원요소 계획	전력화 지원요소 계획	동일
시험평가 계획	시험평가 계획	동일
전문업체 참여	전문업체 참여	전문업체 참여는 기술관리 계획에 포함
비용 및 일정 관리 계획	비용관리 계획	의미가 상이한 개념으로 분리
	일정관리 계획	
기술관리 계획	기술관리 계획	전문업체 참여 내용을 포함
위험관리 계획	위험관리 계획	동일
적용기술 보유 / 미보유 기술 확보 계획	적용기술 확보 현황 / 계획	동일
재무구조 / 경영상태	재무구조 / 경영상태	동일
연구 인력	연구 인력	동일
연구 장비 / 시설	장비 / 시설 보유 현황	동일
기밀보안 / 비상대책	기밀보안 / 비상대책	동일

3. 전문가 설문을 통한 최종 평가지표 개발

1) 설문지 작성 및 조사집단 분석

전문가 심층면접을 통해 개발된 평가지표에 대하여 검증을 위해 전문가 설문을 실시하였다. 이때 설문 항목은 평가지표 총 14개를 대상으로 하여 아래와 같이 7점 척도로 중요도를 측정하였다. 평가지표별 세부 평가 내용은 연구자가 문헌연구 등을 기초로 초안을 작성하였고, 내용 타당도를 검증하기 위해 심층면접 대상자를 11명으로 구성하여 초안을 기초로 면접을 실시하였으며, 그 결과를 반영하여 보완하였다.

* 평가지표 중요도 척도(7점) 1: 전혀 중요하지 않다 / 2: 상당히 중요하지 않다 / 3: 중요하지 않다 / 4: 보통이다 / 5: 중요하다 / 6: 상당히 중요하다 / 7: 대단히 중요하다

전문가 조사집단의 구성은 국방연구개발관련 전문가 102명을 대상으로 실시하였다. 이때 국방연구개발사업과 직접적인 관련 업무를 최소 1년 이상 수행한 경험이 있으면서, 동시에 국방연구개발사업 업체 선정 평가 경험이 있는 공무원, 연구원 및 장교, 그리고 국방연구개발사업 개발 경험이 최소 1년 이상인 방위산업 업체 직원을 기준으로 설문 집단을 선정하여 구성하였다. 직접 방문하여 설문의 취지를 설명하고 설문을 실시하였으며, 이메일을 보완적으로 사용하였다.

총 102명 중 연구개발 전문가로 주로 구성된 국방과학연구소와 국방기술품질원 소속의 연구원이 총 29명(28%)으로 가장 많았으며, 업체 선정 평가 업무 및 사업관리를 직접 수행하는 방위사업청 직원이 총 24명(24%)이었으며, 실제 운용부대의 의견을 반영하기 위한 합참 및 각 군 소속의 장교는 총 22명(22%), 그리고 업체의 의견을 반영하기 위한 업체 전문가는 총 27명(26%)을 대상으로 설문을 실시하였다. 업무 경력은 6년에서 10년 사이의 경력자가 31명(30%)으로 가장 많았으며 3년에서 5년 사이의 경력자는 20명(19%)으로 그다음 높은 비율을 차지하고 있다.

2) 설문 결과 분석

(1) 신뢰성 검증

신뢰성 검증은 동일한 개념을 독립된 측정 방법으로 측정한 경우 결과가 비슷하게 나타나야 한다는 것을 전제로 하고 있으며, 신뢰성은 평가지표의 정확성이나 정밀성을 나타내는 것으로서 의존 가능성, 안정성, 일치성, 그리고 정확성과 동일한 의미를 가진다. 일반적으로 가장 널리 사용되는 신뢰도 계수의 하나는 Cronbach's Alpha이며, 일반적인 수용수준은 0.6을 제시하고 있다. 본 연구에서는 Cronbach's Alpha 계수가 〈부록 표-3〉에서 보는 것처럼 0.872로 신뢰성이 높게 나타났다.

〈부록 표-3〉 Cronbach's Alpha

Cronbach's Alpha	Cronbach's Alpha Based on Standardized Items	N of Items
.872	.872	14

(2) 타당성 검증 및 평가지표의 그룹화

타당성이란 측정하고자 하는 개념이나 속성을 측정하기 위해 개발한 측정도구가 그 개념과 속성을 정확히 측정하는가를 나타내는 것으로, 측정하려 하는 개념이 어떻게 정의되었으며 이 개념적인 조작적 정의가 적절한가를 알아보는 것이다. 본 연구에서는 타당성을 검증하기 위하여 탐색적 요인분석(Exploratory Factor Analysis)을 실시하였다. 요인분석은 여러 변수들 사이의 상관관계를 기초로 하여 정보의 손실을 최소화하면서 변수의 개수보다 적은 수의 요인(Factor)으로 자료변동을 설명하는 다변량 기법으로, 요인으로 묶어지지 않는 중요도가 낮은 변수를 제거하고 동일한 개념을 측정하는 변수들이 동일한 요인으로 묶어지는지를 확인함으로써 타당성을 검증할 때 활용된다.

본 연구에서는 국방연구개발사업 평가지표에 대한 중요도를 묻는 총 14개 항목에 대하여 고유값(Eigen value)을 1로 하여 탐색적 요인분석을 실시하였다. 일반적으로 통계분석에서 유의미한 요인계수는 0.4 이상이면 대체로 수용 가능하고 0.5 이상은 매우 유의미한 것으로 판단할 수 있다. 본 연구에서의 평가지표별 요인계수는 〈부록 표-4〉에서 보는 것처럼 모두 0.4 이상으로 나타나 타당성을 갖춘 것으로 검증되었으며, 이러한 평가지표들은 모두 3개의 평가요인으로 그룹화되었다.

〈부록 표-4〉 평가지표별 요인계수 및 평가요인

평가지표	평가요인 1	평가요인 2	평가요인 3
무기체계 개발 계획	.098	**.486**	.172
국산화 및 수출계획	.014	**.823**	-.094
과학적 사업관리 기법 적용 계획	.186	**.742**	.135
전력화 지원요소 계획	.323	**.714**	.223
시험평가 계획	.342	**.609**	.197
비용관리 계획	.407	.116	**.544**
일정관리 계획	-.100	.035	**.893**
기술관리 계획	.388	.219	**.684**
위험관리 계획	.318	.252	**.584**
적용기술 보유 / 미보유 기술 확보 계획	**.477**	.445	.139
재무구조 / 경영상태	**.826**	.111	.180
연구 인력	**.670**	.100	.211
연구 장비/시설	**.695**	.365	.247
기밀보안/비상대책	**.739**	.238	.004

평가요인 1에는 '적용기술 보유/미보유 기술 확보 계획', '재무구조/경영상태', '연구 인력', '연구 장비/시설', '기밀보안/비상대책' 등 5개 평가지표가 그룹화되었다. 평가요인 2에는 '무기체계 개발 계획', '국산화 및 수출 계획', '과학적 사업관리 기법 적용 계획', '전력화 지원요소 계획', '시험평가 계획' 등 5개, 그리고 평가요인 3에는 '비용관리 계획', '일정관리 계획', '기술관리 계획', '위험관리 계획' 등 4개의 평가지표가 그룹화되었다.

(3) 평가요인의 명칭 부여

탐색적 요인분석을 통해 최종 선정된 3개 요인에 대하여 요인명을 부여한 결과는 〈부록 표-5〉에서 보는 것처럼 '개발 계획', '개발관리 계획', '개발능력'이다. 요인의 명칭은 각 요인에 높게 적재된 요인들을 중심으로 부여하며 이때 연구자는 해당 요인들의 공통적인 특성으로부터 요인의 명칭을 부여할 수 있다. 따라서 본 연구에서도 연구자가 평가지표들의 공통적인 특성을 고려하여 명칭을 부여하였다.

〈부록 표-5〉 최종 개발된 평가요인명 및 평가지표

평가요인	평가지표
개발 계획	무기체계 개발 계획
	국산화 및 수출 계획
	과학적 사업관리 기법 적용 계획
	전력화 지원요소 계획
	시험평가 계획
개발관리 계획	비용관리 계획
	일정관리 계획
	기술관리 계획
	위험관리 계획
개발능력	적용기술 보유 / 미보유 기술 확보 계획
	재무구조 / 경영상태
	연구 인력
	연구 장비 / 시설
	기밀보안 / 비상대책

3) 평가지표의 가중치 도출

일반적으로 평가지표에 대한 가중치 값을 도출하기 위해서는 전문가의 견해나 설문조사를 토대로 평가지표를 결정하고 각 평가지표에 대한 가중치 값을 산출해야 한다. 본 연구에서는 오영아(2007)가 적용한 방식으로 가중치를 부여하였다. 즉 최종 도출된 각 평가지표의 중요도를 조사한 후, 중요도 순위에 의한 가중치를 부여하였다. 각 평가지표의 평균을 순위 역순으로 곱하여 모든 순위를 합산한 후, 각 영역의 점수를 총점수로 나누어 산출하였다.

평가지표별 평균 및 가중치는 〈부록 표-6〉에서 보는 바와 같으며 평균(가중치)은 '무기체계 개발 계획'이 6.3371(가중치:0.1592)로 가장 높게 나왔으며, 이어서 '연구인력'은 5.4607(가중치:0.1274), '일정관리 계획'은 5.3708(가중치:0.1157), '시험평가계획'은 5.3596(가중치:0.1058) 순으로 높은 것으로 나왔다.

최종적으로 국방연구개발사업 업체 선정 평가지표는 총 3개의 평가요인과 14개의 평가지표로 구성되었으며 평가지표별 가중치와 세부 평가 내용은 〈부록 표-7〉과 같다.

〈부록 표-6〉 평가지표별 평균 및 가중치

평가지표	평균	가중치	우선순위
무기체계 개발 계획	6.3371	0.1592	1
국산화 및 수출 계획	4.9551	0.0445	10
과학적 사업관리 기법 적용 계획	4.9438	0.0355	11
전력화 지원요소 계획	5.2809	0.0758	6
시험평가 계획	5.3596	0.1058	4
비용관리 계획	5.3034	0.0952	5
일정관리 계획	5.3708	0.1157	3
기술관리 계획	5.1011	0.0550	9
위험관리 계획	5.2697	0.0662	8
적용기술 보유 / 미보유 기술 확보 계획	5.2809	0.0758	6
재무구조 / 경영상태	4.7191	0.0085	14
연구 인력	5.4607	0.1274	2
연구 장비 / 시설	4.9326	0.0177	12
기밀보안 / 비상대책	4.9326	0.0177	12

〈부록 표-7〉 최종 개발된 국방연구개발사업 평가지표

평가요인 (가중치)	평가지표 (가중치)	세부 평가 내용
개발 계획 (0.4208)	무기체계 개발 계획 (0.1592)	• 요구성능 목표 / 요구조건 분석의 적절성 • 요구성능 충족 방안 • 체계통합 방안 및 소프트웨어 개발 계획 • 핵심 부품(구성품) 제작능력 및 확보 방안 • 주요 구성품별 기술적 접근 및 개발 계획 • 상호운용성 확보 계획
	국산화 및 수출계획 (0.0445)	• 국산화율(부품/금액 대비) 달성 계획 • 국산화 실적(핵심기술/부품) • 수출 제한사항 식별 및 조치 계획
	과학적 사업관리 기법 적용 계획(0.0355)	• M&S 추진전략, 활용 계획, 자원관리 계획 • EVMS 추진전략, 활용 계획, 자원관리 계획
	전력화 지원요소 계획 (0.0758)	• 전투발전 지원요소 계획의 적정성 • 종합군수지원 계획의 적정성
	시험평가 계획 (0.1058)	• 업체 자체 시험 계획의 적정성 • 개발시험평가 계획의 적정성 • 운용시험평가 계획의 적정성
개발관리 계획 (0.3321)	비용관리 계획 (0.0952)	• 연구개발비 산출의 적정성 • 전력화 및 유지보수 비용의 적정성 • 비용절감 방안의 타당성
	일정관리 계획 (0.1157)	• 세부활동 도출 및 계획의 타당성 • 세부활동 구분 및 중간목표 설정의 타당성 • 일정 준수 가능성
	기술관리 계획 (0.0550)	• 전문 및 협력업체 선정 및 관리 계획 • 자료관리, 형상관리 및 품질보증 계획
	위험관리 계획 (0.0662)	• 위험요소 분석 • 위험요소 관리 계획 • 의사소통 계획 및 요구관리 계획
개발능력 (0.2471)	적용기술 보유 / 미보유 기술 확보 계획 (0.0758)	• 소요기술 분석 및 미보유 기술 확보 방안 • 확보기술의 특허/인증 등 실적 • 유사 장비 연구개발 실적
	재무구조 / 경영상태(0.0085)	• 최근 3년간 자기자본 및 부채 비율 • 신용평가 등급
	연구 인력(0.1274)	• 연구개발 조직의 적절성 • 연구개발 인력의 전문성 • 연구개발 인력 운영 계획
	연구 장비 / 시설(0.0177)	• 개발 장비 · 시설 · 소프트웨어 보유 현황 • 미보유 장비 · 시설 · 소프트웨어 확보 방안 • 시험 장비 확보 현황 및 확보 계획
	기밀보안 / 비상대책 (0.0177)	• 기밀보안 / 비상대책 체계의 적정성 • 기밀보안 / 비상대책의 적정성 • 기술유출 방지 대책

4) 연구 결과 분석

본 연구를 통해 새롭게 개발된 국방연구개발사업 업체 선정 평가지표에 대하여 다음과 같이 정리할 수 있다.

첫째, 새롭게 개발된 평가지표는 국방연구개발사업의 특성과 연구개발 환경을 적절하게 반영하고 있는 것으로 사료된다. 본 연구 결과로 총 3개의 평가요인과 14개의 평가지표가 개발되었다. 14개의 평가지표 중에서 가중치는 '무기체계 개발 계획'이 0.1592로 가장 높았으며, 이어서 '연구 인력'은 0.1274, '일정관리 계획'은 0.1157, '시험평가 계획'은 0.1058 순으로 높게 나타났다. 연구 결과는 국방연구개발에 있어서 무엇보다 개발하고자 하는 '무기체계의 개발 계획'이 가장 중요하고, 이를 성공적으로 개발하기 위해서는 '연구 인력'이 중요하다는 것을 보여 주고 있다. 또한 '일정관리 계획'은 국방연구개발은 정해진 전력화 일정을 필히 만족하여야 하는 현실이 반영된 것으로 분석할 수 있다. '시험평가 계획', '전력화 지원요소 계획'은 국방 분야의 연구개발 특성이 반영된 것이며, '국산화 및 수출 계획', '과학적 사업관리 기법 적용 계획'은 정부가 정책적으로 추진하는 사항이 반영된 평가지표라고 사료된다.

둘째, 평가지표는 이해 당사자들이 이해할 수 있는 객관적인 절차에 의해 선정되는 것이 중요하다. 본 연구에서는 이를 위해 논리적이고 체계적인 국방연구개발사업 평가지표 개발을 위한 연구 방법을 제시하도록 노력하였다. 즉 연구개발 및 업체 선정 평가지표 개발 관련 선행연구를 통해 1차로 평가지표를 개발하였으며, 다시 전문가와의 심층면접을 통해 2차로 평가지표를 개발하였고, 최종적으로 전문가 설문을 통해 평가지표를 검증하였고 가중치를 산정하여 평가지표를 개발하였다.

셋째, 본 연구를 통해 새롭게 개발된 평가지표를 활용하면 국방연구개발사업 업체 선정 평가의 객관성과 평가에 대한 신뢰성이 증대될 것으로 기대된다. 특히 매 사업마다 평가지표를 정하고 설문을 통해 가중치를 산정하여 적용함으로써 평가지표 및 가중치에 대한 신뢰성에 문제가 제기되는 상황에서, 이 평가지표와 평가지표별 가중치를 적용한다면 신뢰성을 높이는 데 크게 기여할 것으로 믿는다. 또한, 설문조사 표본에 연구개발 관련 기관으로서 실제로 평가를 수행하는 소요군, 국과연, 기품원 및 방사청 등 평가 기관과 피평가 기관인 업체 인원을 포함시키는 등 이해 관계자의 다양한 의견을 반영하여 객관성이 제고되도록 노력하였다.

제5절 결론

국방연구개발사업 업체 선정은 군 전력 증강 사업의 성패를 좌우하는 중요한 과정으로, 우수한 기술력을 갖춘 업체가 선정될 수 있도록 단순 비용보다는 기술 중심의 평가가 투명한 절차로 전문가에 의해 이루어져 선정되어야 한다. 특히 평가지표와 평가지표별 가중치는 국방연구개발의 특성이 반영되고 이해 당사자들이 수용할 수 있도록 투명하고 객관적으로 선정되어야 한다.

본 연구에서는 국방연구개발사업 업체 선정에서 중요하게 고려되고 있는 평가지표를 개발하였고, 평가지표별 가중치를 산정하여 공정하고 투명하게 업체 선정 평가가 이루어지는 데 기여하고자 하였다. 즉 선행연구, 전문가 심층면접 그리고 요인분석을 통한 검증 과정을 거쳐 '개발 계획', '개발관리 계획' 그리고 '개발능력' 등 3개의 평가요인과 14개의 평가지표 및 평가지표별 가중치를 제시하였다. 연구 결과는 향후 국방연구개발사업 업체 선정을 위한 평가지표와 평가지표별 배점을 객관적으로 결정하는 데 기여하게 될 것으로 사료된다.

국방연구개발사업 업체 선정 평가지표에 대한 연구는 업체로 하여금 기술력을 제고시키고, 우수한 기술력을 기초로 경제적으로 연구개발을 수행하여 국내 수요는 물론 수출 경쟁력을 보유하는 연구개발의 선순환 구조로의 전환에 기여하는 방향으로 지속되어야 할 것이다. 이를 통해 기술력이 우수한 업체가 선정될 수 있도록 하고, 비용에 대해서는 연구개발비는 물론 총수명주기 비용도 평가에 반영되도록 하여야 할 것이다. 그리고 원가 절감 노력을 유도하고 원가 절감에 따른 인센티브를 보장하여야 할 것이다.

참고문헌

강병서 외 1명, "성공적인 지식경영의 실천을 위한 지식경영 시스템의 구축", 1997.

강병서 · 김계수, 『한글SPSS 12K 사회과학 통계분석』, 한나래, 2007.

강운산, 『부정당제재제도 개선 방안』, 한국건설산업연구원, 2010. 11.

구상회, 『한국의 방위산업, 전망과 대책』, 세종연구소, 1998.

국가보훈처, 『2011년 보훈연감』 제32호, 2012. 9월.

국방과학연구소, 『주요 국가 연구기관 및 방산업체 현황』, 2009.

______, "국방과학연구소 40년 연구개발투자효과", 2010.

국방기술품질원, 『국방과학기술조사서』, 2015.

______, 『전지 및 발전기 표준화 방안 연구』, 2010.

국방대학교, "국방조달 경쟁확대를 위한 효율적인 추진방안 연구", 2007.

국방부, 『국방전력발전업무훈령』, 2017.

______, 『군수품 표준화 업무 수행체계 재정립』, 2011.

______, 『2014~2028 국방과학기술진흥정책서』, 2014.

권태영, "새로운 도약을 위한 국방연구개발 및 방산 패러다임 재정립", 한국국방연구원, 2005.

기노경, "방위산업체의 계약원가 상승 유인 요인에 관한 연구: 대리인이론을 중심으로", 『대한경영학회지』 제23권 6호, 2010. 12.

김경만, "부정당업자 제재 제도의 개선 방안에 대한 연구: 조달청 나라장터상의 실태를 중심으로", 고려대학교 석사학위논문, 2011. 12.

김동남, "R&D 성과 극대화를 위한 연구개발과제 평가 방법론에 관한 연구", 경희대학교 대학원 박사학위논문, 2005.

김동욱 · 김태동 · 유경연, "방위산업의 계약 및 원가 계산제도의 특성과 방산업체의 인센티브",『회계연구』제13권, 2008.

김선영, "경제적 · 효율적 무기체계 개발 및 운영 유지를 위한 국방연구개발 표준화 향상 방안",『국방과 기술』, 한국방위산업진흥회, 2012. 10.

______, "국방연구개발사업 업체 선정 평가지표 개발에 관한 연구",『한국군사학논집』68권 1호, 화랑대연구소, 2012. 2.

______, "국방정보 시스템 연구개발사업 평가지표 개발에 관한 연구", 동국대학교 박사학위논문, 2010.

______, "국방조달 계약분야 이슈 분석과 정책적 시사점",『국방과 기술』, 한국방위산업진흥회, 2013. 11.

______, "국방조달 부정당제재 실태분석과 개선 방안",『국방과 기술』, 한국방위산업진흥회, 2014. 1.

______, "무기체계 구매사업의 성공적인 추진을 위한 시스템 개선 방안",『국방과 기술』, 한국방위산업진흥회, 2017. 4.

______, "무기체계 연구개발 국산화정책 발전 방안 연구",『국방과학기술』제5권 4호, 국방과학기술연구정보센터, 2012.

______, "무기체계 연구개발사업 업체 선정 평가제도 분석",『국방과 기술』, 한국방위산업진흥회, 2012. 7.

______, "방위사업 효율성 극대화를 위한 사업관리시스템 발전 방안",『국방과 기술』, 한국방위산업진흥회, 2017. 3.

______, "방산수출경쟁력 제고를 위한 국방연구개발 발전 방안 (1)",『국방과 기술』, 한국방위산업진흥회, 2011. 10.

______, "방산수출경쟁력 제고를 위한 국방연구개발 발전 방안 (2)",『국방과 기술』, 한국방위산업진흥회, 2011. 11.

______, "소통과 협업을 통한 보훈복지단체 수의계약 효율적인 경쟁 촉진방안",『국방과 기술』, 한국방위산업진흥회, 2013. 7.

______, "인공지능 알파고 시대, 국방획득관리 추진 방향",『국방획득저널』, 방위사업청, 2017. 7.

______, "K계열 무기체계 사례분석을 통한 국방연구개발 발전 방안",『국방과 기술』, 한국방위산업진흥회, 2011. 4.

김선영 · 이영재, "국방 정보 시스템 연구개발사업 업체 선정 평가모형 개발에 관한 연구",『정보 시스템연구』제16권 2호, 2010. 6, pp. 73-85.

김선영 · 손정수, "국방연구개발 국산화 정책 발전 방안 연구",『제어로봇시스템학회 합동학술대회논문집』, 제어로봇시스템학회, 2012. 7.

김성근, “부정당업자 제재의 법적성격과 구제방안에 대한 고찰”, 경희대학교 석사학위논문, 2010. 2.

김성배 · 박준수, “민군 R&D 협력 활성화 방안”, 『국방정책연구』, 2007.

김성배 · 한남성, “국방연구개발 활성화 방안”, 『국방경영분석』 제19권(2003), 한국국방경영분석학회, pp. 82-96.

김신중, “계층분석과정을 이용한 공급업체 선정 요인별 중요도 평가에 관한 실증적 연구: 사무용품 및 사무기기 공급업체를 대상으로”, 『한국 컴퓨터정보학회 논문지』 제12권 제4호, 2007, pp. 169-177.

김영걸, “지식자원 전략적 활용하는 새 경영패러다임”, 『경영과 컴퓨터』, 한국과학기술원, 1998.

김용환, “방위산업 발전과 국방연구개발”, 『원광군사논단』, 원광대학교, 2009.

김정호 · 안영수 · 장원준, “방위산업의 특성에 대한 경제학적 분석과 정책적 시사점”, 산업연구원, 2012. 5.

김종기 · 황숙연 · 이동호, “AHP 기법을 이용한 안티바이러스 소프트웨어 평가요인 분석”, 『정보 시스템연구』 제14권 1호, 2005, pp. 19-40.

김종하, 『미래전, 국방개혁 그리고 획득전략』, 북코리아, 2008.

김찬수, “국방핵심기술 연구개발의 제안서 평가지표 개발에 관한 연구”, 부산대학교 박사학위논문, 2008.

김찬중, “한국기업의 지식경영 성공 요인”, 충북대학교 대학원 박사학위논문, 2002.

노나카 이쿠지로, 나상억 옮김, 『지식경영』, 21세기북스, 1998.

문태수 · 강성배, “환경, 조직, 정보 시스템 요인이 공급사슬관리(SCM) 시스템의 균형적 기업 성과(BSC)에 미치는 영향 연구”, 『정보 시스템연구』 제17권 2호, 2008, pp. 1-26.

박노국 외, 『지식경영』, 이프레스, 2015.

박상규, “AHP를 이용한 정보 시스템 아웃소싱 업체 선정에 관한 연구”, 연세대학교 석사학위논문, 2005.

박선용, “한국 방산수출업체의 수출마케팅전략 적합성관계에 관한 실증연구”, 서울대학교 박사학위논문, 2010.

박주현 외, “국방연구개발 투자의 경제적 효과”, 『국방정책연구』, 2003.

박창선, “군수품의 국방규격 개선과 민간자원 활용에 관한 연구”, 국방대학교 석사학위논문, 2011.

방위사업법 및 시행령, 2016.

방위사업청, “계약심의회 운영규정”, 2016. 4.

______, “군수품 목록화 업무지침”, 2014.

______, “국방규격의 서식 및 작성에 관한 지침”, 2014.

______, “구매조건부 신제품 개발사업의 부품 국산화 개발지침”, 2014.

______, “무기체계 양산 단계의 부품 국산화 지침”, 2014.

______, “무기체계 핵심부품 국산화 개발지원 사업 운영규정”, 2012.

______, “무기체계 획득단계별 M&S 적용지침”, 2013. 2.

______, “무기체계 구매사업 제안서 및 기종결정 평가 지침”, 2017. 1.

______, “무기체계 연구개발사업 제안서 평가 및 협상지침”, 2016. 10.

______, “물품적격심사기준”, 2014. 4.

______, “목표비용관리(CAIV) 수행지침”, 2014. 11.

______, “방산원가대상물자의 원가 계산에 관한 시행세칙”, 2013.

______, 『방위력개선 사업관리 지식창고 101』, 2016. 11.

______, 『방위사업 통계연보』, 2013.

______, 『방위사업 통계연보』, 2015.

______, 『방위사업 통계연보』, 2016.

______, “방위사업관리규정”, 2014.

______, “방위사업관리규정”, 2017.

______, “방위산업에 관한 계약사무처리 시행세칙”, 2015. 3.

______, “보훈복지단체 수의계약 업무처리지침”, 2014. 1.

______, “사업성과관리(EVM) 수행지침”, 2014. 3.

______, “절충교역지침”, 2017. 1.

______, “표준화 업무지침”, 2014.

______, 『한국 및 주요국 획득제도』, 2010. 12.

______, “협상적격자 선정을 위한 비용평가 방법(연구용역)”, 2009. 3.

______, “IPT 형상관리 업무지침”, 2009. 2.

보훈교육연구원, “보훈제도의 국제비교 및 시사점 연구”, 2002. 11.

______, “현행 보훈복지서비스 활성화 방안 및 중장기 보훈복지정책 발전방향에 관한 연구”, 2012. 9. 10.

산업연구원, “방위산업의 글로벌 환경 변화와 경쟁력 평가”, 2011.

______, 『2012 방위산업 통계 및 경쟁력 백서』, 2013.

신광식, "한국의 국방연구개발 개선 방안에 관한 연구", 한남대학교 석사학위논문, 2009.

신양재, "국방연구개발 활성화 방안 연구", 연세대학교 석사학위논문, 2007. 12.

심상렬, "국방조달 계약에서의 분쟁해결 조항에 관한 연구", 『중재연구』, 2011. 3.

안보경영연구원, "방위산업 수출의 안보 · 경제적 효과분석 연구", 2009. 10.

엄재섭, "국방연구개발사업 위험요인 분석에 관한 실증연구", 아주대학교 박사학위논문, 2013. 6.

연합뉴스, "총성 없는 3차 대전 표준전쟁", 2006.

오기호, "방산물자 부품 국산화 촉진방안 연구", 광운대학교 석사학위논문, 2009.

오세훈, 『원가관리회계실무』, (주)영화조세통람, 2011.

오영아, "산업장 안전보건교육 프로그램 평가지표 개발", 이화여자대학교 박사학위논문, 2007.

이상진 외, "국방조달 경쟁확대를 위한 효율적인 추진방안 연구", 2007. 3.

이영재, 『지능 의사결정지원시스템』, 생능출판사, 2005.

이종진, "한국 방위산업 발전방향에 관한 연구: 국방연구개발 활성화를 중심으로", 한남대학교 석사학위논문, 2004. 6.

이태식 · 이동욱, 『지식경영개론』, 구미서관, 2004.

이필중, "한국의 국방연구개발 발전과 소요재원 확보방안", 『전략연구』 52호, 2011. 7, pp. 175-191.

이학식 · 임지훈, 『SPSS 14.0 매뉴얼』, 법문사, 2008.

이현주, "방산수출업체의 지원과 수출성과에 관한 실증연구", 국방대학교 석사학위논문, 2011.

장양철 · 안병석, "AHP를 이용한 정보 시스템 개발업체 선정에 관한 연구", 『한국 IT 서비스학회지』 제5권 3호, 2006, pp. 187-200.

장원준 · 안영수 · 김정호, 『주요 방산수출국가의 수출지원제도 분석과 시사점』, 산업연구원, 2012.

장준성, "AHP를 이용한 국방 핵심기술 연구개발사업 업체 선정 평가지표 개발", 충남대학교 박사학위논문, 2008.

정선필, "AHP 기법을 통한 IT 아웃소싱 수행업체 평가방법론", 충북대학교 박사학위논문, 2007.

조근태 · 조용곤 · 강현수, 『계층분석적 의사결정』, 동현출판사, 2005.

조달청, "미국의 사회적 약자기업 지원 프로그램", 2008. 1. 29.

______, "보훈 · 복지단체 명의대여 차단방안 연구용역", 2012. 3.

______, "보훈 · 복지단체 지원 및 계약제도 개선 방안 연구", 2009. 6.

______, "중소기업 등 사회적 약자 간접지원 조달정책", 2005. 4. 1.

조성미 · 최석철, "방산수출 활성화를 위한 수출지원제도 개선 방안", 『한국국방경영분석학회지』 제39권 1호, 2013. 6, pp. 59-72.

조현관, "국방연구개발 생산성 측정방안 연구", 국방과학연구소, 1998.

(주)프라이전트, "선진사업관리(EVMS) 및 비용관리(CAIV) 적용방안 연구", 2006. 12.

(주)ITPM 컨설팅, 『국가공인 프로젝트관리 전문가 교육교재』, 2010.

차태환, "방위산업 원가/계약/이윤제도의 발전방향", 한국방위산업연구회, 2006. 6.

천면중 · 허명숙, 『지식경영 시스템』, 한경사, 2005.

채서일, 『사회과학 조사방법론』, 비엔엠북스, 2003.

최규창, 『신규업체 계약이행실태 분석』, 국방기술품질원 국방품질경영, 2013. 3.

최석철 · 민계료, "방산부품 · 소재 국산화 개발 대책", 『국방과기술』, 2001.

최종환, 『알기 쉬운 표준화 이야기』, 한국표준협회, 1997.

최태인, "미래지향적 국방연구개발의 수행방안", 『한국방위산업학회지』, 제16권 1호, 2009.

한국방위산업진흥회, 『2012년 방산업체 경영분석』, 2013.

______, 『2013년 방산업체 경영분석』, 2014.

______, 『2014년 방산업체 경영분석』, 2015.

한국전산원, 『2000년 국가정보화 백서』, 2000.

한장근, "방위산업 분야 통합사업관리팀(IPT)의 운영 성과에 관한 연구", 광운대학교 박사학위논문, 2011. 12.

합동참모본부, 『합동전투발전체계 업무지침서』, 2015. 9.

황동준, "방위산업 발전을 위한 국방연구개발 활성화 방안 연구", 한국방위사업학회, 2001.

황용수 · 김성수, "정부연구개발프로그램 평가체계의 비교분석과 향후 평가체계 구축방안", 과학기술정책연구원, 2000.

황재중, "국방연구개발과 무기수출의 인과관계 분석: 한국, 미국, 프랑스 비교", 국방대학교 석사학위논문, 2011.

Choi, T. Y. and J. L. Hartley, "An Exploration of supplier Selection Practices Across The

Supply Chain," *Journal of Operation Management*, Vol. 14, 1996, pp. 333-343.

Dickson, G. W., "An analysis of vendor selection systems and decisions," *Journal of purchasing*, Vol. 2/1, 1966, pp. 5-17.

Faez, F., S. H. Ghodsypour, C. O'Brien, "Vendor selection and order allocation using an integrated fuzzy case-based reasoning and mathematical programming model," *International journal of production economics*, 2006, pp. 1-14.

Kahraman, C., O. Engin, O. Kabak, I. Kaya, "Information systems outsourcing decisions using a group decision-making approach," *Engineering Applications of Artificial Intelligence*, Vol. 22, 2009, pp. 832-841.

Saaty, T. L., "Modeling Unstructured Decision Problems: The Theory of Analytical Hierarchies," *Mathematics and Computers in Simulation*, 1978, pp. 147-158.

Saaty, T. L., *The Analytic Hierarchy*, McGraw-Hill, New York, 1980.

"The veterans Enterpreneurship and Small Business Development Act of 1999", public law 106-50.

Sandler et al., *The Economics of Defense*, Cambridge University Press, 1995.

Wadhwa, V. A. and R. Ravindran, "Vender selections in outsourcing," *Computers&Operations Research*, Vol. 34, 2007, pp. 3725-3736.

Weber, C. A. and J. R. Current, "A Muti-Objective Approach to Vender Selection," *European Journal of Operational Research*, Vol. 68, 1993, pp. 173-184.

Wilson, E. J., "The Relative Importance of Supplier Selection Criteria: A Review and Update," *International Journal of Purchasing and Materials Management*, Vol. 30, 1994, pp. 37-39.

위키백과, http://ko.wikipedia.org/wiki

방위사업청 홈페이지, http://www.dapa.go.kr

찾아보기

저자 김선영

학력

1990 육사 46기 졸업(전자공학)

1994 미국 오클라호마 주립대학교 전자공학 석사

2010 동국대학교 경영정보학 박사

경력

1990~1999 소·중대장 / 사단참모

2001 육군 교육사령부(M&S 업무)

2002 육군대학 전문과정

2003 제20기계화보병사단 작전장교

2004 육군 전력발전부(UAV 소요기획 업무)

2006 방위사업청(국방 R&D, 국방기술국제협력 업무)

2008 육군본부 분석평가단(M&S 업무)

2009~현재 방위사업청(현 육군 대령)